Steuerung (► Seite 86)
Im Winter wird das Fell des Wolfes dichter und länger. So ist er gut gegen die Kälte geschützt. Diese Veränderung wird durch Botenstoffe im Körper des Wolfes gesteuert.

Geschichte und Verwandtschaft
(► Seite 158) *Der Wolf ist der gemeinsame Vorfahre aller Hunderassen. Daher sind Wolf und Hund eng miteinander verwandt und haben eine gemeinsame Stammesgeschichte.*

Kompartimentierung (► Seite 91)
Das Zerkleinern und Verdauen der Nahrung findet beim Wolf in verschiedenen Bereichen des Körpers statt. Die Aufgaben sind auf die Kompartimente Maul, Magen und Darm verteilt.

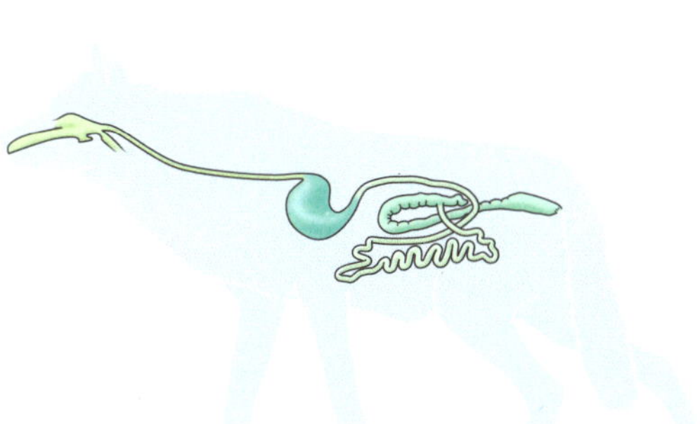

Stoff- und Energieumwandlung
(► Seite 169) *Der Wolf frisst Fleisch. Die im Fleisch enthaltenen Stoffe werden bei der Verdauung umgewandelt. Gleichzeitig wird die in diesen Stoffen gespeicherte Energie zum Beispiel in Energie für die Bewegung des Wolfes umgewandelt.*

Biosphäre 5/6
Niedersachsen G9

Cornelsen

Biosphäre

Band 5/6 Gymnasium Niedersachsen G9

Herausgegeben von:
Anne-Kathrin Dierschke, Winsen (Luhe); Prof. Dr. Anke Meisert, Hannover

Autorinnen und Autoren:
Andreas Bauer, Papenburg; Anne-Kathrin Dierschke, Winsen (Luhe);
Peter Emmler, Wiefelstede; Prof. Dr. Anke Meisert, Hannover;
Lutz Jaeger, Deutsch Evern

Teile dieses Buches sind dem Werk Biosphäre 1 Baden-Württemberg (Titelnummer 4200005) entnommen worden.

Autorinnen und Autoren von Biosphäre 1 Baden-Württemberg:
Stefan Auerbach, Karlsruhe; Dr. Werner Bils, Reutlingen;
Robert Felch, Mögglingen; Simone Grimm, Hünxe; Andre Linnert, Siegen;
Gabriele Rupp, Stutensee; Dr. Matthias Stoll, Tübingen;
Michael Szabados, Denzlingen; Dr. Hans-Joachim Winkhardt, Stuttgart

Redaktion:
Dr. Peggy Radant, Dirk Boehme

Designberatung:
Katharina Wolff-Steininger, Ellen Meister

Layoutkonzept, Umschlaggestaltung, Layout und technische Umsetzung:
SOFAROBOTNIK GbR, Augsburg & München

Grafik:
Marina Goldberg, Berlin; Karin Mall, Berlin; Tom Menzel, Klingberg

www.cornelsen.de

1. Auflage, 1. Druck 2015

Alle Drucke dieser Auflage sind inhaltlich unverändert und können im Unterricht nebeneinander verwendet werden.

Druck: Mohn Media Mohndruck, Gütersloh

ISBN 978-3-06-420048-7

PEFC
PEFC/04-31-1033

PEFC zertifiziert
Dieses Produkt stammt aus nachhaltig bewirtschafteten Wäldern und kontrollierten Quellen.

www.pefc.de

4 Verwandtschaft und Entwicklungsgeschichte der Wirbeltiere

Blütenpflanzen 162

1 Aufbau der Blütenpflanzen

2 Von der Blüte zur Frucht

3 Vielfalt und Verwandtschaft bei Blütenpflanzen

4 Pflanzen im Jahreszyklus

Die Biologie beschäftigt sich mit Lebewesen

In diesem Kapitel beschäftigst du dich mit

- den Kennzeichen von Lebewesen. Du erfährst, wie man Lebewesen von Gegenständen unterscheiden kann.
- den Arbeitsweisen in der Biologie. Du erfährst, wie Experimente dabei helfen, Lebensvorgänge besser zu verstehen. Du lernst, wie man die Vorgehensweise bei einem Experiment schriftlich festhält.
- dem Ordnen von Lebewesen. Du lernst, wie man die vielen verschiedenen Lebewesen in Gruppen einteilen kann.

01 Weinbergschnecke kriecht über einen Stein

Von Tieren, Menschen und Pflanzen

Wenn die Luft früh am Morgen noch feucht und kühl ist, sind viele Weinbergschnecken unterwegs. Sie kriechen langsam über Steine, Blätter und Äste. Ohne Zögern erkennen wir sie als Lebewesen, während wir Steine als nicht lebendig einordnen. Doch welche Merkmale hat ein Lebewesen? Und treffen diese Merkmale auf Tiere, Menschen und Pflanzen in gleicher Weise zu?

TIERE · Die Fähigkeit sich zu bewegen, gehört zu den auffälligsten Merkmalen der Tiere. Auch die Weinbergschnecke lässt sich hierdurch trotz ihrer Langsamkeit leicht vom nicht lebendigen Stein unterscheiden. **Bewegung** ist ein Kennzeichen der Lebewesen. Aber auch Autos bewegen sich. Daher muss es weitere Kennzeichen für Lebewesen geben.

A

B

02 Weinbergschnecke: **A** vor der Berührung, **B** nach der Berührung

Stößt die Weinbergschnecke mit ihren Fühlern auf ein Hindernis, zieht sie diese ruckartig ein. Erst langsam streckt sie dann ihre Fühler wieder aus und orientiert sich neu. Schnecken können Reize aus ihrer Umgebung wahrnehmen. **Reizbarkeit** stellt ein weiteres Kennzeichen der Lebewesen dar.
Schaut man der Schnecke bei ihrem Weg über den Stein genauer zu, kann man beobachten, wie sie mit der Raspelzunge den grünen Bewuchs abweidet. Dieser Bewuchs ist die Nahrung der Weinbergschnecke. Die Nahrung wird in ihrem Körper aufgenommen sowie umgewandelt und die in der Nahrung enthaltenen Stoffe werden genutzt. Unverdauliche Reste scheidet sie als Kot wieder aus. Die Umwandlung nennt man **Stoffwechsel.** Dieser dient der Aufrechterhaltung der Lebensvorgänge im Körper und ist ein weiteres Kennzeichen der Lebewesen.
Weinbergschnecken leben durchschnittlich acht bis zwölf Jahre. Doch schon vor vielen Jahrhunderten gab es diese beeindruckenden Tiere. Generation für Generation bringen sie Nachkommen hervor und pflanzen

sich dadurch fort. **Fortpflanzung** ist ein weiteres Kennzeichen der Lebewesen.
Die Nachkommen unterscheiden sich in ihrer ersten Lebensphase deutlich von ausgewachsenen Weinbergschnecken. Elterntiere legen zunächst Eier in Erdhöhlen ab, in denen dann die kleinen Schnecken aus den Eiern schlüpfen. Diese Jungschnecken entwickeln sich über Monate zu erwachsenen Tieren, die sich dann selbst fortpflanzen können. Eine solche **Entwicklung** ist typisch für Lebewesen.
Während ihrer Entwicklung nehmen die jungen Weinbergschnecken auch an Größe zu. Sie tragen nach dem Schlüpfen noch ein weiches Gehäuse von nur wenigen Millimetern Länge, das mitwachsen kann. Ausgewachsene Tiere weisen eine Gehäusegröße von bis zu 40 Millimeter auf. **Wachstum** ist ein weiteres Kennzeichen von Lebewesen.
Tiere wie zum Beispiel die Weinbergschnecke sind also Lebewesen, da für sie alle **Kennzeichen des Lebendigen** zutreffen: *Bewegung, Reizbarkeit, Stoffwechsel, Fortpflanzung, Entwicklung* und *Wachstum*.

MENSCHEN · Ebenso wie die Tiere zeigen auch Menschen alle Kennzeichen des Lebendigen. So kann sich der Mensch auf ganz unterschiedliche Weise *fortbewegen*. Er geht, läuft, springt und schwimmt und erreicht so sein Ziel. Mit seinem Sinnesorgan Auge nimmt er zum Beispiel die verschiedenen Körperfarben und Körperformen der Tiere wahr. Er reagiert auf diese Wahrnehmungen mit einem bestimmten Verhalten. Während er die junge Katze streichelt, weicht er vor der Schlange aus Furcht zurück. Der Mensch zeigt hierdurch seine *Reizbarkeit*. Auch die Kennzeichen *Stoffwechsel, Fortpflanzung, Entwicklung* und *Wachstum* lassen sich beim Menschen feststellen.

1 Lege in deiner Biologiemappe eine Tabelle nach folgendem Muster an! Vervollständige die Zeile zum Menschen, indem du eine seiner Eigenschaften nennst, durch die das jeweilige Kennzeichen deutlich wird!

	Bewegung	Reizbarkeit	Stoffwechsel	Fortpflanzung	Entwicklung	Wachstum
Mensch	gehen	sehen	—	—	—	—

2 Ergänze in der für Aufgabe 1 angelegten Tabelle zwei Tiere deiner Wahl! Erweitere die Tabelle hierzu um zwei Zeilen und fülle diese aus!

03 Weinbergschnecke: **A** bei der Eiablage, **B** Jungtiere schlüpfen aus den Eiern, **C** einzelne Jungschnecke

PFLANZEN · Gehören Pflanzen zu den Lebewesen, müssen sie ebenfalls wie Tiere und Menschen die Kennzeichen des Lebendigen aufweisen. Ihr *Wachstum* und ihre *Entwicklung* können wir beispielsweise bei der Rosskastanie beobachten. Aus ihrem Samen wachsen Wurzeln und ein Stängel, die immer größer werden. Aus dem Stängel entwickelt sich im Verlauf der Zeit ein mächtiger Baumstamm mit Ästen und vielen Laubblättern. Im Frühjahr bildet der Rosskastanienbaum Blüten, aus denen wieder Früchte hervorgehen. In Ihnen befinden sich die Samen, die der *Fortpflanzung* dienen.
Pflanzen haben auch einen *Stoffwechsel.* Sie nehmen Ausgangsstoffe aus der Umgebung auf. Mithilfe des Sonnenlichts wandeln sie diese in Zucker und andere Nährstoffe um. Hierbei setzen die Pflanzen Sauerstoff frei. Zur Aufrechterhaltung ihrer Lebensvorgänge werden also Stoffe aufgenommen, umgewandelt und wieder abgegeben. *Bewegung* und *Reizbarkeit* der Pflanzen kann man gut bei Gänseblümchen beobachten. Ihre Blüten sind am Morgen geschlossen. Mit den ersten Sonnenstrahlen öffnet sich die Blüte. Geht am Abend die Sonne unter, schließen sie sich wieder.

04 Keimender Same einer Rosskastanie

3 Ergänze in der für Aufgabe 1 auf Seite 9 bereits angelegten Tabelle eine Pflanzenart deiner Wahl!

4 Erläutere ein Kennzeichen der Lebewesen! Beziehe dich dabei auf Tiere, Menschen und Pflanzen!

05 Gänseblümchen: **A** morgens, **B** mittags, **C** abends

Material A ▸ Lebendig oder nicht lebendig?

A1 Betrachte die Fotos und diskutiere mit deinem Tischnachbarn, ob es sich jeweils um ein Lebewesen handelt!

A2 Zu Aufgabe 1 auf Seite 9 hast du bereits eine Tabelle angelegt. Erweitere diese Tabelle um die Beispiele Kerze, Kirschstein und Roboter!

01 Keimende Kressesamen

So arbeitet man in der Biologie

Wenn man Kressesamen in einen Topf mit Erde gibt, beginnen sie zu keimen. Um besser verstehen zu können, wie eine Keimung genau abläuft und welche Bedingungen dafür erfüllt sein müssen, sind genaue Vorgehensweisen nötig. Diese Vorgehensweisen zur Klärung von Lebensvorgängen nennt man die Arbeitsweisen in der Biologie. Welche sind die wichtigsten?

BEOBACHTEN · Um zu verstehen, wie eine Keimung abläuft, müssen Kressesamen nach dem Auslegen auf feuchter Erde regelmäßig angeschaut werden. Nach ein bis drei Tagen ist zu erkennen, dass als Erstes eine kleine weiße Spitze aus dem Samen in Richtung Boden wächst. Diese Spitze ist die Keimwurzel des Kressesamens. Kurze Zeit nach dem Heraustreten der Keimwurzel kann man dann die ersten zwei Laubblätter erkennen, die nach und nach aus dem Samen herauswachsen, die Keimblätter.

Durch aufmerksames Anschauen von Lebewesen über einen gewissen Zeitraum kann man also verstehen, in welchen Teilschritten bestimmte Lebensvorgänge ablaufen. Diese Arbeitsweise nennt man *Beobachten.*

EXPERIMENTIEREN · Welche Bedingungen für das Keimen von Kressesamen erfüllt sein müssen, lässt sich durch Beobachtungen nicht herausfinden. Ob zum Beispiel Wasser hierzu nötig ist, muss erst überprüft werden. Dieses Überprüfen erfolgt durch die Arbeitsweise *Experimentieren.*
Am Anfang eines Experiments steht eine **Fragestellung,** die durch das Experiment beantwortet werden soll. Eine solche Frage könnte lauten: *Was benötigen Kressesamen zum Keimen?*
Zu dieser Frage kann man verschiedene **Vermutungen** aufstellen, die jeweils eine mögliche Antwort oder auch nur eine Teilantwort auf die Frage darstellen. Eine

Vermutung könnte lauten: *Kressesamen benötigen Wasser zum Keimen.*
Um diese Vermutung zu überprüfen, muss nun die **Durchführung** des Experiments geplant und das dazu notwendige **Material** bereitgelegt werden. Anschließend wird das Experiment durchgeführt. Dazu werden zwei Schalen mit Watte ausgelegt. In einer Schale wird die Watte mit Wasser befeuchtet, in der anderen Schale bleibt die Watte trocken. Anschließend werden einige Kressesamen auf die Watte beider Schalen gelegt. Die zwei Schalen werden nun mehrere Tage lang beobachtet. Dabei muss die Watte der einen Schale stets feucht gehalten werden.
Nach der Durchführung des Experiments wird das **Ergebnis** festgehalten. Hierbei wird notiert, dass die Kressesamen in der Schale mit feuchter Watte keimen. Bei den Samen in der Schale mit trockener Watte findet keine Keimung statt.
Am Ende des Experiments erfolgt die **Deutung** der Ergebnisse. Hierbei wird mithilfe der Ergebnisse begründet, ob die Vermutung eine gültige Antwort auf die Frage bietet. Die Deutung könnte lauten: *Kressesamen benötigen Wasser zum Keimen. Sie keimen nur dann, wenn unter sonst gleichen Bedingungen Wasser hinzugegeben wird.*

Wasser ist also eine *Ursache* für das Keimen der Kressesamen. Das Keimen der Samen nennt man hierbei *Wirkung*. Dieser Zusammenhang zwischen einer vermuteten Ursache und einer Wirkung kann mit Experimenten überprüft werden. Das Beispiel zeigt, dass beim Experimentieren eine bestimmte Vorgehensweise genutzt wird, die stets aus zwei Versuchsansätzen besteht: Im ersten Ansatz wirkt die vermutete Ursache auf die Kressesamen ein. Diesen Ansatz nennt man **Experimentalansatz.** Er alleine kann jedoch noch nicht aufklären, ob Wasser zum Keimen notwendig ist. Zur Kontrolle, ob die Samen auch ohne Wasser gekeimt hätten, wird ein zweiter Ansatz benötigt. Dabei wirkt die vermutete Ursache Wasser nicht auf die Kressesamen ein, während alle anderen Bedingungen gleich sind. Diesen Ansatz nennt man **Kontrollansatz.** Erst der Vergleich zwischen den beiden Ansätzen klärt eindeutig, dass Wasser für das Keimen der Kressesamen notwendig ist, da ohne Wasser keine Keimung erfolgt.
Alle Schritte eines Experiments von der Fragestellung bis zur Deutung werden in einem **Versuchsprotokoll** schriftlich festgehalten.

02 Kressesamen auf Watte mit und ohne Wasser

1 Stelle die allgemeine Vorgehensweise beim Experimentieren in Form einer einfachen Skizze dar!

2 Begründe, weshalb man bei Experimenten einen Experimentalansatz und einen Kontrollansatz benötigt!

3 Kressesamen benötigen Licht zum Keimen. Skizziere den Versuchsaufbau zur Überprüfung dieser Vermutung!

METHODE

Ein Versuchsprotokoll erstellen

Versuchsprotokoll

Datum: 15.02.2015

Frage: Was benötigen Kressesamen zum Keimen?

Vermutung: Kressesamen benötigen Wasser zum Keimen.

Material: 2 Schalen, Watte, Wasser, etwa 40 Kressesamen

Versuchsaufbau und Durchführung:

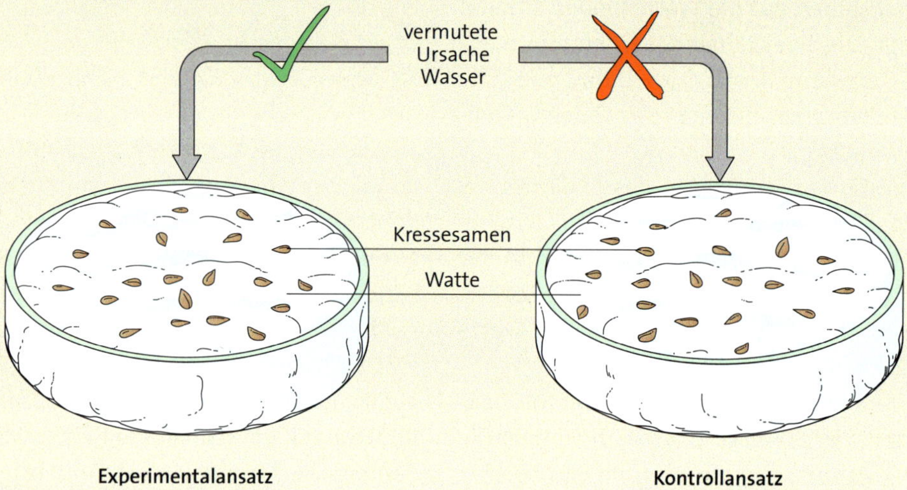

Zwei Schalen werden wie folgt angesetzt:

→ Schale 1 = Experimentalansatz: Schale mit Watte auslegen; etwa 20 Kressesamen gleichmäßig darauf verteilen; Watte mit Wasser beträufeln; täglich Feuchte überprüfen

→ Schale 2 = Kontrollansatz: Schale mit Watte auslegen; etwa 20 Kressesamen gleichmäßig darauf verteilen

Ergebnis:

	Experimentalansatz: mit Wasser	Kontrollansatz: ohne Wasser
Wirkung: Keimung	ja	nein

Deutung/Auswertung: Kressesamen benötigen Wasser zum Keimen. Sie keimen nur dann, wenn unter sonst gleichen Bedingungen Wasser hinzugegeben wird.

METHODE

Ordnen

01 Angebot eines Markthändlers

02 Aufbau von Früchten: **A** Beerenfrucht, **B** Steinfrucht

VIELFALT ORDNEN · *In der Natur begegnet uns eine große Vielfalt an Lebewesen: Gänseblümchen und Rotbuchen, Marienkäfer und Wildschweine. Auch in unserem Alltag treffen wir auf Vielfalt, wenn wir zum Beispiel das Angebot eines Markthändlers bestaunen. Um uns in all dieser Vielfalt orientieren zu können, ordnen wir die vielfältigen Gegenstände und Lebewesen in Gruppen.*

ORDNEN DURCH VERGLEICHEN · *Das Einteilen in Gruppen vollziehen wir, indem wir Unterschiede und Ähnlichkeiten bezüglich bestimmter Merkmale feststellen: Pflanzliche Produkte, die sehr süß schmecken, fassen wir als Obst zusammen, nicht süße Produkte als Gemüse. Das Merkmal, das man zum Vergleichen nutzt, nennt man* ***Vergleichskriterium.*** *Bei der Unterscheidung in Obst und Gemüse ist es der Geschmack.*
Wesentlich für die Einteilung in Gruppen ist das Ziel des Ordnens. Markthändler wollen ihren Kunden Orientierung über ihre Produkte als Nahrung bieten. Deshalb ordnen sie nach dem Kriterium Geschmack. Biologen nutzen hingegen häufig den inneren Aufbau der Früchte als Vergleichskriterium, da ein ähnlicher Aufbau von Früchten Hinweise auf die Verwandtschaft der Pflanzen liefern kann. Je nachdem, welches Vergleichskriterium gewählt wird, entstehen unterschiedliche ***Ordnungssysteme.***

NACH KRITERIEN ORDNEN · *Ein Ordnungssystem, dem ein einziges Vergleichskriterium zugrunde liegt, ermöglicht eine eindeutige Zuordnung. Ordnet man Früchte zum Beispiel einheitlich nach dem Merkmal Farbe, können sie eindeutig in grüne, gelbe und rote Früchte eingeteilt werden. Ein solches Ordnungssystem nennt man* ***kriterienstet.***
Versucht man Früchte anhand zweier Merkmale wie Farbe und Aufbau zu ordnen, ist eine Zuordnung nicht immer eindeutig. Ein entsprechendes Ordnungssystem mit je einer Gruppe für rote und für hartkernige Früchte ermöglicht zum Beispiel keine eindeutige Zuordnung für Kirschen, die rot und hartkernig zugleich sind. Ordnungssysteme, denen mehrere Vergleichskriterien zugrunde liegen, nennt man daher ***kriterienunstet.***

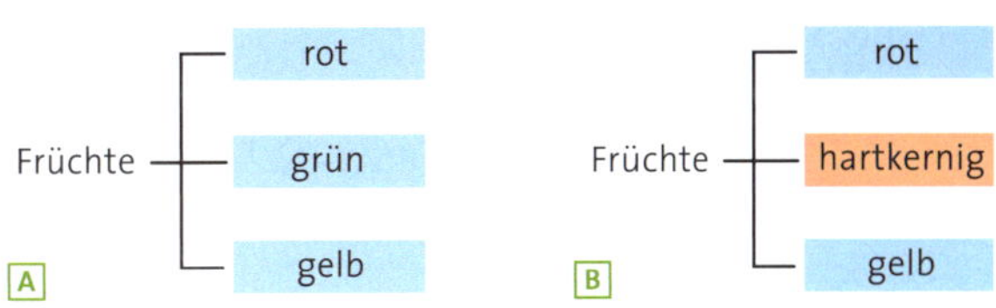

03 Ordnungssysteme: **A** kriterienstet, **B** kriterienunstet

Material A ▸ Tiere ordnen

Kohlmeise

Zitronenfalter

Fledermaus

Ameise

Luchs

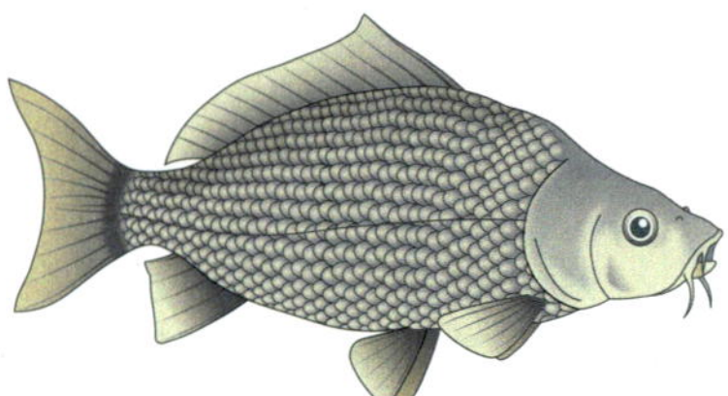

Karpfen

Teichmolch

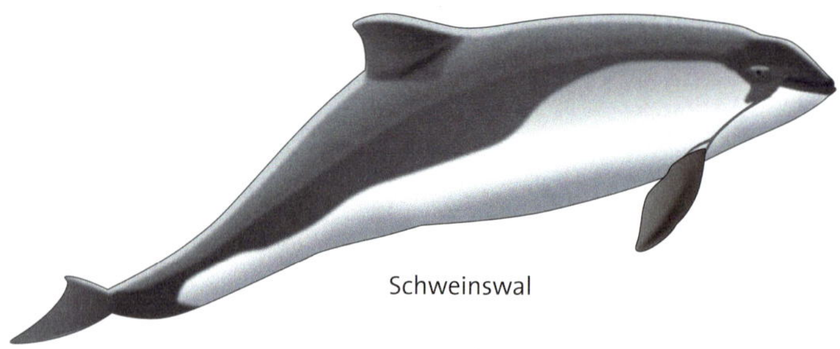

Schweinswal

A1 Ordne die abgebildeten Tiere auf zwei unterschiedliche Weisen in von dir gewählte Gruppen!

A2 Nenne jeweils die Gruppennamen und das Vergleichskriterium!

A3 Entscheide, ob du jeweils kriterienstet oder kriterienunstet geordnet hast! Begründe deine Entscheidung!

Material B ▸ Ordnungssysteme von Fischen

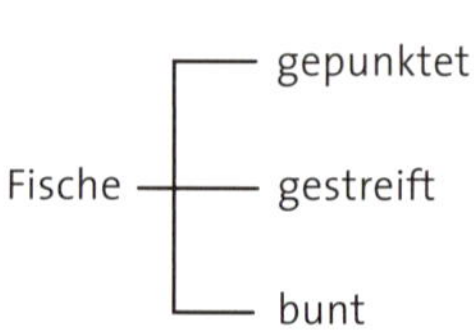

A

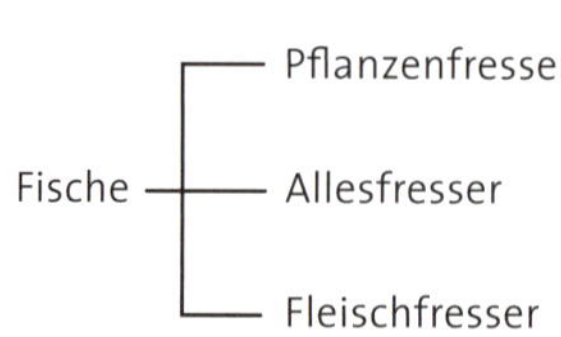

B

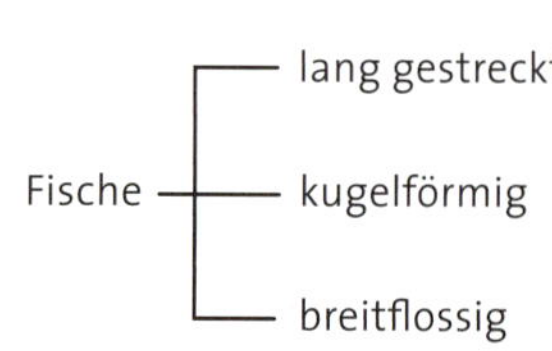

C

B1 Stelle den Unterschied zwischen kriteriensteten und kriterienunsteten Ordnungssystemen dar!

B2 Beurteile, ob es sich in den Abbildungen A bis C jeweils um ein kriterienstetes oder kriterienunstetes System handelt!

B3 Stelle für eines der Ordnungssysteme eine Vermutung auf, welches Ziel es erfüllen könnte! Berücksichtige dabei, für wen es nützlich sein könnte!

A ▸ Kennzeichen der Lebewesen

Kann ich ...

1. die Kennzeichen der Lebewesen: Bewegung, Reizbarkeit, Stoffwechsel, Fortpflanzung, Entwicklung, Wachstum nennen? *(Seite 8 und 9)*
2. Bewegung als Fortbewegung oder Veränderung der Gestalt beschreiben? *(Seite 8)*
3. Reizbarkeit als die Fähigkeit zur Aufnahme von Reizen aus der Umgebung beschreiben? *(Seite 8)*
4. Stoffwechsel als Aufnahme, Umwandlung und Abgabe von Stoffen beschreiben? *(Seite 8)*
5. Fortpflanzung als das Hervorbringen von Nachkommen beschreiben? *(Seite 9)*
6. Wachstum als das Größerwerden von Lebewesen beschreiben? *(Seite 9)*
7. Entwicklung als Veränderung eines Lebewesens im Laufe seines Lebens beschreiben? *(Seite 9)*
8. die Kennzeichen der Lebewesen auch bei Pflanzen erkennen und beschreiben? *(Seite 10)*

B ▸ Arbeitsweisen in der Biologie

Kann ich ...

1. Beobachten als Arbeitsweise einordnen, bei der durch längeres, aufmerksames Anschauen Lebensvorgänge verstanden werden können? *(Seite 12)*
2. Experimentieren als Arbeitsweise einordnen, mit der der Zusammenhang zwischen einer vermuteten Ursache und einer Wirkung überprüft werden kann, indem ein Experimentalansatz und ein Kontrollansatz verglichen werden? *(Seite 12 und 13)*
3. Experimentieren als eine Arbeitsweise beschreiben, bei der die vermutete Ursache bei einem Versuchsansatz, dem Experimentalansatz, einwirkt und in einem weiteren, dem Kontrollansatz, nicht einwirkt? *(Seite 13)*
4. ein Versuchsprotokoll in Fragestellung, Vermutung, Material, Aufbau und Durchführung, Ergebnisse sowie Deutung gliedern? *(Seite 14)*
5. kriterienstete Ordnungssysteme erkennen und erklären, dass sich deren Zuordnungsmerkmale alle auf ein einziges Kriterium beziehen? *(Seite 15)*
6. ein Vergleichskriterium als Merkmal beschreiben, dessen Ausprägung bei unterschiedlichen Gegenständen oder Lebewesen betrachtet wird? *(Seite 15)*

Säugetiere sind Wirbeltiere

In diesem Kapitel beschäftigst du dich mit

- den Kennzeichen von Säugetieren. Du erfährst, weshalb man Säugetiere zu den Wirbeltieren zählt.
- den Haustieren Hund und Katze. Du lernst etwas über ihre Abstammung und ihre Züchtung. Auch das Verhalten von Hund und Katze wird beschrieben.
- den Nutztieren Rind, Pferd und Schwein. Du beschäftigst dich mit dem Nutzen dieser Tiere für den Menschen und lernst etwas über ihre Haltung.
- Säugetieren in verschiedenen Lebensräumen. Dabei lernst du vor allem etwas darüber, wie die Säugetiere an das Leben in den verschiedenen Lebensräumen angepasst sind.
- der Verwandtschaft der Säugetiere. Du erfährst an einem Beispiel, wie man Säugetiere vergleichen und ordnen kann.

01 Familienhund

Der Hund – Begleiter des Menschen

Hunde sind treue Begleiter des Menschen. Mit Familienhunden spielen und toben viele Kinder. Hunde begleiten den Menschen und können vielfältige Aufgaben übernehmen. Welche sind das?

HUNDE HELFEN DEM MENSCHEN · Blinde Menschen können sich sicher zurechtfinden, wenn sie von einem **Blindenhund** geführt werden. Dieser warnt vor Hindernissen und kann auf Kommando bestimmte Ziele, zum Beispiel einen Zebrastreifen, aufsuchen. Ein Hund, der in der Lage ist, Personen oder Gegenstände aufzuspüren, wird **Spürhund** genannt. Er kann bei der Polizei als *Suchhund* eingesetzt werden. Zum Hüten von Nutztieren, wie zum Beispiel Schafen, begleitet der Hund einen Hirten als **Hütehund.** Ein Grundstück, das der Hund als Revier betrachtet, wird von ihm verteidigt. Er dient dem Menschen so als **Wachhund.** Die besonderen Fähigkeiten, mit denen Hunde Menschen unterstützen, verdanken sie unter anderem ihren Sinnesorganen. Was ist aber das Besondere an den Sinnesorganen eines Hundes?

SINNESORGANE · Das Schnuppern an Gegenständen oder die Kontaktaufnahme mit anderen Hunden erfolgt über die Nase. Der Hund kann manche Geruchsstoffe viel besser riechen als der Mensch. Die Fähigkeit zum Riechen bezeichnet man als einen *Sinn*. Wegen seines feinen Geruchssinns ist der Hund ein **Nasentier.** Lange bevor man an der Tür eines Hundebesitzers klingelt, nimmt der Hund schon Geräusche wahr und reagiert mit Bellen. Er kann sogar so hohe Töne hören, die der Mensch nicht mehr wahrnehmen kann. Wegen seines feinen Gehörs bezeichnet man den Hund als **Ohrentier.**

Die Sehschärfe und die Farbwahrnehmung der Hundeaugen sind deutlich schlechter als die eines Menschen. Geruchsstoffe, Geräusche und Licht sind Umwelteinflüsse, die vom Körper wahrgenommen werden. Für die Aufnahme solcher *Reize* besitzen die Tiere und der Mensch Organe. Zu diesen **Sinnesorganen** zählen Nase, Ohr und Auge.

KÖRPERBAU · Schnell und ausdauernd rennt ein Hund über eine Wiese. Dies wird dem Hund auch durch sein Knochengerüst, das *Skelett*, ermöglicht. Es lässt sich in *Schädel*, *Rumpfskelett* und *Beine*, die *Extremitäten*, gliedern. Die *Wirbelsäule* verläuft vom Kopf des Hundes über den Rumpf bis zum Schwanz und besteht aus einzelnen Wirbeln. Der Hund ist ein **Wirbeltier.** Über die *Schulterblätter* und die *Beckenknochen* sind die kräftigen Vorder- und Hinterbeine mit dem Rumpfskelett über Gelenke beweglich verbunden. Der *Oberschenkelknochen* der hinteren Laufbeine steht über das Kniegelenk mit den *Unterschenkelknochen* in Verbindung. Diese werden *Schien-* und *Wadenbein* genannt. Der an den Unterschenkelknochen ansetzende Fuß teilt sich in die *Fersenknochen, Mittelfußknochen* und *Zehenknochen* auf. Der Hund tritt nur mit den Zehen auf, unterstützt durch die starken Krallen, die nicht in die Pfote eingezogen werden können. Der Hund ist ein **Zehengänger.** Sprünge werden von den weichen, belastungsfähigen Ballen der Hundepfoten abgefedert.

FLEISCHFRESSERGEBISS · Wenn ein Hund an einem Knochen nagt, werden die spitzen **Eckzähne** sichtbar, die sich neben den **Schneidezähnen** im Ober- und Unterkiefer befinden. Da sie dem Ergreifen und Festhalten der Beute dienen, werden die vier Eckzähne als **Fangzähne** bezeichnet. Genagt und zerkleinert wird die Nahrung mit den Backenzähnen. Jeweils zwei **Backenzähne** im Ober- und Unterkiefer sind größer, kräftiger und schärfer als die anderen. Es sind **Reißzähne,** mit denen die größte Kraft aufgewendet werden kann. Das Gebiss eines Hundes ist ein typisches *Fleischfressergebiss*. Die Anordnung der Zähne wird in einer *Zahnformel* zusammengefasst.

02 Skelett und Gebiss des Hundes

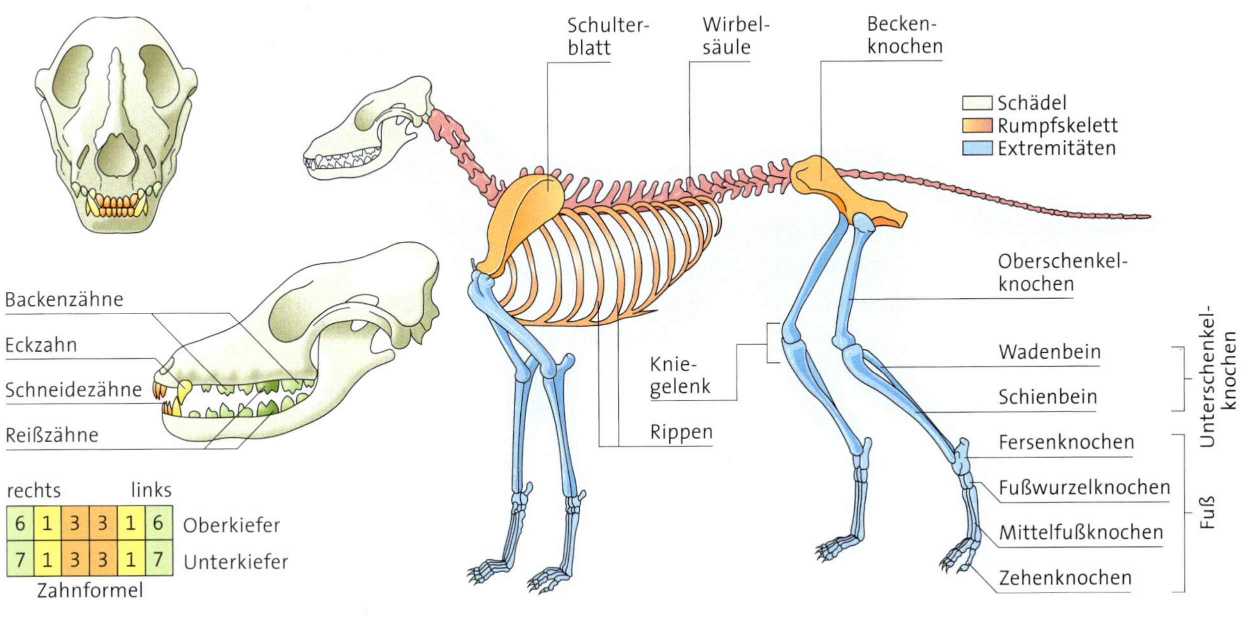

03 Hündin mit neugeborenen Welpen

FORTPFLANZUNG · Die Fortpflanzung bei Hunden setzt wie bei vielen anderen Tieren ein weibliches und männliches Tier voraus, eine *Hündin* und einen *Rüden*.
Eine Hündin wird zwischen dem 6. und 18. Monat zum ersten Mal *läufig*, was bedeutet, dass sie bereit ist, sich mit einem Rüden zu paaren. Nach der **Paarung** mit dem Rüden können sich im Leib der Hündin vier bis zehn Jungtiere entwickeln. Die Zeit, in der sich die Jungen im Mutterleib entwickeln, dauert etwa 63 Tage und wird **Tragzeit** genannt. Während dieses Zeitraums ist die Hündin *trächtig*.
Etwa einen Tag vor der Geburt wird die Hündin unruhig und sucht sich einen ruhigen Platz für die *Geburt*. In kurzen Abständen kommen die jungen Hunde auf die Welt. Die neugeborenen Hunde, die **Welpen,** sind von einer durchsichtigen Hülle, der *Fruchtblase,* umgeben. Diese wird von der Hündin zerrissen und aufgefressen, bevor die Welpen trocken geleckt werden. Die völlig hilflosen Welpen sind bis etwa zwei Wochen nach der Geburt blind und taub. Sie müssen von der Mutter betreut werden. Solche Tiere bezeichnet man als **Nesthocker.**
Regelmäßig suchen die Welpen nach den Milchzitzen der Mutter. Haben sie diese gefunden, treten sie mit den Beinen gegen den Bauch der Mutter, um die Milchdrüsen zur Abgabe von Milch anzuregen. Die Milch der Hündin beinhaltet alles, was die Welpen für ihre Entwicklung benötigen.
Da Hunde lebende Jungtiere zur Welt bringen und diese vom Muttertier gesäugt werden, gehört der Hund zu den **Säugetieren.**

HUNDEHALTUNG · Die jungen Hunde wirken besonders anziehend auf Kinder. Doch bevor sich eine Familie ein neues „Familienmitglied" anschafft, sollte sie prüfen, ob alle Lebensansprüche eines Hundes erfüllt werden können.
Hunde brauchen viel Bewegung, genügend Platz und Auslaufmöglichkeiten. Neben einem Schlafplatz, Futter und Pflege sind auch der ständige Kontakt zur Familie und die Erziehung des Hundes sehr wichtig. Dies benötigt viel Zeit, Aufmerksamkeit und Beschäftigung durch die Familienmitglieder.
Nicht nur die Anschaffung eines Hundes als Haustier kostet Geld. Eine ganze Reihe von Folgekosten kommt auf den Hundebesitzer zu. Hundefutter und Tierarztkosten müssen ebenso regelmäßig bezahlt werden wie Hundesteuer und Versicherungen.

1 Beschreibe verschiedene Situationen, bei denen Suchhunde eingesetzt werden können!

2 Der Hund ist ein Säugetier und ein Wirbeltier. Erkläre, auf welche Merkmale sich diese Aussage bezieht!

3 Beschreibe mithilfe der Zahnformel des Hundes den Aufbau eines Hundegebisses und erkläre die Funktionen der einzelnen Zahntypen!

4 Begründe, weshalb man junge Welpen als Nesthocker bezeichnet!

Material A ▸ Körperbau

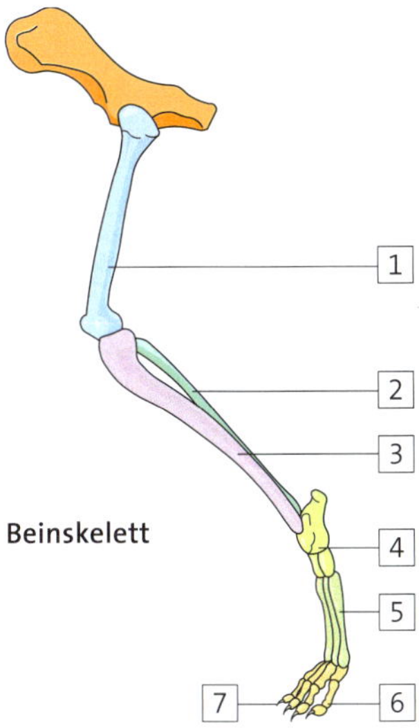

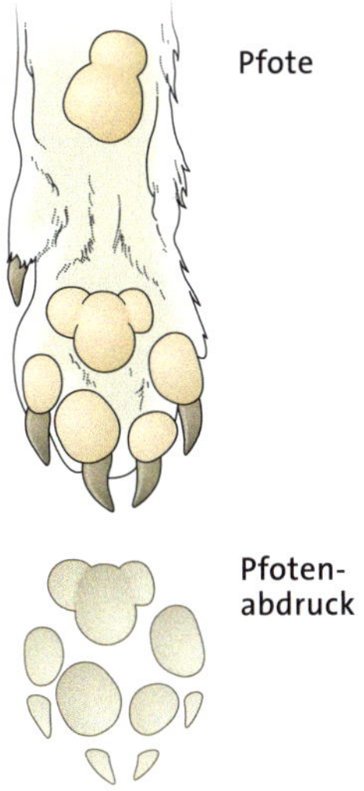

A1 Zeichne das Beinskelett in deine Mappe und ordne den Zahlen die entsprechenden Fachbegriffe zu!

A2 Erkläre den Begriff Zehengänger!

A3 Erläutere den Begriff Laufbein! Nimm für die Antwort auch die Abbildung der Pfote und den Pfotenabdruck zu Hilfe!

Material B ▸ Sinnesleistungen

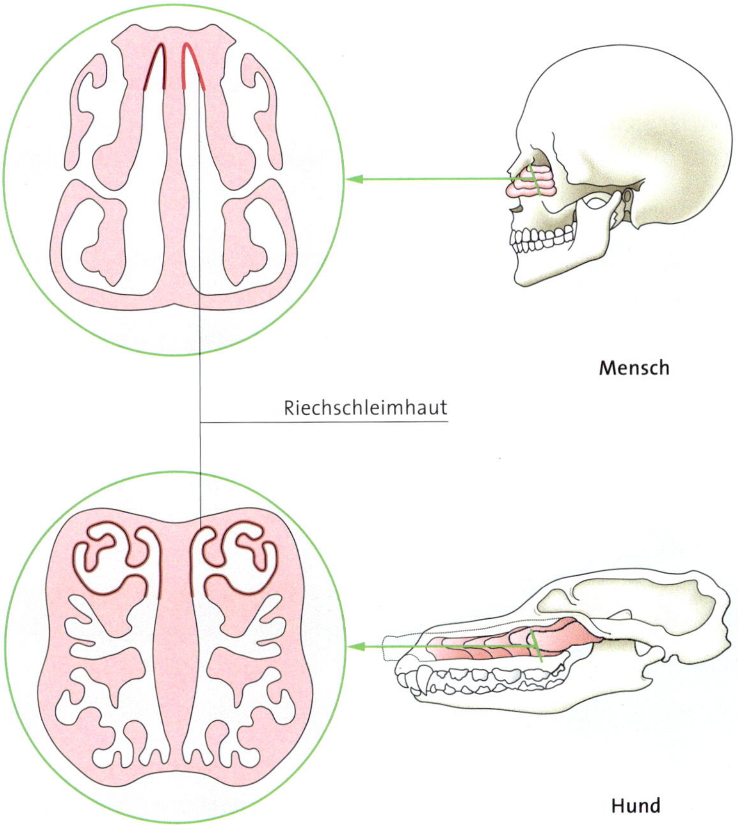

Die Nase ist mit einer Schleimhaut ausgekleidet, die dem Riechen dient. Deshalb nennt man sie *Riechschleimhaut*. Ihre Oberfläche beträgt beim Hund 85 cm², beim Menschen 4 cm², bei der Katze 20 cm² und beim Kaninchen 9 cm².

B1 Zeichne für die Flächen der Riechschleimhaut ein Säulendiagramm (Hochachse: Fläche in cm², Rechtsachse: Hund, Mensch, Katze, Kaninchen)! Nimm die Seiten 172 und 173 zu Hilfe!

B2 Werte das Diagramm aus und deute die Ergebnisse!

B3 Erkläre die Begriffe Nasentier und Ohrentier!

B4 Beschreibe, wofür der Mensch die besonderen Sinnesleistungen des Hundes nutzt!

01 Wolfsrudel

Der Hund – das älteste Haustier des Menschen

In Gräben und Höhlen aus der Steinzeit findet man immer wieder Knochen von Hunden. Man geht deshalb davon aus, dass die Zähmung des Wolfes vor etwa 15 000 Jahren erfolgte. Wie aber konnten aus wilden Wölfen zahme Haustiere werden?

VOM WILDTIER ZUM HAUSTIER · Die Beziehung zwischen dem Wolf und dem Menschen lässt sich über 25 000 Jahre zurückverfolgen. Zurückgelassene Nahrungsreste lockten die Wölfe wohl immer wieder in die Nähe der Menschen. Vielleicht half der Wolf dem Menschen sogar als Jagdpartner beim Aufspüren von Beutetieren. Man geht davon aus, dass vor etwa 15 000 Jahren Wolfswelpen vom Menschen aufgezogen wurden. Die Wölfe gewöhnten sich an den Menschen und wahrscheinlich haben sie sich in der Gefangenschaft auch weitervermehrt. Im Laufe der Zeit entwickelten sich zahme Wölfe. Das Wildtier wurde zum Haustier.

02 Rangordnungskampf

ZÜCHTUNG · Die Menschen beobachteten, dass sich die gezähmten Wölfe zum Beispiel in den Merkmalen Größe und Fellfarbe unterschieden. Daraufhin wurden nur noch die Wölfe miteinander gepaart, auf deren Merkmale man Wert legte. Im Laufe von Jahrtausenden hat der Mensch so aus dem

Wolf, dem Stammvater des Hundes, eine große Anzahl von Hunderassen **gezüchtet.**

VERHALTENSWEISEN · Wölfe leben in Gemeinschaften von etwa fünf bis zehn Tieren. Ein solches **Rudel** beansprucht ein eigenes Jagdrevier, dessen Grenzen mit Kot und Urin markiert werden. In einem Rudel hat jedes Tier einen festen Platz. Das stärkste Tier führt das Rudel an. Es ist der **Leitwolf.** Alle anderen Rudelmitglieder ordnen sich ihm in einer festgelegten Reihenfolge unter. Diese **Rangordnung** kann man im Verhalten der Wölfe beobachten. Das ranghöchste Tier stellt seinen Schwanz auf, hebt den Kopf und spitzt die Ohren. Dieses **Imponierverhalten** kann in **Drohverhalten** umschlagen. Dann zeigt der Wolf seine Zähne. Rangniedere Wölfe legen daraufhin die Ohren an, ziehen den Schwanz ein oder legen sich sogar auf den Rücken und bieten dem Gegner ihre Kehle an. Dieses **Demutsverhalten** verhindert, dass der Gegner zubeißt. Die Rangordnung legt auch fest, wer zuerst fressen oder trinken darf.
Ihre Beute jagen die Wölfe des Rudels gemeinsam. Dabei verständigen sie sich durch lautes *Heulen*. Mit hoher Geschwindigkeit und Ausdauer wird die Beute den anderen Rudelmitgliedern entgegengehetzt, bis es für das Beutetier keine Fluchtmöglichkeit mehr gibt. Der Wolf ist ein **Hetzjäger.**

1 Beschreibe verschiedene Zuchtziele, die der Mensch bei der Züchtung von Hunden anstrebt!

2 Nenne Verhaltensweisen von Wolf und Hund und vergleiche sie miteinander!

3 Erstelle Regeln für Hundehalter, die sich aus der Lebensweise der Wölfe ableiten lassen!

03 Körpersprache des Wolfes: **A** Imponieren, **B** schwaches Drohen, **C** Demutsverhalten, **D** Überlegenheit des ranghöheren rechten Wolfes

BASISKONZEPT

Variabilität

Alle Wölfe weisen gemeinsame Merkmale auf und sie können miteinander Jungtiere bekommen. Deshalb gehören alle zur gleichen ***Art,*** *nämlich der Art der Wölfe. Man kann aber auch Unterschiede zwischen den Wölfen, ja sogar zwischen Elterntieren und ausgewachsenen Jungtieren erkennen. Die Wölfe unterscheiden sich zum Beispiel in der Körpergröße, in der Dichte des Fells oder in der Fellfarbe. Die Merkmale der Wölfe liegen also in verschiedenen Ausprägungen vor. Sie variieren. Diese* ***Variabilität*** *ist bei allen Lebewesen zu beobachten und eine Ursache für die Vielfalt des Lebens auf der Erde.*

METHODE

Einen Steckbrief erstellen

Ein Steckbrief kennzeichnet ein Tier oder eine Pflanze sehr genau. Die Informationen werden knapp und übersichtlich dargestellt. Einen Steckbrief erstellst du in folgenden Schritten:

1. ***Informationsbeschaffung*** · *Informiere dich über das Lebewesen. Nutze hierzu Bücher, Lexika, Zeitschriften, Zeitungen oder auch das Internet.*
2. ***Informationen auswählen*** · *Überlege dir nach deiner Informationsbeschaffung, welche Merkmale und Eigenschaften das Lebewesen am besten beschreiben und charakterisieren: Bild, wissenschaftlicher Name, Tiergruppe, Körperbau, Fortbewegung, Ernährung, Fortpflanzung, Lebensraum, Angepasstheit, Verbreitung, Gefährdung oder auch weitere Besonderheiten.*
3. ***Informationen zusammenstellen*** · *Stelle die wichtigsten Informationen in deiner Biologiemappe übersichtlich dar.*

STECKBRIEF

Afrikanischer Wildhund
Lebensraum: *Savannen Afrikas;*
Aussehen: *schwarz im Bereich der Kehle und im vorderen Teil des Gesichts;*
Größe: *etwa 75 Zentimeter;*
Gewicht: *etwa 32 Kilogramm;*
Ernährung: *Fleischfresser, Jagd im Rudel;*
Fortpflanzung: *Tragezeit von elf Wochen, 7 bis 11 Jungtiere pro Wurf*

STECKBRIEF

Deutscher Schäferhund
Größe: *etwa 60 Zentimeter;*
Gewicht: *etwa 30 Kilogramm;*
Wesen: *selbstbewusst, robust, aktiv, aufmerksam;*
Verwendung: *Spürhund, Wachhund*

STECKBRIEF

Bernhardiner
Größe: *etwa 70 Zentimeter;*
Gewicht: *etwa 80 Kilogramm;*
Wesen: *ruhig und gutmütig;*
Verwendung: *Rettungshund, Familienhund*

STECKBRIEF

Rauhaardackel
Größe: *etwa 30 Zentimeter;*
Gewicht: *etwa 7 Kilogramm;*
Wesen: *mutig, ausgeprägte „Persönlichkeit";*
Verwendung: *Jagdhund, Familienhund*

Material A ▸ Rangordnungskampf zwischen Wölfen

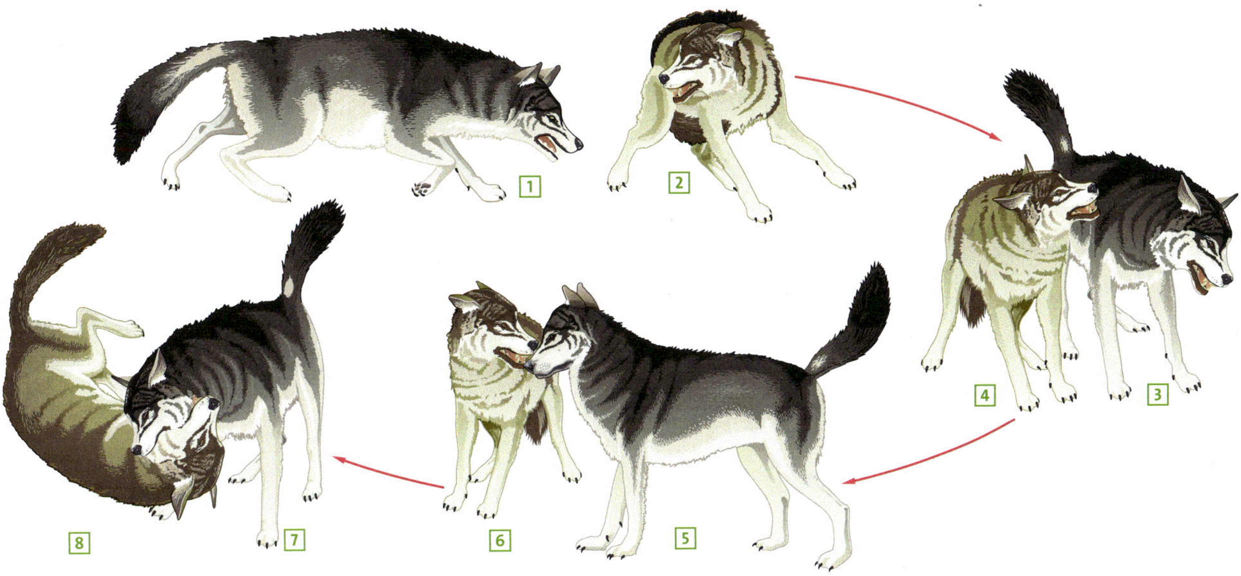

A1 Ordne den abgebildeten Wölfen 1 bis 8 Begriffe zu, die ihre jeweilige Stimmung beschreiben! Verwende zum Beispiel Begriffe wie „ängstlich“, „angriffslustig“, „demütig“ und beschreibe die dargestellten Körperhaltungen!

A2 Beschreibe den Rangordnungskampf! Begründe, welcher Wolf der ranghöhere ist!

Material B ▸ Variabilität

Das linke Foto zeigt einen in den kanadischen Wäldern lebenden Wolf, das rechte einen am Polarkreis lebenden Wolf.

B1 Beschreibe die beiden Wölfe! Erkläre die Vorteile des jeweiligen Körperfells der Wölfe! Berücksichtige hierbei auch den Lebensraum der Tiere!

B2 Stelle Vermutungen an, wie aus ursprünglich einer Art zwei Arten werden könnten! Berücksichtige bei deinen Überlegungen die beiden Fotos!

B3 Erläutere die Aussage „Ohne Variabilität keine Züchtung“!

01 Katze auf der Lauer

Die Katze – ein Schleichjäger

Tief geduckt und mit gespitzten Ohren lauert die Katze im Feld. Fast bewegungslos sitzt sie dort und beobachtet mit weit geöffneten Augen ihre Beute. Wie schafft es die Katze, eine flinke Maus zu fangen?

JAGDVERHALTEN · Hat die Katze eine Maus entdeckt, *schleicht* sie sich sehr langsam, tief geduckt und fast lautlos an das Beutetier heran. Die Katze ist ein **Schleichjäger.** In Sprungnähe verharrt sie dann fast regungslos und verliert dabei die Maus nicht aus den Augen. Die Katze *lauert.* Blitzschnell stößt sich die Katze mit den Hinterbeinen zum Sprung ab und packt die Maus mit ihren scharfen Krallen. Sie tötet das Beutetier mit einem Biss. Katzen jagen in ihrem Revier alleine. Sie sind **Einzelgänger.** Wie ist der Körper der Katze an ihr Jagdverhalten angepasst?

KÖRPERBAU · Mit ihren kurzen Beinen kann sich die Katze in geduckter Haltung anschleichen. Die Krallen kann sie im Gegensatz zum Hund einziehen. Mit ihren weichen Ballen tritt sie wie mit „Samtpfoten“ auf und wird von ihren Beutetieren nicht gehört. Wie der Hund tritt auch sie

02 Katze bei der Jagd

nur mit den Zehen auf. Die Katze ist ein *Zehengänger.* Sie kann sehr gut klettern und große Sprünge machen. Hierbei hilft der Schwanz, das Gleichgewicht zu halten. Ihre *Wirbelsäule* ist sehr beweglich. Die Katze ist ein **Wirbeltier.** Mit den spitzen Eckzähnen tötet die Katze ihre Beutetiere wie zum Beispiel Mäuse und Vögel, aber auch Kaninchen und Frösche durch einen Nackenbiss. Die kräftigen Reißzähne wirken wie eine *Brechschere* und dienen dem Zerbrechen von Knochen und dem Zerkleinern der Beute. Die Katze hat, wie der Hund, ein *Fleischfressergebiss.*

SINNESLEISTUNGEN · Um ein Beutetier aufzuspüren, nutzt die Katze ihren leistungsfähigen **Sehsinn.** Sie kann bei Dunkelheit fast genauso gut sehen wie bei Tageslicht. Bei der Jagd hilft ihr auch ihr sehr guter **Hörsinn.** Die Ohren können aufgestellt und gedreht werden, wodurch auch das Piepsen und das Nagen von kleinen Beutetieren über eine weite Entfernung noch sehr genau wahrgenommen werden können.

Der **Geruchssinn** ist zwar schlechter ausgebildet als der eines Hundes, aber dennoch mehr als doppelt so gut wie der eines Menschen. Er hilft nicht nur bei der Jagd, sondern auch bei der Erkennung von Reviermarkierungen.

Mit sensiblen *Tasthaaren* gelingt es der Katze, sich auch in der Dunkelheit sicher zu bewegen. Die weit abstehenden *Schnurrhaare* und andere *Borstenhaare* am Kopf können

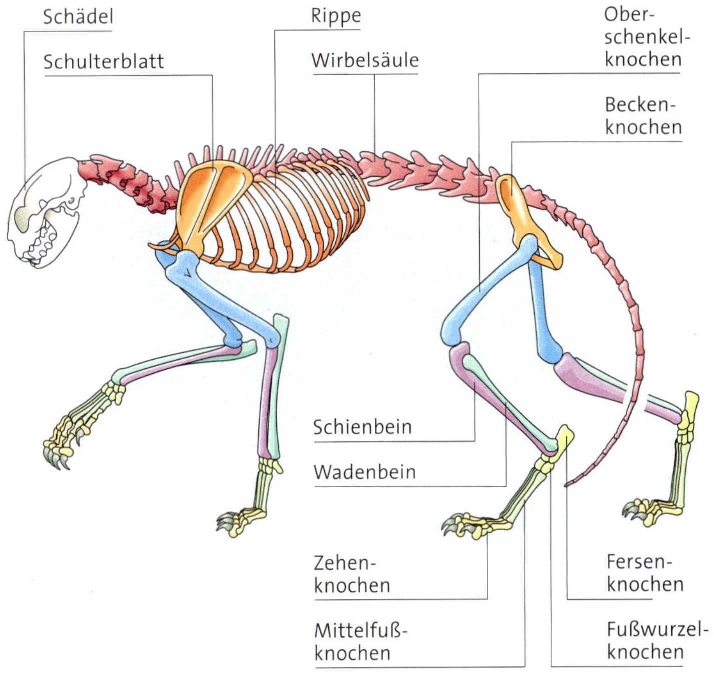

03 Skelett der Katze

Berührungen wahrnehmen. So gelingt es der Katze, auch bei vollständiger Dunkelheit Hindernissen auszuweichen. Neben dem **Tastsinn** kann sich die Katze in der Nacht auch auf ihre ausgezeichneten Augen verlassen. Die hervorragenden Sinnesleistungen ermöglichen ein Jagen im Dunkeln. Die Katze ist ein **Nachtjäger.**

1 Beschreibe die verschiedenen Körperhaltungen der Katze bei der Jagd!

2 Beschreibe die Angepasstheiten des Katzenkörpers an die Lebensweise der Katze!

ENTWICKLUNG · Die Hauskatze stammt ursprünglich von der nordafrikanischen **Falbkatze** ab. Aus den Nachkommen dieser Wildkatze haben sich über Jahrtausende zahme Haustiere entwickelt.
Bereits neun Wochen nach der Paarung bekommt die Katze zwei bis acht Jungtiere, die zunächst völlig hilflos sind. Um sie in eine ruhige und sichere Umgebung zu tragen, packt die Katze ihre Jungtiere mit den Zähnen im Genick. Diese verharren dann beim Wegtragen regungslos in **Tragstarre.** In den ersten Wochen werden die kleinen Katzen *gesäugt*. Die Katze ist ein **Säugetier.** Nach wenigen Wochen schon lernen die jungen Katzen dann das Anschleichen und Anspringen von Beute. Hierzu bringt die Katzenmutter lebende Mäuse mit. So werden die Jungtiere, die miteinander das Jagen üben, spielerisch auf das eigenständige Leben vorbereitet.

BASISKONZEPT

Struktur und Funktion

Mit Leichtigkeit klettert die Katze auf einen Baum. Hierzu dienen ihr die scharfen Krallen, die in die Rinde des Baumes eindringen. Dafür müssen die in den Hautfalten liegenden Krallen ausgestreckt werden. Wie funktioniert dieser Mechanismus? An der unteren Sehne erzeugt ein kleiner Muskel einen Zug. Durch den Zug der Sehne wird das elastische Band zwischen den Zehenknochen gedehnt und die Kralle am letzten Zehenknochen aus der Hautfalte ausgefahren. Um die Kralle wieder einzuziehen, erzeugt wiederum ein kleiner Muskel einen Zug auf die obere Sehne. Der Muskel ist angespannt. Das elastische Band verkürzt sich und die Kralle verschwindet wieder in der Hautfalte. Die ***Funktion*** *der Katzenkralle wird also ermöglicht durch Knochen, Sehnen und Bänder. Diese „Bauteile" der Katzenpfote werden auch als* ***Struktur*** *bezeichnet. Struktur und Funktion stehen in einem Zusammenhang.*

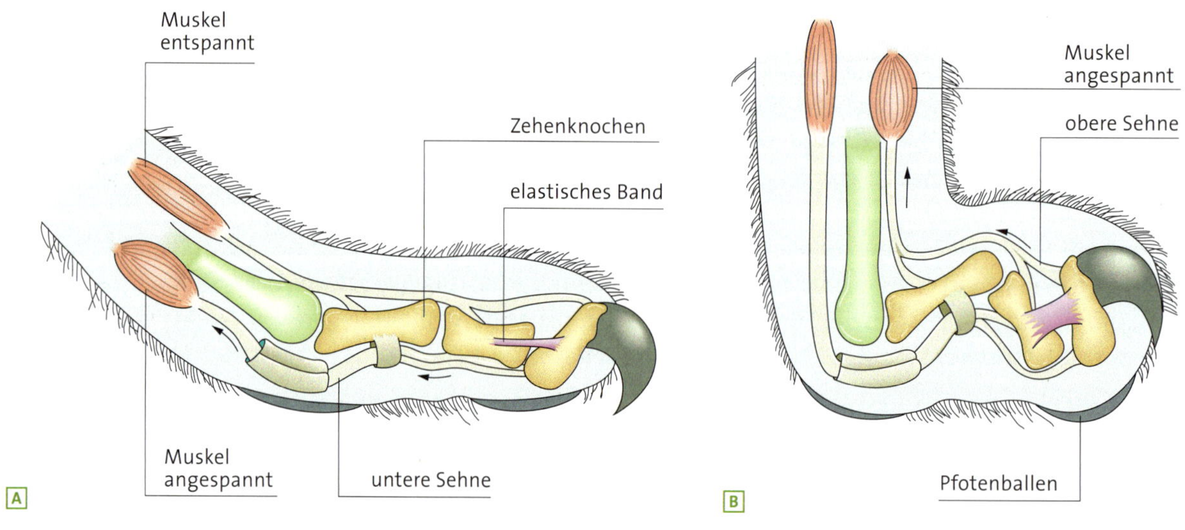

04 Katzenpfote: **A** ausgestreckte Kralle, **B** eingezogene Kralle

Material A ▸ Katzenpfote

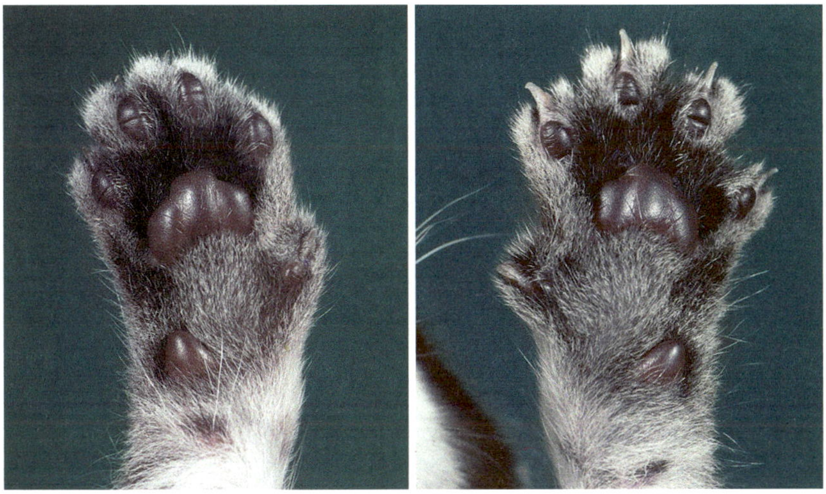

A1 Katzenkrallen sind immer scharf. Erläutere diese Aussage! Nimm die Abbildung 04 auf Seite 30 zu Hilfe!

A2 Erläutere, welche Bedeutung Katzenpfote und Katzenschwanz beim Klettern und Jagen haben!

Material B ▸ Katzengebiss

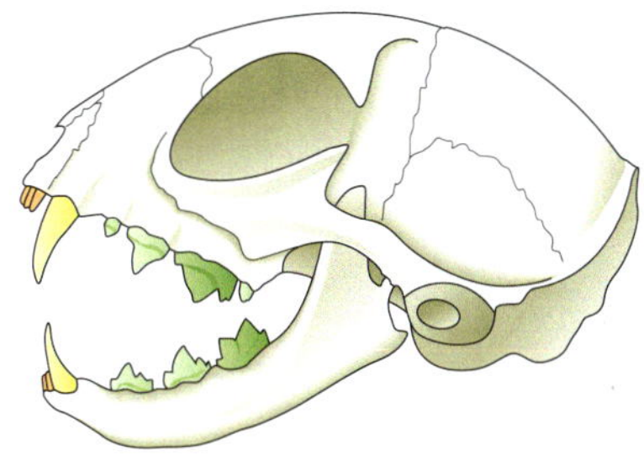

B1 Erstelle eine Zahnformel für das Katzengebiss! Nimm die Abbildung 02 auf Seite 21 zu Hilfe!

B2 Das Gebiss der Katze ist ein typisches Fleischfressergebiss. Begründe diese Aussage!

Material C ▸ Katzenaugen

Durch die Pupillen gelangt das Licht in die Augen der Katze. Über die Größe der Pupillen wird die Menge des einfallenden Lichtes reguliert. So schließen sich die Pupillen tagsüber zu schmalen senkrechten Schlitzen, während sie nachts weit und kreisrund geöffnet sind. Von einer hinteren Schicht des Auges wird das einfallende Licht gespiegelt. Dadurch leuchten Katzenaugen. Die geringe Lichtmenge in der Dämmerung oder in der Nacht wird durch die Spiegelung optimal genutzt, denn das einfallende Licht wird so den Sinneszellen im Auge mehrfach zugeführt.

C1 Ordne den Augenpaaren A und B eine ungefähre Tageszeit zu! Begründe deine Zuordnung!

C2 Erkläre, weshalb sich die Katze auch im Dunkeln sicher orientieren kann! Nimm auch den Text auf Seite 29 zu Hilfe!

C3 Erkläre, weshalb die Reflektoren am Fahrrad als Katzenaugen bezeichnet werden!

01 Hund und Katze

Verhalten bei Hund und Katze

Hund und Katze leben häufig gemeinsam in einem Haus. Hierbei kann man beobachten, dass sie unterschiedliches Verhalten zeigen. Welche Verhaltensweisen kennzeichnen Hund und Katze?

VERHALTENSWEISEN · Eine Katze, die Kontakt aufnehmen will, hat die Ohren nach vorne gerichtet und den Schwanz steil aufgestellt. Sie begrüßt ihr Gegenüber freundlich. Eine Lautäußerung bei Zufriedenheit der Katze ist das *Schnurren*. Wenn die Pfoten zusätzlich vor- und zurückgestreckt werden, tretelt die Katze. So zeigt sie ihrem Gegenüber ein großes Wohlbehagen. Den Milchtritt, das *Treteln*, nutzen die Jungtiere zum Anregen des Milchflusses an der Mutterbrust. Später dient dieses Verhalten der Katze eher als Anerkennung und Liebesbeweis.

Droh- und Abwehrverhalten werden hingegen durch Fauchen und einen hin und her peitschenden Schwanz angezeigt. Macht die Katze einen *Katzenbuckel* und sträubt das Fell, so ist dies eine *Drohgebärde*. Zusätzlich wird dem Gegenüber die Seite zugedreht, um größer zu wirken und die *Imponierhaltung* zu verstärken. Angriff oder Flucht können die Folge sein.

Wenn ein Hund Kontakt aufnimmt, bellt er häufig. Sein Blick und die Ohren sind ebenfalls nach vorne gerichtet, der Schwanz

wird waagerecht gehalten. Der Hund ist dann *aufmerksam*. Wenn die Nackenhaare aufgestellt, der Schwanz nach oben gestreckt und die Zähne gezeigt werden, droht der Hund. Dies kann durch *Knurren* noch verstärkt werden.
Zur Revierverteidigung oder bei Erregung *bellt* der Hund laut. Wenn er mit dem Schwanz wedelt, drückt er im Gegensatz zur Katze Freude aus. Duckt sich der Hund, fordert er zum Spiel auf.

1 Beschreibe das Verhalten bei Hund und Katze mithilfe der Abbildung 02!

2 Stelle Vermutungen an, weshalb sich Hund und Katze oft „nicht verstehen"!

BASISKONZEPT

Information und Kommunikation

Im Tierreich werden zwischen den einzelnen Lebewesen viele Informationen ausgetauscht. So bringt zum Beispiel die Katze in ihrem Revier ständig Duftmarken an. Dazu reibt sie ihre Wangen an einem Gegenstand. Der an dem Gegenstand haften bleibende Duftstoff signalisiert anderen Katzen, dass das Revier besetzt ist. Aus dem Duftsignal ist eine wichtige ***Information*** *für andere Katzen geworden. Informationen können Angaben über Nahrung, Rivalen oder Feinde enthalten. Die dabei zu beobachtenden Signale der Tiere sind vielfältig. So können in Lauten, Körperhaltungen oder Verhaltensweisen ganz unterschiedliche Informationen verschlüsselt sein. Der Austausch von Informationen und damit die Verständigung unter den Lebewesen werden als* ***Kommunikation*** *bezeichnet.*

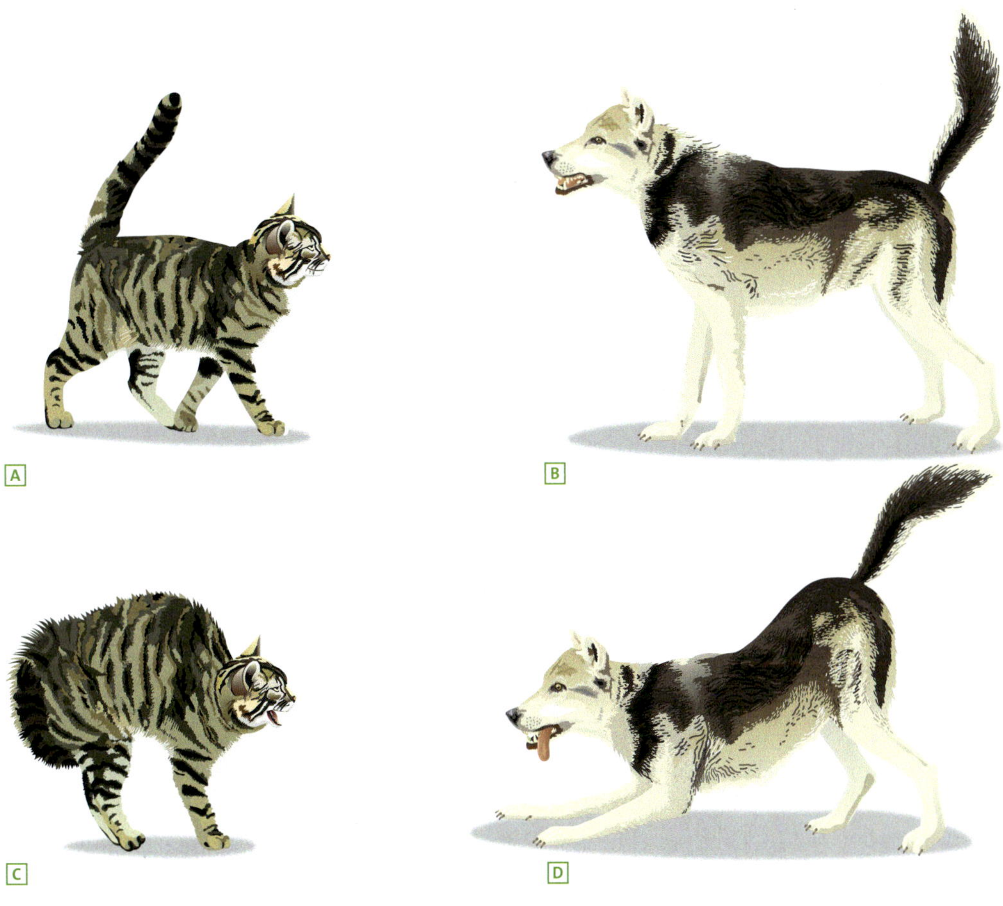

02 Verhaltensweisen von Hund und Katze:

A Begrüßung,

B Drohen,

C Drohen,

D Aufforderung zum Spiel

HALTUNGSBEDINGUNGEN · Hund und Katze sind beliebte Haustiere. Voraussetzung für die Haltung von Tieren ist, dass man über ihre Lebensweise informiert ist. Für den Hund als Rudeltier ist tägliche Beschäftigung mit den Familienmitgliedern wichtig. Er braucht Bewegung und muss Zeit zum Schnüffeln haben. Für Futter und einen festen Schlafplatz sollte gesorgt sein. Fell, Pfoten, Augen und Ohren müssen regelmäßig gereinigt werden.
Bei einer Katze muss man beachten, dass sie meist nicht so anhänglich wie ein Hund wird. Auch lässt sie sich schwerer erziehen. Die Katze ist im Gegensatz zum Hund meist an das Haus und weniger an den Menschen gebunden. Deshalb sollte man ihr ausreichend Auslaufmöglichkeiten außerhalb der Wohnung oder im Haus bieten. Da die Katze eigentlich nur bei der Jagd ein Einzelgänger ist, darf die tägliche Beschäftigung mit ihr ebenfalls nicht zu kurz kommen. Kletter- und Spielmöglichkeiten sind auch sehr wichtig. Sie hat allerdings ein größeres Ruhebedürfnis als ein Hund.
Bei beiden Haustieren ist auf ein ausreichendes Platzangebot, Bewegungsfreiheit und Auslaufmöglichkeiten zu achten.

3 Vergleiche die Haltungsbedingungen von Hund, Katze und einem weiteren Haustier deiner Wahl!

4 Erstelle für ein Haustier deiner Wahl einen Steckbrief! Orientiere dich dabei an den unten dargestellten Steckbriefen!

STECKBRIEF

Meerschweinchen
Lebensweise: *gesellige Tiere, tagaktiv;*
Haltung: *mehrere Tiere im Käfig, im Sommer Freilandhaltung, tägliche Zuwendung und Betreuung;*
Futter: *rohkostreiche Nahrung, Fertigfutter, Obst;*
Nachwuchs: *2 bis 6 Jungtiere, etwa 4 Würfe pro Jahr;*
Lebenserwartung: *etwa 8 Jahre*

STECKBRIEF

Rennmaus
Lebensweise: *gesellige Tiere; tag- und nachtaktiv;*
Haltung: *hoher Käfig, am besten nur zwei gleichgeschlechtliche Tiere;*
Futter: *lebende Insekten, Mehlwürmer, Gemüse, Getreidekörner, wenig Obst;*
Nachwuchs: *1 bis 9 nackte und blinde Jungtiere;*
Lebenserwartung: *2 bis 6 Jahre*

STECKBRIEF

Goldhamster
Lebensweise: *Einzelgänger, dämmerungs- und nachtaktiv;*
Haltung: *Einzeltierhaltung, Käfig mit Einstreu und Klettermöglichkeiten wie Pappröhren und Schachteln, Schlafhäuschen und Wasserspender;*
Futter: *Trockenfutter, Gemüse, Obst und tierisches Eiweiß;*
Nachwuchs: *3 bis 12 Jungtiere;*
Lebenserwartung: *2 bis 4 Jahre*

Material A ▸ Schädel im Vergleich

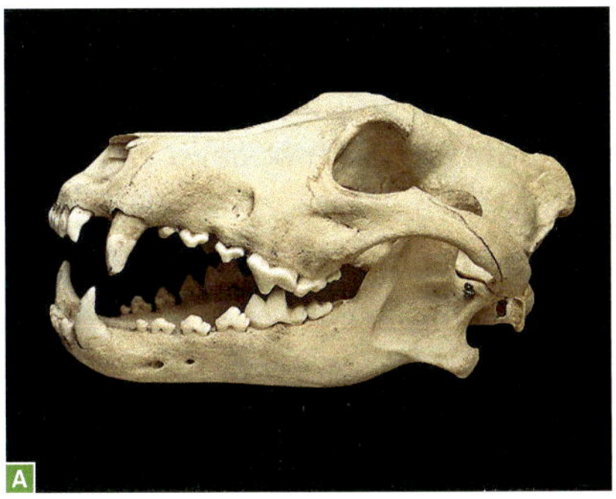
A

B

A1 Beschreibe die beiden Schädel und ordne die Abbildungen Hund oder Katze zu! Begründe deine Zuordnungen!

A2 Beschreibe die Funktion eines der beiden Gebisse!

Material B ▸ Pfoten im Vergleich

A

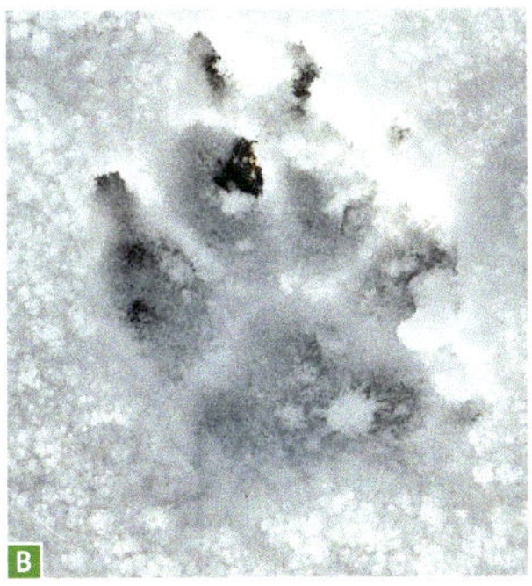
B

B1 Ordne den Pfotenabdrücken im Schnee Hund oder Katze zu! Begründe deine Zuordnungen!

B2 Erläutere, wie die Pfoten von Hund und Katze an ihre Lebensweise angepasst sind!

Material C ▸ Verhalten im Vergleich

A

B

Merkmal	Hund	Katze
Gebiss	–	–
Jagdweise	–	–
Besondere Sinnesleistungen	–	–
Sozialverhalten	–	–

C1 Beschreibe das Verhalten von Hund und Katze in den Abbildungen!

C2 Stelle Vermutungen an, welche Bedeutung diese Verhaltensweise bei Hund und Katze hat!

C3 Erstelle nach dem Tabellenmuster links eine Tabelle in deiner Biologiemappe zum Vergleich von Hund und Katze!

01 Rinder auf der Weide

Das Rind – ein wichtiges Nutztier

Auf einer Weide sieht man oft Rinder, die grasen, aber auch Rinder, die sich nach der Nahrungsaufnahme niedergelegt haben und scheinbar ruhen. Wenn man genau hinschaut, bemerkt man, dass sie beim Ruhen ständig kauen. Weshalb machen Rinder das?

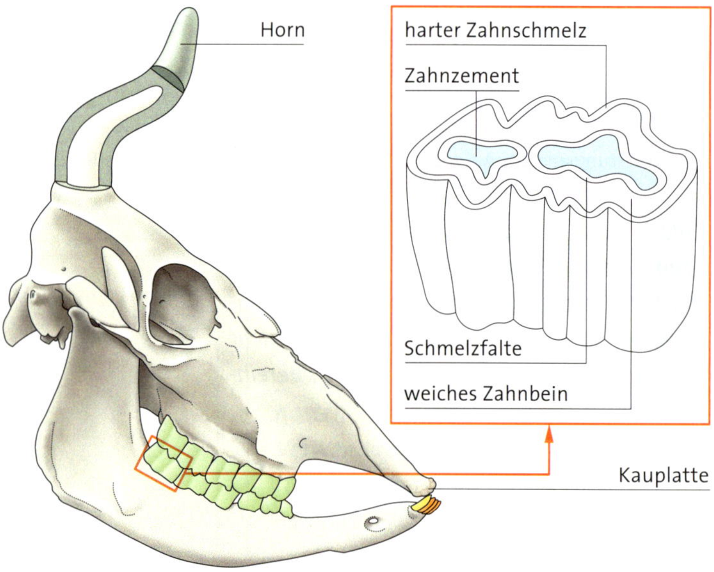

02 Schädel und Gebiss des Rindes

NAHRUNGSAUFNAHME · Mit gesenktem Kopf stehen die Rinder auf der Weide und grasen. Mit der langen, rauen Zunge umfasst das Rind das hohe Gras und reißt es mit einem ruckartigen Heben des Kopfes ab. Ein kurzes Grasbüschel dagegen klemmt das Rind zwischen die *Schneide-* und *Eckzähne* des Unterkiefers und die *Kauplatte* des Oberkiefers. Hebt das Rind den Kopf, wird das Gras durchtrennt. Es verschluckt das Gras immer unzerkaut. Das Rind ist ein **Pflanzenfresser.**

Nach stundenlangem Weiden legt sich das Rind nieder und beginnt zu kauen. Mit seitlich mahlenden Bewegungen des Unterkiefers wird das Gras durch die scharfen Kanten der *Backenzähne,* die *Schmelzfalten,* zerrieben. Die Schmelzfalten bestehen aus hartem *Zahnschmelz,* zwischen dem das weichere Material, *Zahnbein* und *Zahnzement,* liegt. Es nutzt sich schneller ab. Das Rind hat ein **Pflanzenfressergebiss.** Weshalb schluckt das Rind die Pflanzennahrung erst unzerkaut hinunter?

WIEDERKÄUERMAGEN · Ein Rind frisst täglich bis zu 80 Kilogramm Pflanzen. Pflanzliche Nahrung ist nährstoffarm und zudem schwer verdaulich. Das Rind verdaut seine Nahrung schrittweise in verschiedenen Mägen, die alle eine eigene Aufgabe haben. Die unzerkauten Pflanzen kommen zuerst in den **Pansen.** Hier befinden sich Bakterien und Wimperntierchen, die die Nahrung zersetzen. Danach werden im **Netzmagen** Nahrungsballen gebildet, die das Rind noch einmal kaut. Das Rind ist ein **Wiederkäuer.** Im Maul wird die Nahrung mit Speichel gemischt und zwischen den Backenzähnen zu einem dünnflüssigen Brei mahlend zerkaut. Im **Blättermagen** wird diesem Nahrungsbrei Wasser entzogen. Dann wird er im **Labmagen** in einem weiteren Verdauungsprozess in seine Bestandteile zerlegt. Die Nährstoffe hieraus werden im über 50 Meter langen **Darm** in das Blut des Rindes aufgenommen.

MILCHLEISTUNG · Die Züchtung der Hausrinder aus dem Auerochsen begann vor ungefähr 10 000 Jahren. Für die Milchproduktion züchtete der Mensch Rinderrassen mit besonders hoher Milchleistung. Ein weibliches Rind, die Kuh, gibt erst nach der Geburt eines Jungtieres Milch. Diese wird wie bei allen Säugetieren zur Ernährung der Jungtiere, der *Kälber,* im Euter produziert.
Die speziell gezüchteten Hochleistungskühe geben nach der Geburt eines Kalbes bis zu 40 Liter Milch am Tag. Diese Milchleistung lässt langsam nach, sodass die Kuh ungefähr ein Jahr nach dem *Kalben* noch 12 Liter Milch am Tag gibt. In der Milchviehhaltung sorgt man dafür, dass eine Kuh einmal im Jahr ein Kalb bekommt, damit sie immer viel Milch gibt.
Die Kälber werden früh von den Muttertieren getrennt und mit speziellem Kälberfutter gefüttert, sodass die gesamte Milch der Mutterkuh vom Menschen genutzt werden kann. Das Rind ist für den Menschen ein wichtiges *Nutztier.*

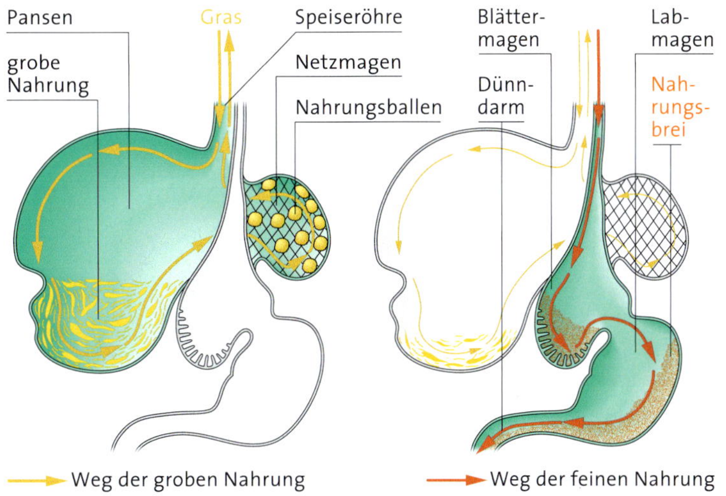

03 Wiederkäuermagen

BASISKONZEPT

Reproduktion

Rinder pflanzen sich wie alle Lebewesen fort. Hierzu sind zwei Partner mit unterschiedlichem Geschlecht notwendig. Die Kuh und der Bulle paaren sich und zeugen so gemeinsam Nachkommen, die Kälber. Die Nachkommen wachsen heran und pflanzen sich ebenfalls wieder fort. So folgt auf eine Generation Rinder die nächste. Alle Lebewesen – Pflanzen, Tiere und Menschen – produzieren Nachkommen. Deshalb spricht man vom Basiskonzept ***Reproduktion.***

1 Begründe, weshalb das Rindergebiss ein Pflanzenfressergebiss ist!

2 Beschreibe den Weg der Nahrung durch den Wiederkäuermagen! Nimm die Abbildung 03 zu Hilfe!

04 Massentierhaltung

05 Stallhaltung

06 Freilandhaltung

3 Vergleiche die Lebensbedingungen von Rindern bei Massentierhaltung, Stallhaltung und Freilandhaltung!

NUTZTIERE · Nach der Geburt des ersten Kalbes gibt eine Kuh Milch. Eine Kuh der **Milchrinderrasse** kann mehr als doppelt so viel Milch geben wie eine „normale" Kuh, über 7500 Liter pro Jahr. Rinder, die besonders viel Muskelfleisch ansetzen, zählt man zu der **Fleischrinderrasse.** Vor allem **Bullen,** männliche Rinder, die auch als *Stiere* bezeichnet werden, sind für die *Mast* geeignet. Wird bei der Rinderzucht nur auf die Leistungssteigerung eines Merkmals Wert gelegt, spricht man von einer **Einnutzungsrasse.** Ist sowohl die Milchleistung als auch die Fleischleistung einer Rasse stark erhöht, handelt es sich um eine **Zweinutzungsrasse.**

Um sehr viel Milch oder Fleisch in einem landwirtschaftlichen Betrieb produzieren zu können, werden oft mehrere Hundert Tiere auf engstem Raum gehalten. In einer solchen **Massentierhaltung** können sich die Rinder kaum bewegen. Deshalb wird nur wenig der im Kraftfutter steckenden Energie für die Fortbewegung benötigt. Die meiste Energie aus dem Kraftfutter nutzt das Rind zum Aufbau von Muskelmasse. Die Ställe werden sauber gehalten, damit sich keine Krankheitserreger ausbreiten. Kommt es trotzdem zu einer Erkrankung, ist die Ansteckungsgefahr hoch. Deshalb werden die Rinder ständig von einem Tierarzt betreut. Im Gegensatz zur Massentierhaltung haben die Tiere bei der **Stallhaltung** die Möglichkeit, sich frei im Stall zu bewegen und im Stroh niederzulegen. Ein Haltungsverfahren, das den natürlichen Ansprüchen der Tiere gerecht wird, ist die **Freilandhaltung.** Die Rinder können sich weiträumig im Freien bewegen. Es dauert allerdings länger, bis sie schlachtreif sind, da sie viele Nährstoffe durch die Bewegung verbrauchen, anstatt Muskelmasse anzusetzen.

Material A ▸ Rinderrassen im Vergleich

Rinderrasse	durchschnittliche Körpermasse	durchschnittliche Milchleistung pro Jahr	durchschnittliche Zunahme der Körpermasse pro Tag
Schwarzbunte	680 kg	7300 l	0,9 kg
Fleckvieh	750 kg	5690 l	1,3 kg
Charolais	850 kg	3500 l	1,4 kg
Rotbunte	700 kg	6650 l	1,0 kg

A1 Ordne den in der Tabelle aufgelisteten Rinderrassen die Begriffe Milchrinderrasse, Fleischrinderrasse oder Zweinutzungsrasse zu! Begründe deine Zuordnungen!

A2 Sammle Argumente, die für und gegen eine Massentierhaltung von Rindern sprechen!

Material B ▸ Weitere Nutztiere: Pferd und Schwein

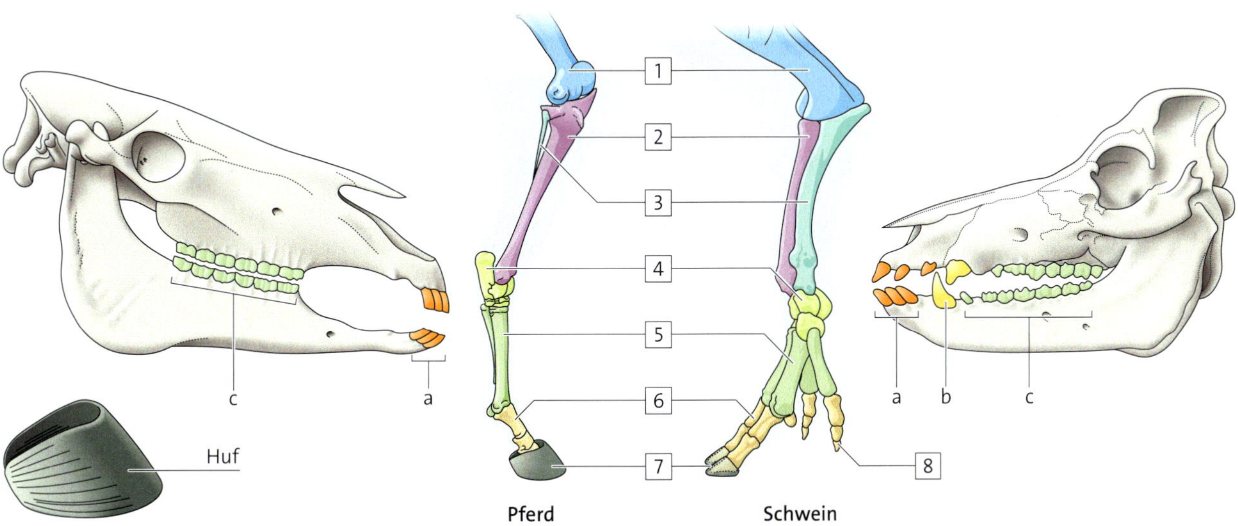

Der Körperbau des Pferdes ist an schnelles Laufen angepasst. An jedem Fuß besitzt es eine große Zehe, die von einem Huf aus Horn umgeben ist. Das Pferd ist ein Zehenspitzengänger und Unpaarhufer. Das Schwein dagegen ist an feuchten, matschigen Untergrund angepasst. Beim Laufen auf diesem Boden spreizt es die paarigen Hufe weit auseinander. Dies verhindert zusammen mit den nach hinten gerichteten Afterzehen ein Einsinken in den weichen Boden. Das Schwein ist ein Zehenspitzengänger und Paarhufer.

B1 Ordne den Zahlen und Buchstaben die entsprechenden Fachbegriffe zu!

B2 Nenne Gemeinsamkeiten und Unterschiede im Aufbau der Beine von Pferd und Schwein!

B3 Erläutere anhand der Beine von Pferd und Schwein das Basiskonzept Angepasstheit!

B4 Begründe anhand des Gebisses, dass es sich beim Pferd um einen Pflanzenfresser handelt!

B5 Stelle begründete Vermutungen auf, an welche Nahrung das Schwein durch sein Gebiss angepasst ist!

01 Maulwurf

Der Maulwurf – ein Leben im Boden

Auf dem Rasen sind viele kleine Erdhügel zu sehen. Sie verraten, dass hier ein Maulwurf lebt. Wie lebt er unter der Erde?

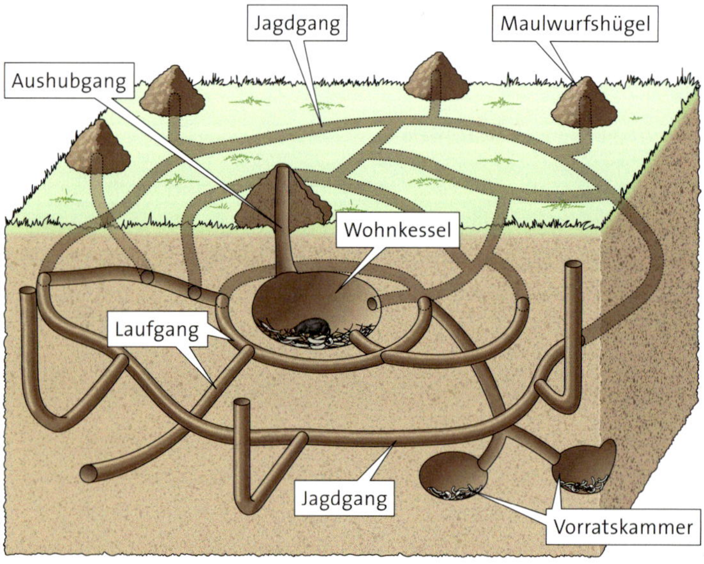

02 Gangsystem des Maulwurfs

LEBENSWEISE · Unter den Maulwurfshügeln verbirgt sich ein weit verzweigtes System unterirdischer Gänge und Kammern. Im Mittelpunkt liegt in etwa 60 Zentimeter Tiefe der **Wohnkessel,** der mit Gras und anderem weichem Polstermaterial ausgelegt ist. Das Maulwurfweibchen bringt hier ihre bis zu fünf Jungtiere zur Welt. Vom Wohnkessel zweigen viele feste, geglättete *Laufgänge* zu den *Jagdgängen* mit lockeren Wänden ab. Dadurch brechen in den Jagdgängen Kleintiere wie Regenwürmer, Insektenlarven, Spinnen und Schnecken viel leichter ein. Der Nahrungsbedarf des Maulwurfs ist sehr hoch. Er benötigt am Tag bis zu 120 Gramm an Nahrung, was etwa seiner Körpermasse entspricht. Regenwürmer, die er nicht sofort frisst, werden durch einen Biss gelähmt und eingesammelt. In tiefer gelegenen **Vorratskammern** legt der Maulwurf Vorräte an, um auch in der kalten

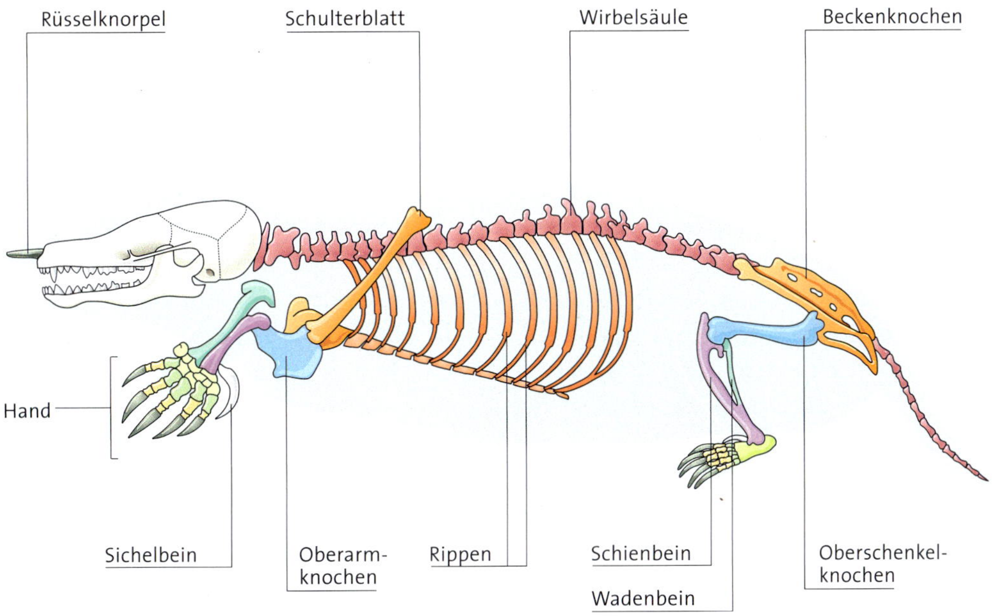

03 Skelett des Maulwurfs

Jahreszeit ausreichend Beutetiere fressen zu können. Der Maulwurf ist **winteraktiv.** Die Beutetiere werden mit den kräftigen, spitzen Zähnen zerkleinert. Der Maulwurf besitzt ein **Insektenfressergebiss.**
Entsteht beim Graben überschüssige Erde, schaufelt der Maulwurf einen **Aushubgang** nach oben. Dann schiebt er die Erde mit dem Kopf auf der Erdoberfläche zu einem frisch aufgeworfenen Maulwurfshügel zusammen. Fremde Artgenossen werden aus dem Revier verjagt, nur zur Paarungszeit im Frühjahr werden Geschlechtspartner geduldet. Der Maulwurf ist ein *Einzelgänger.* Das Leben im Boden ist ein idealer Schutz vor Fressfeinden wie Wildschweinen, Füchsen und Greifvögeln.

KÖRPERBAU · Der Maulwurf ist an das Leben im Boden durch seinen Körperbau hervorragend angepasst. Sein walzenförmiger Körper, der spitz zulaufende Kopf und die kleine rüsselartige Nase, die durch einen harten Knorpel geschützt ist, erleichtern das Leben im Boden. Mit seinen scharfen Grabkrallen lockert er die Erde auf und schaufelt sie beiseite. Dabei helfen ihm seine hinteren Beinkrallen, indem sie den Körper abstützen und ein Zurückrutschen verhindern. Die kurzen Haare seines dichten, weichen Fells können sich beim Vor- oder Rückwärtslaufen jeweils in die entgegengesetzte Richtung legen. Sie weisen also keine Strichrichtung auf, weshalb die Fortbewegung in den engen Gängen nicht behindert wird. Der Mund und die Nasenöffnungen sind nach unten gerichtet, sodass beim Graben keine Erde eindringen kann. Seine Augen sind winzig und im Fell verborgen. Der Maulwurf hat keine Ohrmuscheln und die Gehörgänge sind über ein Häutchen verschließbar.

1 Beschreibe mithilfe der Abbildung 02 das Revier des Maulwurfs!

2 Begründe, weshalb der Maulwurf auch im Winter aktiv ist!

SINNESORGANE · Wie spürt der Maulwurf in den dunklen Gängen seine Beute auf? Alle drei bis vier Stunden durchstreift er seine Jagdgänge auf der Suche nach eingedrungenen Kleintieren. Dabei leistet ihm sein ausgeprägter Geruchssinn gute Dienste. Er kann die Tiere sogar durch die Erde hindurch riechen. Mithilfe von Tasthaaren an der Nase, um das Maul, am Schwanz und an den Handwurzeln nimmt der Maulwurf schon die leichtesten Erschütterungen wahr. Auf diese Weise bemerkt er selbst die Beute, die sich auf der Erdoberfläche bewegt. Die Ohren sind zwar von außen nicht zu sehen, aber das Gehör ist dennoch sehr gut ausgebildet.

BEDEUTUNG DES MAULWURFS · Beim Graben der Gänge wühlt der Maulwurf den Boden auf. Dadurch wird der Boden aufgelockert und besser durchlüftet, was die *Bodenfruchtbarkeit* verbessert. Zudem frisst er Wurzelschädlinge und trägt so zur natürlichen Bekämpfung von Schädlingen bei. Dennoch ist der Maulwurf bei vielen Gartenbesitzern nicht beliebt. Nicht nur die Maulwurfshügel sind für sie ein Grund zur Ärgernis, sondern sie befürchten auch, dass er die Wurzeln der Pflanzen fressen könnte. Trotzdem darf der Maulwurf nicht getötet werden, denn er steht unter Naturschutz.

3 Beschreibe die Bedeutung des Maulwurfs für den Menschen!

4 Erläutere, weshalb die Befürchtung der Gartenbesitzer nicht gerechtfertigt ist!

BASISKONZEPT

Angepasstheit

Besonders auffällig am Maulwurf sind seine seitlich abstehenden, kurzen und kräftigen Vordergliedmaßen. Diese ***Grabhände*** *mit den langen Krallen sind durch die Fingerknochen, die verwachsen sind, besonders kompakt. Mit den langen, ausgehöhlten* ***Grabkrallen*** *kann er feste Erdteilchen und Steinchen im Boden loslösen. Die Handfläche ist zusätzlich verbreitert durch einen weiteren Knochen, das* ***Sichelbein.*** *Die Vordergliedmaßen erhalten so die Form von* ***Grabschaufeln.*** *Die nach außen gedrehten schaufelförmigen Hände ermöglichen das Wegschieben der Erde nicht nur zur Seite, sondern auch nach oben in die Aushubgänge. Mit seinen Grabhänden ist der Maulwurf an das Leben im Boden sehr gut angepasst. So wie der Maulwurf zeigen auch alle anderen Lebewesen Angepasstheiten an ihre Lebensweise und ihren Lebensraum. Man spricht deshalb vom Basiskonzept* ***Angepasstheit.***

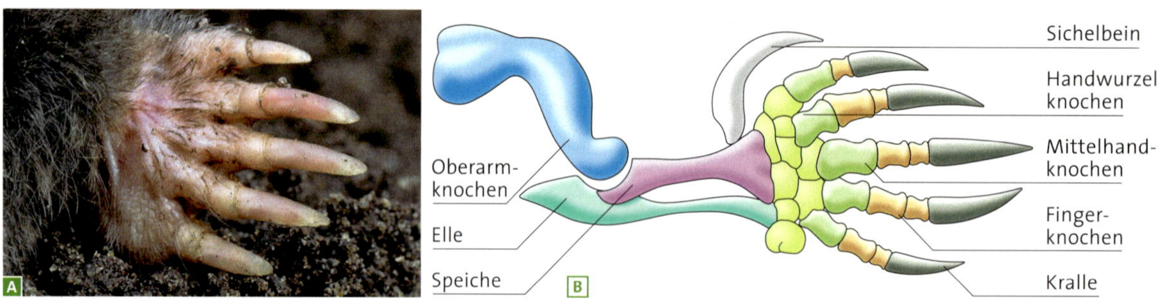

04 Grabhand: **A** Foto, **B** Skelett

Material A ▸ Schädel des Maulwurfs

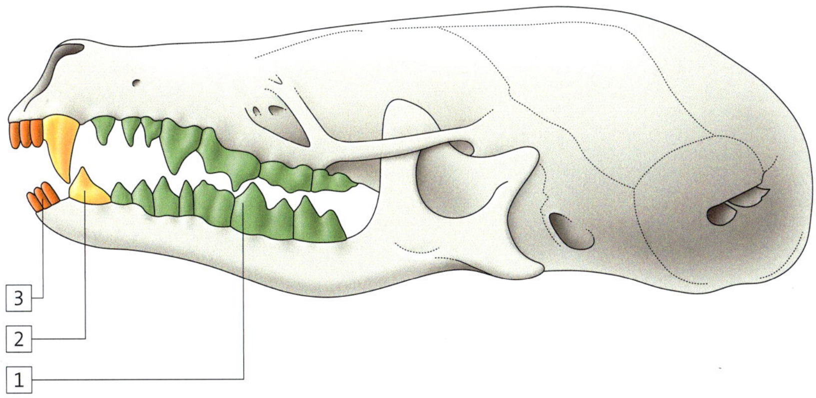

A1 Ordne den Zahlen die entsprechenden Fachbegriffe zu!

A2 Erstelle eine Zahnformel!

A3 Erkläre, woran man erkennen kann, dass der Maulwurf ein Insektenfressergebiss besitzt!

Material B ▸ Körperbau des Maulwurfs

B1 Beschreibe die Körperform des Maulwurfs! Erläutere, weshalb die Körperform eine Angepasstheit an seine Lebensweise darstellt!

B2 Nimm Stellung zu folgender Aussage: „Es ist ein Vorteil, dass die Fellhaare des Maulwurfs keine Strichrichtung aufweisen"!

Material C ▸ Energiebedarf bei Säugetieren

Säugetiere	Körpermasse	benötigte Energie pro Kilogramm Körpermasse
Kaninchen	2,6 kg	186 kJ
Hund	14,0 kg	145 kJ
Hausrind	600,0 kg	84 kJ
Elefant	3672,0 kg	56 kJ

Wissenschaftler haben bei verschiedenen Säugetieren gemessen, wie viel Energie sie in 24 Stunden benötigen. Die Energie wird in Kilojoule (KJ) angegeben. In der Tabelle sind die Messergebnisse festgehalten.

C1 Beschreibe und vergleiche die in der Tabelle festgehaltenen Messergebnisse der Wissenschaftler!

C2 Ein Maulwurf wiegt etwa 0,13 Kilogramm. Vergleiche seine Körpermasse mit der Körpermasse der in der Tabelle aufgeführten Säugetiere! Stelle Vermutungen über seinen Energiebedarf an!

01 Biber beim Bauen

Der Biber – ein Baumeister am Wasser

Der Biber ist ein fleißiger „Holzfäller" und ein großer „Baumeister" in einem: Unermüdlich schleppt er Material aus Ästen, Zweigen, Rindenstücken und baut damit stabile Burgen und Dämme. Weshalb baut der Biber Burgen und Dämme?

02 Biberburg

LEBENSWEISE · Eine *Biberfamilie* besteht aus fünf bis acht Tieren: den beiden Eltern, den letztjährigen Jungtieren und den Neugeborenen. Nach dem zweiten Lebensjahr werden die Jungtiere aus dem *Revier* vertrieben. Die Reviergrenzen werden mit einem öligen Duftstoff aus einer Drüse im Afterbereich markiert und gegen Eindringlinge verteidigt. Kennzeichnend für eine Biberfamilie ist ihre *Wohnburg*. Stehen steile Uferböschungen zur Verfügung, gräbt sich der Biber eine Höhle hinein. Gibt es keine erhöhten Ufer, baut sich der Biber im Wasser eine große *Biberburg* von mehreren Metern Durchmesser und Höhe. Als Baumaterial dienen abgenagte Äste, Zweige, Rindenstücke und Schlamm. Die Eingänge zur Wohnkammer liegen in der Regel unterhalb der Wasseroberfläche. Die Burg ist gut gegen Temperaturschwankungen isoliert. Selbst wenn im Winter –15 Grad Celsius gemessen werden, bleibt die Lufttemperatur in der Wohnkammer meistens über dem Gefrierpunkt. Sinkt der Wasserstand im Fluss, beginnt der Biber, Dämme zu bauen. Dadurch wird das Wasser aufgestaut und die Eingänge der Biberburg liegen wieder unter Wasser. Bei Hochwasser öffnet der Biber Teile seines Dammes, damit die Wohnkammer nicht überflutet wird. Für den Bau eines Dammes wird zunächst ein Wall aus Steinen und Schlamm errichtet. In und auf diesem Wall werden Baumstämme und Zweige gesteckt, die dann mit Schlamm abgedichtet werden. Auf diese Weise wächst der Damm stetig. Die Dämme können bis zu 30 Metern lang und bis zu 1,5 Metern hoch sein.

Den Winter verbringt der Biber ruhend in seiner Burg. Er ist ein **Winterruher.** Er unterbricht seinen Ruhezustand nur, um die im Sommer angelegten Pflanzenvorräte zu fressen. Diese *Wintervorräte* befinden sich in der Nähe der Burg unter Wasser. Im Sommer fällt der Biber ganze Bäume und gelangt so an die jungen Baumtriebe. Damit kommt er als **Pflanzenfresser** auch an die nährstoffreichen Knospen heran. Wie schafft es der Biber, Bäume mit einem Durchmesser von bis zu einem Meter zu fällen?

KÖRPERBAU · Beim Fällen des Baumes stellt sich der Biber auf seine Hinterbeine und stützt sich mit seinem kräftigen Schwanz ab. Er nagt den Stamm mit seinen meißelförmigen, scharfen *Nagezähnen* so lange an, bis der Baum an der Nagestelle „sanduhrförmig" aussieht und schließlich umfällt. Der Biber hat ein **Nagergebiss** und ist das größte Nagetier Europas.

Ein auffälliges Merkmal ist sein breiter, flacher Schwanz mit einer schuppenartigen, unbehaarten Haut. Diese *Biberkelle* dient dem Biber beim Schwimmen und Tauchen als Steuerruder und Antrieb. Beim Tauchen werden Nase und Ohren verschlossen, und die Augen werden durch ein durchsichtiges Augenlid, die *Nickhaut,* geschützt. Biber können bis zu 20 Minuten tauchen. Während seine Vorderfüße das Baumaterial geschickt greifen können, sind seine Hinterfüße breit und besitzen Schwimmhäute zwischen den Zehen. Sein Fell ist sehr dicht und wird regelmäßig mit einer öligen Abscheidung gefettet, sodass der Biber gut vor Nässe und Auskühlung geschützt ist.

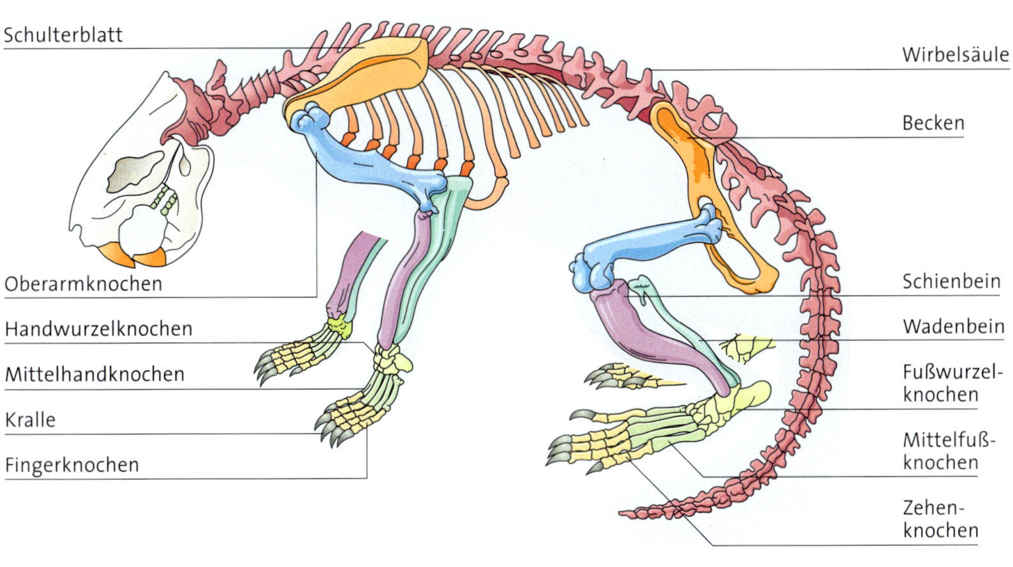

03 Skelett des Bibers

GEFÄHRDUNG UND SCHUTZ · Ursprünglich war der Europäische Biber weit verbreitet. Obwohl der Biber kaum natürliche Feinde wie Wölfe oder Bären hat, wurde er in weiten Teilen Europas ausgerottet. Was waren die Gründe, die zur Ausrottung des Bibers geführt hatten? Der Mensch jagte den Biber wegen seines wertvollen Pelzes. Das Biberfleisch war ebenfalls begehrt. Insbesondere der Biberschwanz war im Mittelalter während der Fastenzeit erlaubt. Er galt nicht als Fleisch, sondern wurde als der „fischige" Teil des Bibers angesehen. Als Wundermittel gegen Krankheiten wurde die ölige Abscheidung, das *Bibergeil*, eingesetzt.
Die starken Eingriffe des Menschen in die Natur haben den Bestand des Bibers ebenfalls stark verringert. Durch die Begradigung von Flüssen, das Anlegen von Uferbefestigungen, das Beseitigen der Uferpflanzen und das Trockenlegen von Auenlandschaften wurde an vielen Orten der natürliche Lebensraum des Bibers zerstört. Seitdem der Biber unter Schutz steht, nimmt die Zahl der Tiere wieder zu. Die Wiederherstellung naturnaher Flusslandschaften und pflanzenreicher Ufer unterstützen die Verbreitung des Bibers. Allerdings freuen sich nicht alle Menschen über diese Entwicklung. Der Biber gerät in Konflikt mit den Forst- und Landwirten, weil er Bäume fällt und Dämme baut, die die Bäche stauen und zu Überschwemmungen führen. Außerdem berichten Landwirte von Ernteverlusten, denn der Biber frisst die Feldfrüchte in Gewässernähe.

1 Nenne Angepasstheiten des Bibers an seine Lebensweise im und am Wasser!

2 Erläutere, weshalb der Biber in weiten Teilen Europas ausgerottet wurde!

3 Nenne Maßnahmen, die den Biberbestand in Europa wieder erhöht haben!

4 Nenne Gründe, weshalb der Biber auch heute noch den Unmut von Menschen auf sich zieht!

04 Biberfamilie

05 Nagespur des Bibers

Material A ▸ Gebisstypen

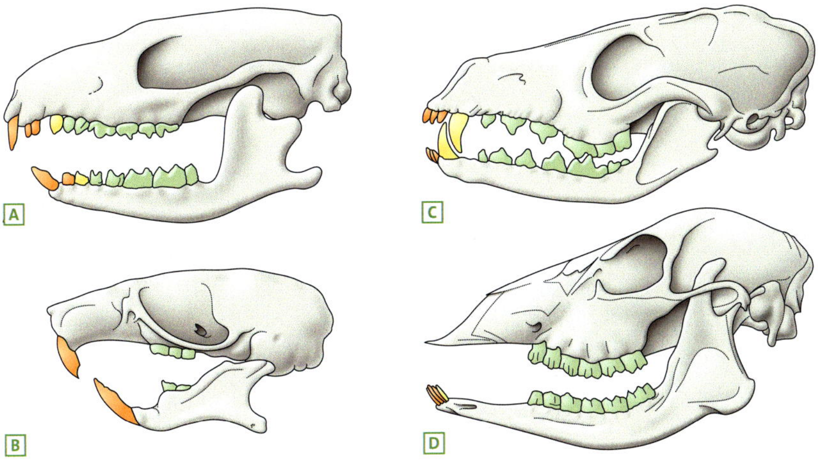

A1 Die Abbildung zeigt die Schädel einer Maus, eines Rehs, eines Fuchses und eines Igels. Ordne den Tieren die Begriffe Fleischfresser-, Insektenfresser-, Pflanzenfresser- und Nagergebiss zu! Begründe deine Zuordnung!

A2 Erstelle für das Gebiss der Maus eine Zahnformel!

A3 Erläutere, weshalb das Nagergebiss eine Angepasstheit an die Lebensweise des Bibers darstellt!

Material B ▸ Säugetiere im Winter

Außentemperatur		Körpertemperatur		Atemzüge pro Minute		Herzschläge pro Minute	
		Eichhörnchen	Fuchs	Eichhörnchen	Fuchs	Eichhörnchen	Fuchs
im Sommer	20 °C	37 °C	38,5 °C	60	24	170	100
im Herbst	15 °C	37 °C	38,5 °C	60	24	170	100
im Winter	02 °C	37 °C	38,5 °C	45	24	160	100
im Frühjahr	10 °C	37 °C	38,5 °C	40	24	140	100

B1 In der Tabelle sind die Messergebnisse einer Untersuchung dargestellt. Übertrage die Messergebnisse für die Körpertemperatur, die Atemzüge pro Minute und die Herzschläge pro Minute jeweils in ein Diagramm! Trage jeweils auf der Rechtsachse im gleichen Abstand die vier Jahreszeiten mit den angegebenen Temperaturen ein! Nimm die Seiten 172 und 173 zu Hilfe!

B2 Deute die Ergebnisse anhand der Tabelle und der Diagramme! Berücksichtige dabei die Begriffe winterruhend und winteraktiv!

Material C ▸ Sommerfell und Winterfell des Hermelins

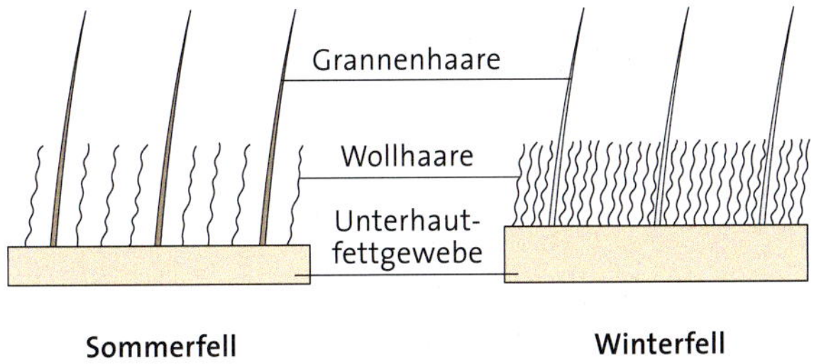

C1 Beschreibe die Unterschiede zwischen Sommer- und Winterfell des Hermelins!

C2 Nenne weitere Beispiele für Angepasstheiten der Haare an die Lebensweise und den Lebensraum bei den Säugetieren!

01 Braunes Langohr im Flug

Fledermäuse – Jäger der Nacht

Bei einbrechender Dunkelheit kann man im Sommer mit etwas Glück kleine Tiere beobachten, die im unruhigen Zickzack lautlos und schnell umherfliegen. Dabei weichen sie geschickt jedem Hindernis aus. Es handelt sich um Fledermäuse. Doch wie orientieren sich Fledermäuse in der Dunkelheit?

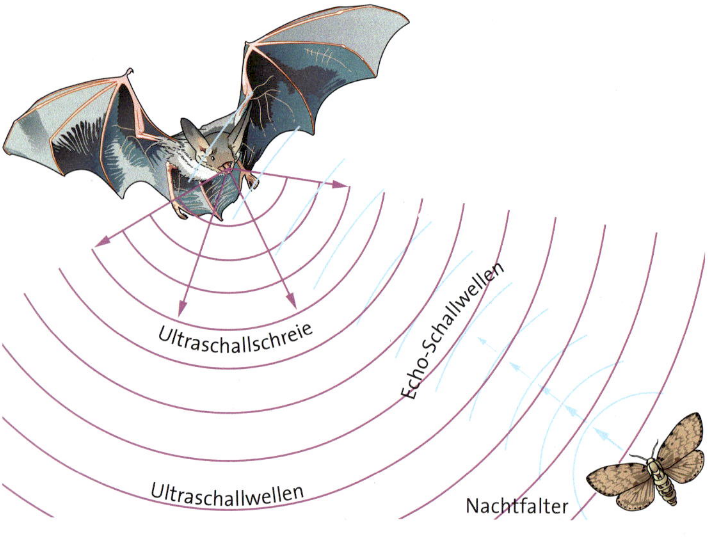

02 Orientierung einer Fledermaus

ORIENTIERUNG · Man hat herausgefunden, dass Fledermäuse wie das Braune Langohr während des Fluges durch Mund oder Nase Schreie ausstoßen. Diese hohen Töne sind Schallwellen, die der Mensch nicht hört. Man nennt sie **Ultraschallwellen.** Treffen die *Ultraschallschreie* auf ein Hindernis oder ein Beutetier, kehren sie als *Echo* zurück. Mit seinen großen, trichterförmigen Ohren fängt das Braune Langohr die *Echoschallwellen* wieder auf. Je weiter ein Beutetier entfernt ist, desto länger dauert es, bis das Echo wahrgenommen wird. Mithilfe dieser *Echoortung* kann das Braune Langohr nicht nur die Entfernung und Richtung des Beutetiers bestimmen, sondern auch dessen Größe und Gestalt. Die Fledermaus orientiert sich nicht mit den Augen in ihrer Umgebung, sondern mit dem **Gehörsinn.** Dadurch ist sie in der Lage, auch bei völliger Dunkelheit auf Nahrungssuche zu gehen.

KÖRPERBAU · Wie bei den Vögeln sind die Vordergliedmaßen der Fledermaus zu Flü-

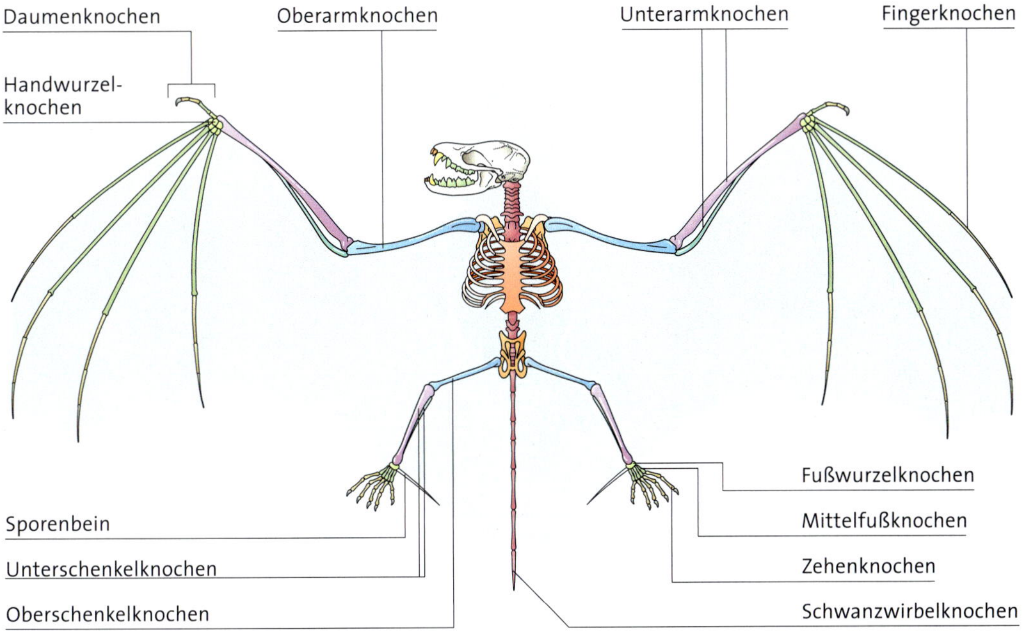

03 Skelett einer Fledermaus

geln umgewandelt. Die Flügelfläche wird aber nicht wie bei den Vögeln von Federn gebildet, sondern von einer dünnen Haut. Diese *Flughäute* spannt die Fledermaus zwischen Armen, Beinen, Rumpf und Schwanz zu **Hautflügeln.** Durch die stark verlängerten Mittelhand- und Fingerknochen haben die Flügel eine ausreichend große Oberfläche zum Fliegen. Ein zusätzlicher Knochen, das *Sporenbein,* dient dem Spannen der Schwanzflughaut. Nur die kleinen Füße und die kurzen Daumen liegen frei und tragen scharfe Krallen. Beim Fliegen werden die Hautflügel ununterbrochen in schneller Folge auf und ab bewegt. Wegen dieser flatterartigen Flugbewegungen zählt man die Fledermäuse zu den **Flattertieren.**

LEBENSWEISE · Der Flatterflug des Braunen Langohrs ist sehr anstrengend, deshalb benötigt es viel Energie. Schon kurz nach Sonnenuntergang geht es auf Insektenjagd. Die Fledermaus ist ein **nachtaktives** Tier. Das hat den Vorteil, dass es auf weniger Nahrungskonkurrenten trifft. In einem Sommer kann eine Fledermaus mit ihrem *Insektenfressergebiss* bis zu 60 000 Mücken fressen.

In den Tropen gibt es Fledermäuse, die sich auch von Nektar und Früchten ernähren oder von Blut wie die Vampirfledermaus. Mit ihren spitzen Zähnen beißt sie aus größeren Säugetieren ein Stück der Haut heraus und leckt das Blut ab. Tagsüber ist die Fledermaus nicht zu sehen. Sie zieht sich in ihr Tagquartier wie Baumhöhlen, Felsspalten oder Dachböden zurück. Dort krallt sie sich mit ihren Füßen an der Decke fest und verbringt schlafend den Tag. Im Spätsommer sucht die Fledermaus ein frostsicheres Winterquartier auf. Höhlen sind besonders gut geeignet, da in ihnen die Temperatur wenig schwankt, gleichzeitig bieten sie Schutz vor Feinden. In diesen Höhlen überbrückt die Fledermaus oft in großer Anzahl die kalten Monate bis zum Frühjahr im **Winterschlaf.**

04 Fledermäuse: **A** Große Hufeisennasen im Winterquartier; **B** Kleiner Abendsegler mit Traglingen

FORTPFLANZUNG UND ENTWICKLUNG · Die *Paarung* der Fledermäuse findet im Winterquartier statt. Das Männchen sucht das schlafende Weibchen auf, umklammert es mit seinen Flügeln und beißt es in den Nacken. Sobald das Weibchen erwacht, wird es von dem Männchen *begattet*. Die *Befruchtung* der Eizelle erfolgt jedoch erst nach dem Winterschlaf. Die *Tragzeit* ist vom Nahrungsangebot abhängig und kann bis zu 70 Tage dauern. Die Fledermäuse fliegen dann in ihre Sommerquartiere. Die Männchen suchen sich Tagquartiere. Die Weibchen versammeln sich in den **Wochenstuben**, um die Jungtiere zur Welt zu bringen.

05 Flughund

Jedes Weibchen gebärt in der Regel nur ein Jungtier. Das nackte und blinde Neugeborene wird bis zu sieben Wochen lang gesäugt. Das Jungtier klammert sich am Fell des Muttertieres fest und wird in den ersten Tagen zu den Jagdflügen mitgenommen.

FLUGHUNDE · Flughunde sind die nächsten verwandten Tiere der Fledermäuse. Sie sind in den Tropen Afrikas und Asiens verbreitet. Flughunde leben nachtaktiv, orientieren sich aber im Gegensatz zu den Fledermäusen vor allem mithilfe ihrer großen Augen. Eine Echoortung besitzen nur Höhlen bewohnende Flughunde. Da sie in wärmeren Gebieten leben, halten sie keinen Winterschlaf.

1) Beschreibe, wie die Fledermaus in der Dunkelheit ihre Beute aufspürt!

2) Erläutere, inwiefern die späte Befruchtung der Eizelle eine Angepasstheit an die Lebensweise der Fledermäuse darstellt!

3) Fledermäuse sind Säugetiere. Begründe diese Aussage!

Material A ▸ Armskelette im Vergleich

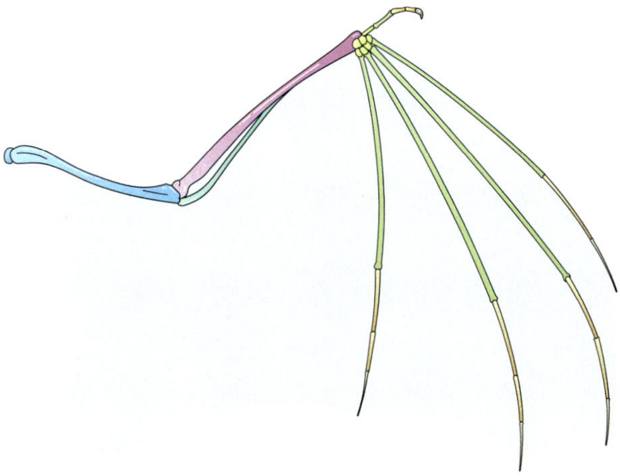

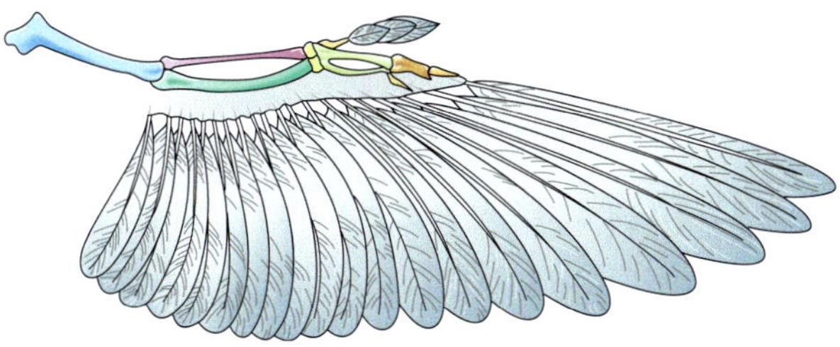

A1 Vergleiche das Armskelett der Fledermaus mit dem eines Vogels! Nenne Gemeinsamkeiten und Unterschiede!

A2 Erläutere, wie das Flügelskelett der Fledermaus an das Fliegen angepasst ist!

Material B ▸ Orientierung der Fledermäuse

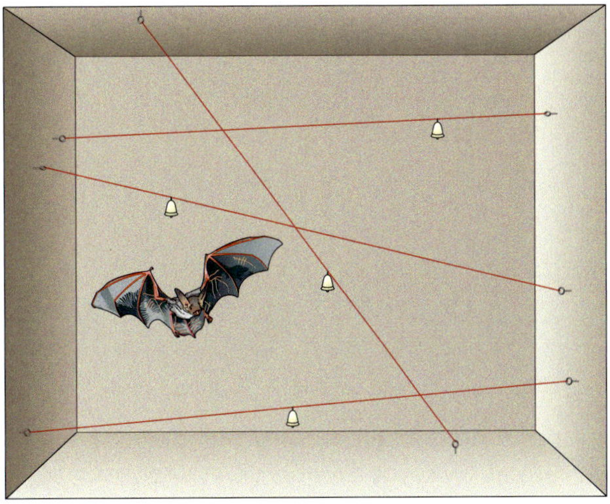

Der italienische Naturforscher SPALLANZANI führte 1793 Experimente durch, um herauszufinden, welches Sinnesorgan die Fledermäuse zur Orientierung nutzen. Dazu hängte er in einem verdunkelten Raum Glocken an Schnüren auf. Anschließend ließ er Fledermäuse in diesem Raum fliegen:

a) mit verbundenen Augen,
b) mit durch Wachs verschlossenen Ohren oder
c) mit zugebundenem Maul und zugebundener Nase.

B1 Erläutere, in welchem Versuchsansatz SPALLANZANI die Glocken läuten hören konnte!

Material C ▸ Untersuchung bei Fledermäusen

Umgebungstemperatur	Körpertemperatur	Atemzüge pro Minute	Herzschläge pro Minute
20 °C	37 °C	35	200
13 °C	25 °C	20	100
10 °C	10 °C	10	50
2 °C	5 °C	2	20
0 °C	35 °C	35	200

Biologen haben die Körpertemperatur sowie die Atemzüge und Herzschläge pro Minute einer Fledermaus bei unterschiedlicher Umgebungstemperatur untersucht. In der Tabelle sind die Untersuchungsergebnisse dargestellt.

C1 Deute die in der Tabelle festgehaltenen Untersuchungsergebnisse!

C2 Stelle Vermutungen an, welche Vorteile Fledermäuse durch ihren Winterschlaf haben!

C3 Nenne Eigenschaften, die ein Winterquartier der Fledermäuse haben sollte!

01 Sibirischer Tiger

Säugetiere kann man ordnen

Die Kopf-Rumpf-Länge des Sibirischen Tigers kann bis zu 2,80 Meter betragen. Obwohl Jaguar und Luchs wesentlich kleiner sind als der Sibirische Tiger und sie sich in der Fellzeichnung deutlich voneinander unterscheiden, ordnet man die drei Tierarten den Katzen zu. Sie weisen nämlich die typischen Merkmale der Katzen auf. Weshalb ordnet man Tiere in Gruppen?

MERKMALE · Der Sibirische Tiger lebt als Einzelgänger in einem Revier. Diese Lebensweise ist ein *Merkmal* des Tigers. Anhand dieses Merkmals kann er mit anderen Katzen verglichen werden. Jaguar und Luchs sind ebenfalls Einzelgänger und zeigen somit eine *Gemeinsamkeit* mit dem Sibirischen Tiger. Alle drei ernähren sich von Fleisch und besitzen ein Fleischfressergebiss. Die bevorzugten Beutetiere sind hingegen sehr unterschiedlich. Der Tiger jagt hauptsächlich Rothirsche, Rehe und Wildschweine. Während der Luchs ähnlich wie Füchse und Marder kleine Säugetiere jagt, zählen beim Jaguar, neben Säugetieren, auch Reptilien oder sogar Fische zu den Beutetieren. In diesem Merkmal, den Beutetieren, *unterscheiden* sich die Katzen voneinander. Je mehr gemeinsame Merkmale Tiere aufweisen, desto näher sind sie miteinander *verwandt*.

VERWANDTSCHAFT · Um die Vielfalt der Katzen in Verwandtschaftsgruppen einzuordnen, nutzt man Merkmale als *Vergleichskriterien*. Alle Katzen gebären ihre Jungtiere lebend und säugen sie. Außerdem haben sie alle ein Fell und eine gleichwarme Körpertemperatur. Katzen und alle anderen Tiere, die diese Merkmale zeigen, fasst man als **Säugetiere** zusammen. Diese werden in verschiedene Ordnungen wie beispielsweise die Insektenfresser, die Nagetiere oder die Paarhufer eingeteilt. Jede **Ordnung** hat ganz bestimmte Merkmale, in denen sie sich von den anderen Ordnungen unterscheidet. Das Fleischfressergebiss ist ein typisches Merkmal, das nur bei der Ordnung der Raubtiere in unterschiedlicher Ausprägung vorhanden ist. Alle Raubtiere sind deshalb miteinander näher verwandt als mit den anderen Ordnungen der Säugetiere. Vergleicht man die Raubtiere untereinander, so unterscheiden sie sich wiederum in einigen speziellen Merkmalen wie zum Beispiel dem Aufbau und der Funktion der Vorderextremitäten oder der Jagdweise. Innerhalb dieser Ordnung lassen sich deshalb die Tiere in unterschiedliche **Familien** einordnen, wie zum Beispiel in die Familie der Hundeartigen, der Marderartigen oder der Katzenartigen. Innerhalb einer Familie sind Tiere am engsten miteinander verwandt, wenn sie sich untereinander fortpflanzen und fruchtbare Nachkommen haben. Diese Tiere fasst man zu einer **Art** zusammen. Sibirischer Tiger, Jaguar und Luchs gehören gemeinsam zu den Säugetieren, zu der Ordnung der Raubtiere und zur Familie der Katzenartigen, bilden aber jeweils eine Art. Das Ordnen der Tiere in Gruppen hilft den Biologen, trotz der großen Anzahl verschiedener Tierarten, eine Übersicht zu erlangen.

03 Jaguar

04 Luchs

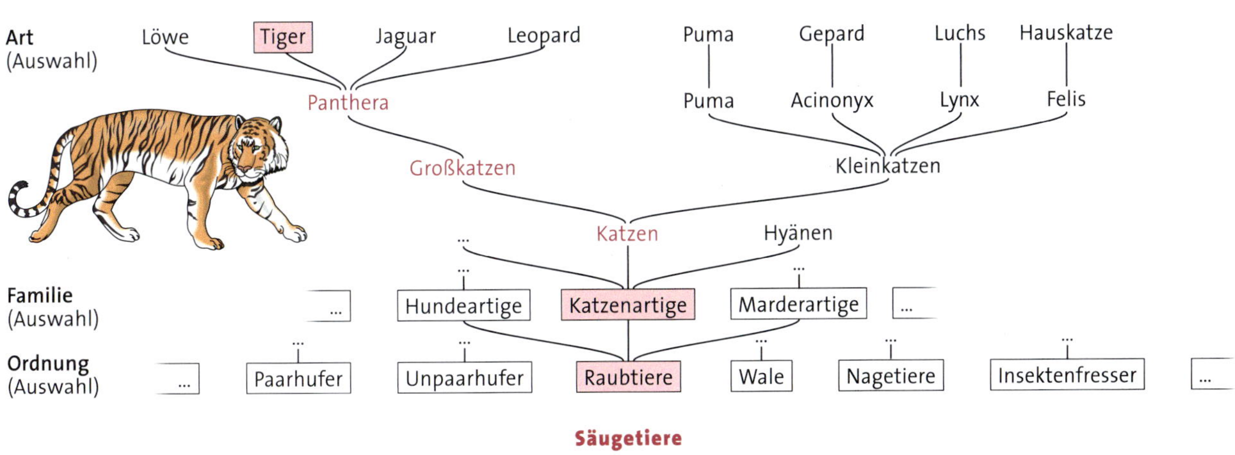

02 Ordnungssystem der Säugetiere am Beispiel der Katzen

METHODE

Beobachten und Beschreiben

Im Zoo Hannover leben die zwei Asiatischen Elefantenkühe MANARI und KHAING. Kinder beobachten fasziniert, wie sich ihre Rüssel ständig bewegen. Das Beobachten ist eine wichtige Arbeitsweise in der Biologie.

BEOBACHTEN · *Beim Beobachten erfasst man ein ausgewähltes Merkmal wie die Bewegungen des Elefantenrüssels genau. Dafür ist mehr Zeit notwendig als für bloßes Hinsehen. Andernfalls entgehen dem Beobachter viele Einzelheiten. Wichtig ist auch, die Fragestellung im Auge zu behalten. Für die Beobachtung der Rüsselbewegungen muss man die beiden Elefantenkühe voneinander unterscheiden. Dazu vergleicht man sie hinsichtlich stark abweichender Körpermerkmale.*

BEOBACHTUNGEN FESTHALTEN · *Die Beobachtungen können in Zeichnungen, Tabellen oder Diagrammen dargestellt werden. In einem solchen Beobachtungsprotokoll werden auch Angaben über die Bedingungen vor Ort festgehalten. Es enthält außerdem eine Beschreibung der Beobachtungen.*

BEOBACHTUNGEN BESCHREIBEN · *Bei einer Beschreibung gibt man das beobachtete Merkmal wie die Rüsselbewegungen mit eigenen Worten ohne Erklärung und Begründung genau wieder. „Vermenschlichungen" wie zum Beispiel „Der Elefant bewegt seinen Rüssel gelangweilt" sind zu vermeiden. Die Reihenfolge der Vorgänge wird beachtet und biologische Fachbegriffe werden verwendet.*

01 Elefanten im Zoo Hannover

Beobachtungsprotokoll: Rüsselbewegungen von Elefanten

Ort: Zoo Hannover

Uhrzeit: 11 Uhr

Datum: 15.02.2012

Wetter: sonnig, kalt

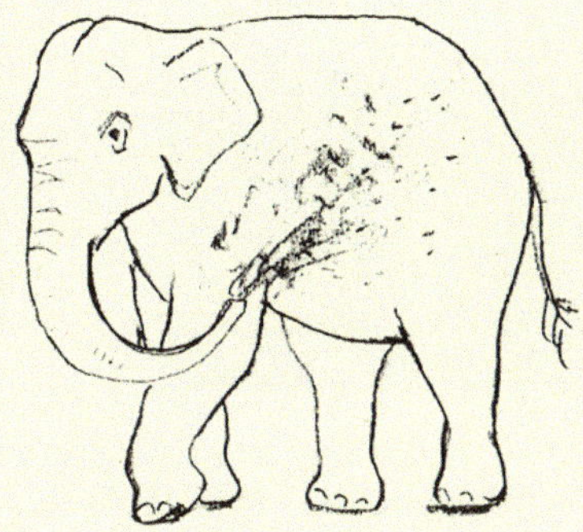

Fragestellung: Welche Rüsselbewegungen lassen sich bei MANARI beobachten?

Merkmale	MANARI	KHAING
Kopfform	schmales Gesicht, hohe gewölbte Stirn, starke Wölbung über den Augen	breites Gesicht, weniger hohe Stirn als MANARI, schwache Wölbung über den Augen
Ohrenform	dreieckig, obere Spitzen nach hinten geklappt	dreieckig
Färbung der Haut	gleichmäßig braun-grau	braun-grau mit vielen hellen Stellen, vor allem am Kopf
weitere Kennzeichen	heller Querstreifen vor dem rechten Auge	helle herzförmige Färbung an der rechten Hüfte

Beobachtete Rüsselbewegungen bei MANARI

MANARI streckt den Rüssel und bewegt ihn von einer Seite zur anderen Seite, plötzlich berührt sie die vordere Bauchseite von KHAING mit der Rüsselspitze.

MANARI streckt ihren Rüssel nach unten und nimmt so Wasser auf, danach rollt sie ihren Rüssel an der Spitze ein und lässt die Rüsselspitze in ihrem Maul verschwinden.

MANARI streckt ihren Rüssel nach unten und nimmt erneut Wasser auf. Danach dreht sie die Rüsselspitze ein und führt gleichzeitig den Rüssel zu ihrem Nacken und spritzt ihren Rücken mit Wasser nass.

MANARIs Rüssel bewegt sich nach vorne. Der Rüssel ist dabei lang gestreckt. Jetzt schwenkt sie den Rüssel gleichmäßig nach beiden Seiten und erfasst dann mit ihrem „Greiffinger" an der Rüsselspitze einen Zweig. Nun dreht sie ihren Rüssel ein und umschließt den Zweig. So führt MANARI den aufgerollten Rüssel mit dem Zweig in ihr Maul.

02 Beispiel für ein Beobachtungsprotokoll

METHODE

Vergleichen

STECKBRIEF

Löwen
Kopf-Rumpf-Länge: *bis etwa 2,50 Meter;*
Körpermasse: *bis etwa 225 Kilogramm;*
Beutetiere: *große Herdentiere wie Zebras und Antilopen;*
Lebensweise: *lebt und jagt in einem Rudel (ein Männchen, mehrere Weibchen und Jungtiere);*
Laufgeschwindigkeit: *bis zu 55 Kilometer pro Stunde*

STECKBRIEF

Gepard
Kopf-Rumpf-Länge: *bis etwa 1,50 Meter;*
Körpermasse: *bis etwa 50 Kilogramm;*
Beutetiere: *kleine bis mittelgroße Gazellen und Antilopen, Kaninchen oder Vögel;*
Lebensweise: *lebt als Einzelgänger und jagt alleine;*
Laufgeschwindigkeit: *bis zu 112 Kilometer pro Stunde*

Löwen und Geparden kann man heute fast nur noch in den Graslandschaften Afrikas beobachten. Dort jagen beide nach Beute. Machen sich Löwe und Gepard dabei Konkurrenz? Um diese Frage zu beantworten, muss man die beiden Katzenarten miteinander vergleichen. Für den ***Vergleich*** *werden verschiedene Merkmale wie beispielsweise die Lebensweise, die Beutetiere oder die Laufgeschwindigkeit von Löwe und Gepard zusammengestellt und betrachtet. Diese Merkmale dienen als Vergleichskriterien. Der Vergleich ist eine Gegenüberstellung von ausgewählten Merkmalen. Das Vergleichsergebnis ist eine Antwort auf die Ausgangsfrage und beinhaltet die Unterschiede und Gemeinsamkeiten der beiden Tierarten.*

Der Gepard ist an das Jagen als Einzelgänger sehr gut angepasst. Mit einer Laufgeschwindigkeit von über 110 Kilometern pro Stunde jagt er kleine und schnelle Beutetiere wie zum Beispiel Gazellen. Die in Rudeln lebenden Löwen jagen dagegen gemeinsam. Sie treiben die in großen Herden lebenden Zebras auseinander. Einzelne, von der Herde getrennte Tiere, werden dann von den Löwen erbeutet. Für diese gemeinsame Jagd nach großen Beutetieren ist die geringere Laufgeschwindigkeit des Löwen im Vergleich zum Gepard vollkommen ausreichend. Der Vergleich von Lebensweise, Beutetieren und Laufgeschwindigkeit bei Löwen und Geparden zeigt, dass sich beide Katzenarten bei der Jagd nach Beutetieren keine Konkurrenz machen.

1 Nimm Stellung zur Aussage „Luchs und Tiger sind verwandt“! Nimm die Abbildung 02 auf Seite 55 zu Hilfe!

2 Erläutere, weshalb Jaguar und Gepard trotz vieler Gemeinsamkeiten jeweils eine eigene Art sind!

Material A ▸ Säugetiere vergleichen und ordnen

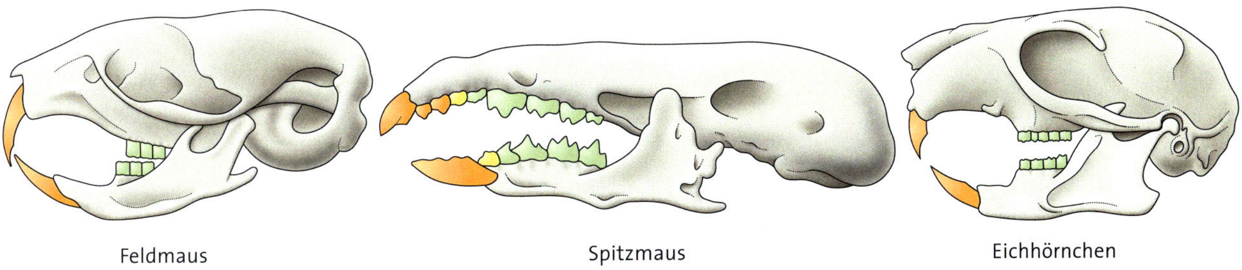

A1 Vergleiche die Schädel von Feldmaus, Spitzmaus und Eichhörnchen miteinander!

A2 Erstelle für diese Tiere jeweils eine Zahnformel und vergleiche sie!

A3 Ordne mithilfe des Vergleichs der Zahnformeln die Tiere jeweils ihrer Ordnung zu! Nimm die Abbildung 02 auf Seite 55 zu Hilfe!

Material B ▸ Meerestiere vergleichen

STECKBRIEF

Schwertwal
Lebensraum: *in warmen und kalten Ozeanen;*
Körperlänge: *bis etwa 10 Meter;*
Nahrung: *Fische, Robben, Pinguine, Delfine;*
Atmung: *Lungenatmung;*
Lebensweise: *lebt und jagt in Gruppen*

STECKBRIEF

Walhai
Lebensraum: *in warmen Ozeanen;*
Körperlänge: *bis etwa 15 Meter;*
Nahrung: *vorwiegend pflanzliche und tierische Kleinstlebewesen sowie kleine Meerestiere;*
Atmung: *Kiemenatmung;*
Lebensweise: *lebt als Einzelgänger*

B1 Beschreibe Gemeinsamkeiten und Unterschiede von Schwertwal und Walhai! Nimm die Abbildungen und die Steckbriefe zu Hilfe!

B2 Ordne den Schwertwal einer Gruppe von Tieren zu! Nimm die Abbildung 02 auf Seite 55 zu Hilfe!

B3 Nimm Stellung zum Namen Walhai!

A ▸ Haustiere

Kann ich ...

1 Hunde aufgrund der Ausprägung ihrer Sinnesorgane als Nasentier und Ohrentier einordnen ? *(Seite 20)*

2 das Skelett des Hundes in Schädel, Rumpfskelett und Extremitäten untergliedern? *(Seite 21)*

3 die für Wirbeltiere typische Wirbelsäule als lang gestreckte Struktur aus einzelnen Wirbeln beschreiben, die vom Kopf durch den Rumpf bis zum Schwanz reicht? *(Seite 21)*

4 die Zusammensetzung des Fleischfressergebisses aus Eckzähnen, Schneidezähnen, Fangzähnen, Backenzähnen und Reißzähnen unterscheiden sowie deren Funktionen beschreiben? *(Seite 21)*

5 die Paarung sowie das Gebären und Säugen von Jungtieren als typische Merkmale der Fortpflanzung von Säugetieren beschreiben? *(Seite 22)*

6 die Entwicklung von Wölfen zu Hunden durch Züchtung erklären, bei der gezielt Tiere mit gewünschten Merkmalen gepaart werden? *(Seite 24 und 25)*

7 Variabilität als unterschiedliche Ausprägung von Merkmalen innerhalb einer Art beschreiben und dies als wichtige Voraussetzung für Züchtung erläutern? *(Seite 25)*

8 typische Verhaltenweisen der Wölfe wie Rudelbildung, Rangordnung, Imponierverhalten, Drohverhalten und Demutsverhalten sowie Hetzjagd beschreiben? *(Seite 25)*

9 Katzen als Wirbeltiere sowie Schleichjäger und Nachtjäger einordnen und entsprechende Angepasstheiten zur Jagdweise wie beispielsweise einziehbare Krallen und ihren Tastsinn erläutern? *(Seite 28 und 29)*

10 den Aufbau und die Funktionsweise der einziehbaren Krallen erläutern? *(Seite 30)*

11 Konflikte zwischen Hunden und Katzen auf deren unterschiedlichen Verhaltensweisen zurückführen? *(Seite 32 und 33)*

12 angemessene Haltungsbedingungen verschiedener Haustiere erläutern? *(Seite 34)*

13 eine systematisch begründete Entscheidung zur Haustieranschaffung durchführen, indem ich für jedes mögliche Haustier ausgewählte Gründe gewichte und abwäge? *(Seite 36 und 37)*

B ▸ Nutztiere

Kann ich ...

1 das Rind als Pflanzenfresser mit entsprechendem Gebiss und Wiederkäuermagen beschreiben? *(Seite 38 und 39)*

2 die Bedeutung des Rindes als Nutztier beschreiben? *(Seite 39 und 40)*

C ▸ Säugetiere in ihrem Lebensraum

Kann ich ...

1 die Lebensweise des Maulwurfs im Boden beschreiben? *(Seite 42)*

2 den Körperbau und die Sinnesorgane des Maulswurfs als Angepasstheiten eines insektenfressenden Bodenbewohners erläutern? *(Seite 43 und 44)*

3 das Nagetiergebiss des Bibers als Angepasstheit einer pflanzenfressenden und mit Holz bauenden Lebensweise erklären? *(Seite 46 und 47)*

4 die Orientierung der Fledermäuse in der Dunkelheit durch Aussenden und Wahrnehmen von Schallwellen erläutern? *(Seite 50)*

5 die Ausbildung von Hautflügeln bei den sich über Flatterflug fortbewegenden Fledermäusen beschreiben? *(Seite 51)*

D ▸ Verwandtschaft der Säugetiere

Kann ich ...

1 erläutern, dass man Säugetiere gemäß ihrer Verwandtschaft ordnen kann? *(Seite 54 und 55)*

2 erläutern, dass das Ordnungssystem eine schrittweise Aufgliederung der Säugetiere in verschiedene Ordnungen, Familien und Arten darstellt, denen jeweils gemeinsame Merkmale zugrunde liegen? *(Seite 54 und 55)*

Kann ich aus dem Kapitel „Säugetiere sind Wirbeltiere" Beispiele nennen für die Basiskonzepte:

- Variabilität?
- Struktur und Funktion?
- Information und Kommunikation?
- Reproduktion?
- Angepasstheit?

Tiere im Jahresverlauf

In diesem Kapitel beschäftigst du dich mit

- der aktiven Überwinterung der Rehe. Du erfährst, wie Rehe durch Umstellung auf andere Nahrung und durch gespeichertes Körperfett den Winter überdauern.
- der Winterruhe als Angepasstheit der Eichhörnchen an den Winter. Hierbei lernst du, wie Eichhörnchen durch Ruhephasen und gelegentliche Nahrungsaufnahme aus Vorräten den Winter überdauern.
- dem Winterschlaf der Fledermäuse. Dabei lernst du, wie Fledermäuse ohne Nahrungsaufnahme den Winter überdauern.
- mit dem Vergleich der Überwinterungsstrategien.

01 Rehe im Winter

Rehe, Eichhörnchen und Fledermäuse

Energie – Tiere benötigen Energie, um ihre Lebensvorgänge aufrechterhalten zu können. Nahrung stellt diese Energie zur Verfügung.

Rehe, Eichhörnchen und Fledermäuse sind einheimische Säugetiere. Sie nutzen als Pflanzenfresser, Allesfresser beziehungsweise Insektenfresser unterschiedliche Nahrungsquellen. Im Sommer finden sie diese Nahrung in großen Mengen. Im Winter verändert sich jedoch das Nahrungsangebot. Pflanzenteile als Nahrung sind kaum noch zu finden, Insekten nahezu verschwunden. Wie überdauern Säugetiere den Winter?

AKTIVE ÜBERWINTERUNG · Rehe gehören zu den größten einheimischen Säugetieren und kommen ursprünglich in Waldrandgebieten und Waldlichtungen vor. Im Sommer ernähren sie sich von krautigen Pflanzen und jungen Laubtrieben. Hierzu streifen die *tagaktiven* Tiere durch ihr Revier. Im Winter entfällt das nahrhafte Angebot und die Rehe ernähren sich von Knospen, Gräsern und Brombeeren. Diese Nahrung liefert jedoch wenig Energie. Durch ihre aktive Nahrungssuche im Winter benötigen sie ähnlich viel Energie wie im Sommer. Im Vergleich zum Sommer benötigen Rehe zur Aufrechterhaltung ihrer Körpertemperatur in den kalten Wintermonaten mehr Energie. Die Zeit des geringen Nahrungsangebots im Winter überstehen sie dadurch, dass sie das im Spätsommer angefressene Körperfett abbauen und als zusätzliche Energiequelle nutzen. Die *Angepasstheit* der Rehe an die Bedingungen im Winter besteht somit in einer Umstellung auf andere pflanzliche Nahrung und dem Abbau des Körperfetts. Da Rehe ähnlich aktiv sind wie im Sommer, bezeichnet man ihre Strategie als *aktive Überwinterung*.

02 Tiere im Winter:
A Eichhörnchen,
B Braunes Langohr

WINTERRUHE · Eichhörnchen sind tagaktive Baumbewohner. Sie leben in Wäldern, Parks und Gärten. Ihre Hauptnahrung besteht aus Beeren, Nüssen und anderen Früchten. Sie fressen aber auch Knospen, Schnecken und Insekten.
Im Spätsommer und Herbst finden Eichhörnchen zahlreiche Früchte und Nüsse. Viele der gesammelten Nüsse vergraben sie im Boden als Vorrat für den Winter. Die Wintermonate verbringen Eichhörnchen ruhend in einem ausgepolsterten, kugelförmigen Nest, dem **Kobel.** Dieser schützt vor Auskühlung, sodass die Tiere für die Aufrechterhaltung ihrer Körpertemperatur weniger Energie aufwenden müssen als aktive Überwinterer. Nur von Zeit zu Zeit verlassen sie den Kobel, suchen ihre Vorräte auf und fressen. In den langen Ruhephasen dazwischen sinken ihre Atemfrequenz und ihr Herzschlag leicht ab. Hierdurch ist ihr Energiebedarf auch für diese Körperfunktionen gering, sodass sie den Winter trotz geringer Nahrungszufuhr überdauern können. Die Überwinterungsstrategie der Eichhörnchen aus langen Ruhephasen mit kurzen Unterbrechungen zur Nahrungsaufnahme nennt man *Winterruhe*.

WINTERSCHLAF · Einheimische Fledermäuse wie das Braune Langohr ernähren sich im Sommer von Insekten, die sie in der Dämmerung fangen. Da ihr Flatterflug sehr energieaufwendig ist, benötigen sie große Mengen an Nahrung. Im Winter gibt es jedoch keine Fluginsekten. Diese Zeit ohne Nahrung verbringen Fledermäuse in Höhlen oder anderen geschützten Orten, ihren *Winterquartieren*. Dort verharren sie kopfüber hängend in einem tiefen Schlafzustand. Herzschlag und Atemfrequenz sind stark verlangsamt. Zusätzlich sinkt ihre Körpertemperatur. Hierdurch haben Fledermäuse im Winter einen sehr geringen Energiebedarf, den sie über die im Spätsommer angefressenen Fettreserven decken. Diese Überwinterungsstrategie mit einer deutlichen Verminderung des Energiebedarfs nennt man *Winterschlaf*.

1 Informiere dich über die Überwinterung von Hasen, Igeln und Dachsen! Nutze hierzu Lexika, Tierbücher und das Internet!

2 Erkläre, weshalb häufige Unterbrechungen des Winterschlafs zum Tod von Fledermäusen führen können!

03 Haarwechsel beim Fuchs: **A** Sommerfell, **B** Winterfell

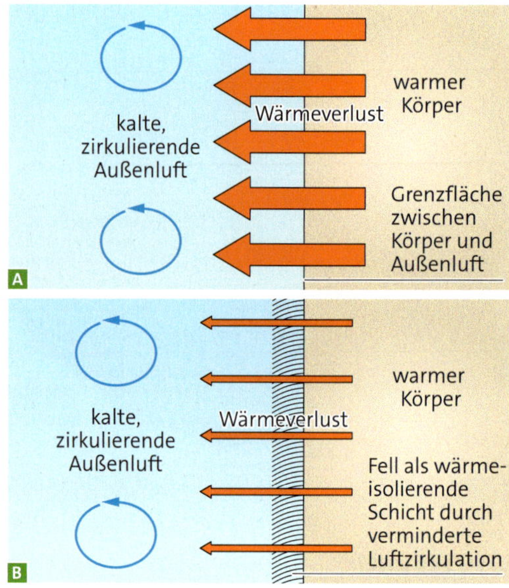

04 Wärmeverlust eines Körpers: **A** ohne Fell, **B** mit Fell

SCHUTZ VOR KÄLTE · Füchse durchstreifen an Wintertagen auf der Suche nach Beutetieren ihr Revier. Als Säugetiere mit aktiver Überwinterung sind sie während ihrer Streifzüge der Kälte ausgesetzt. Dennoch sind sie in der Lage, ihre hohe Körpertemperatur aufrechtzuerhalten. Hierbei hilft ihnen ihr dichtes Winterfell, das ihren Körper im Winter breiter erscheinen lässt. Doch wie schützt ein Winterfell vor Auskühlung?

Das Fell von Füchsen besteht aus langen *Deckhaaren* und vielen kurzen *Wollhaaren*. Zwischen den Wollhaaren befindet sich eine dünne, vom Körper erwärmte Luftschicht. Dort ist die Zirkulation der Luft im Vergleich zur Umgebungsluft stark vermindert. Hierdurch vermischt sich die erwärmte Luftschicht kaum mit der kälteren Außenluft. Die körpernahe Luftschicht wirkt somit wärmeisolierend und vermindert das Auskühlen des Körpers.

Bei der Bildung des Winterfells im Herbst verlängern sich die Wollhaare, sodass das Fell dichter wird. Hierdurch verstärkt sich die wärmeisolierende Wirkung des Fells, sodass das Winterfell den Austausch mit der kalten Außenluft noch stärker vermindert. Winterfell wärmt einen Körper also nicht aktiv, sondern verhindert den Wärmeverlust des Körpers durch Wärmeisolation.

3 Nenne Unterschiede und Gemeinsamkeiten von Winterschlaf und Winterruhe!

4 Nenne Faktoren, durch die der Energiebedarf zur Aufrechterhaltung der Körpertemperatur bei Eichhörnchen vermindert ist!

5 Bei einer einheimischen Hirschart wurde nachgewiesen, dass die Tiere im Winter während der Nachtruhe ihre Körpertemperatur absenken. Erkläre, welche Vorteile sich hieraus für die Hirsche ergeben!

6 Kommentiere die folgende Aussage: „Fell wärmt“!

Material A ▸ Körperfunktionen im Winter

Umgebungstemperatur in Grad Celsius	Körpertemperatur in Grad Celsius	Atemzüge pro Minute	Herzschläge pro Minute
30	37	35	200
25	37	35	200
20	37	35	200
13	25	20	100
10	10	10	50
2	5	2	20
0	35	35	200

Biologen haben die Körpertemperatur sowie die Atemzüge und Herzschläge pro Minute bei Reh, Eichhörnchen und Fledermaus bei unterschiedlicher Umgebungstemperatur untersucht. In der Tabelle sind die Ergebnisse der Messung zu einem dieser Tiere dargestellt.

A1 Belege mithilfe der Messdaten, dass das unbekannte Tier gleichwarm ist!

A2 Entscheide und begründe anhand der Messdaten, ob es sich um ein Reh, ein Eichhörnchen oder eine Fledermaus handelt!

A3 Stelle eine begründete Vermutung zur Erklärung der Messdaten bei einer Umgebungstemperatur von 0 Grad Celsius auf!

Material B ▸ Nahrungsaufnahme und Energiebedarf im Winter

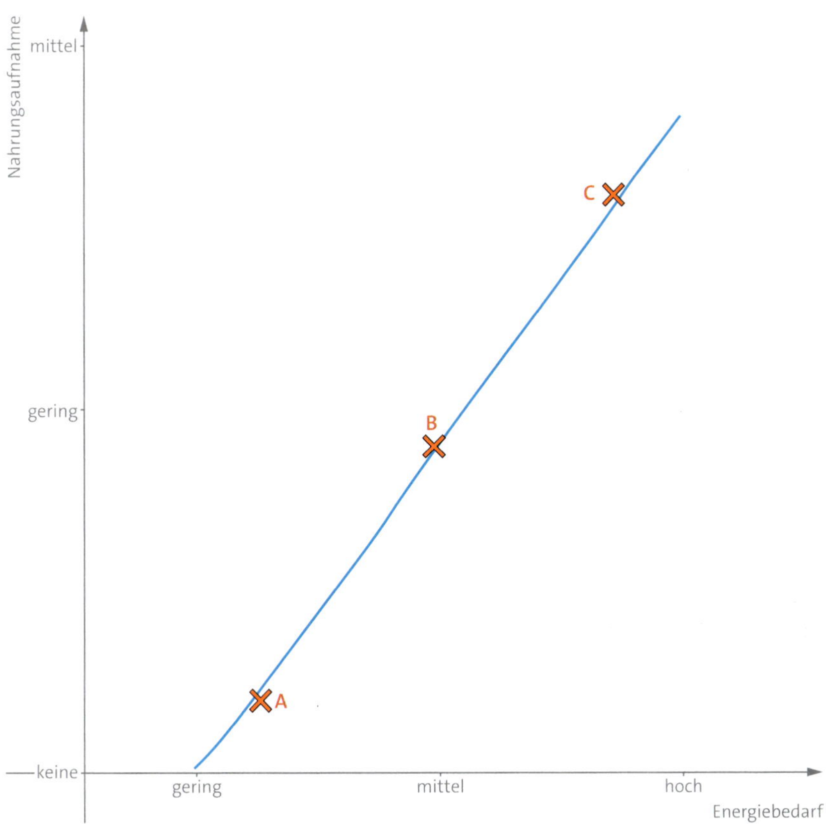

Bei drei Tierarten wurde im Winter gemessen, wie hoch ihr Energiebedarf ist und wie viel Nahrung sie aufnehmen. Die Linie zeigt die Tendenz der vielen Einzelmessungen. Einzelne Messpunkte zu Tieren mit Winterruhe, Winterschlaf und aktiver Überwinterung sind als Kreuze A, B und C besonders hervorgehoben.

B1 Beschreibe anhand des Liniendiagramms den Zusammenhang zwischen Nahrungsaufnahme und Herabsetzung des Energiebedarfs! Nutze hierzu „wenn ..., dann ...“-Formulierungen! Erkläre den Zusammenhang!

B2 Ordne den Datenpunkten A, B und C die entsprechende Art der Überwinterung zu! Begründe deine Zuordnungen!

01 Energiefluss:
A Luchs,
B Biber,
C Igel

Überwinterung im Vergleich

Säugetiere wie der Luchs, der Biber oder der Igel überdauern die Wintermonate trotz niedriger Außentemperaturen und eines geringen Nahrungsangebotes. Hierbei zeigen die Tiere ganz unterschiedliche Angepasstheiten wie aktive Überwinterung, Winterruhe und Winterschlaf. Wodurch unterscheiden sich diese Angepasstheiten?

ENERGIE · Alle Säugetiere sind auf energiereiche Nahrung angewiesen. Die aufgenommene Nahrung wird im Magen und Darm verdaut. Die aus der Nahrung freigesetzte Energie können Tiere zur Aufrechterhaltung von Lebensvorgängen wie Fortbewegung oder zur Aufrechterhaltung der Körpertemperatur nutzen. Je weniger Nahrung die Tiere aufnehmen, umso weniger Energie steht ihnen hierfür zur Verfügung. Der Nahrungsmangel im Winter stellt also für Tiere vor allem ein Energieproblem dar.

ANGEPASSTHEITEN · Säugetiere mit *aktiver Überwinterung* wie der Luchs sind auch im Winter auf Nahrungssuche. Durch Bewegung und Auskühlung haben sie einen großen Energiebedarf, finden aber nur wenig energiereiche Nahrung. Ihren Energiebedarf können sie zusätzlich durch angefressene Fettreserven decken. Ihr Winterfell vermindert zudem ihre Auskühlung. Fettreserven und Winterfell sind somit Angepasstheiten aktiver Überwinterung.
Winterruher wie der Biber verlassen nur selten ihren Ruheplatz, um zu fressen. Durch lange Ruhephasen ist ihr Energiebedarf vermindert. Geringer Energiebedarf und geringe Nahrungsaufnahme kennzeichnen die Angepasstheit der Winterruher.
Den geringsten Energiebedarf haben *Winterschläfer* wie der Igel, die ihre Körpertemperatur, ihren Herzschlag und ihre Atmung stark herabsetzen. Hierdurch können sie den Winter ohne Nahrungsaufnahme überdauern. Allen Überwinterungsstrategien ist gemeinsam, dass ihr jeweiliger Energiebedarf durch Fettreserven oder Nahrungsaufnahme gedeckt ist.

Art der Überwinterung	Aktive Überwinterung	Winterruhe	Winterschlaf
Beispiele	Reh, Hermelin, Luchs	Eichhörnchen, Dachs, Waschbär, Biber	Fledermaus, Igel, Haselmaus
Nahrungsaufnahme	tägliche Nahrungsaufnahme durch Umstellung auf Winternahrung	regelmäßige Nahrungsaufnahme zwischen den Ruhephasen aus Vorräten oder durch Nahrungssuche	seltene bis keine Nahrungsaufnahme
Aktivität	ähnlich wie im Sommer	überwiegend ruhend, aber regelmäßig wach	tief schlafend, gelegentlich auch kurze Wachphasen
Körpertemperatur	wie im Sommer	wie im Sommer	stark herabgesetzt
Atemfrequenz	wie im Sommer	leicht herabgesetzt	stark herabgesetzt
Herzfrequenz	wie im Sommer	leicht herabgesetzt	stark herabgesetzt

02 Verschiedene Strategien der Überwinterung im Vergleich

ÜBERPRÜFE DEIN GRUNDWISSEN ▸ TIERE IM JAHRESVERLAUF

A ▸ Säugetiere im Winter

Kann ich…

1 aktive Überwinterung, Winterruhe und Winterschlaf als unterschiedliche Angepasstheiten an Nahrungsmangel und Kälte im Winter beschreiben? *(Seite 64 und 65)*

2 die wärmeisolierende Wirkung des Winterfells bei Säugetieren erläutern? *(Seite 66)*

B ▸ Überwinterungsstrategien

Kann ich…

1 Überwinterung bei Säugetieren als Problem der Energieversorgung erläutern? *(Seite 68)*

2 Überwinterungsstrategien als Angepasstheiten durch unterschiedlich starke Herabsetzung des Energiebedarfs und der Nahrungsaufnahme erklären? *(Seite 68)*

Kann ich aus dem Kapitel „Tiere im Jahresverlauf" Beispiele nennen für die Basiskonzepte:

- Angepasstheit?
- Struktur und Funktion?

Der Mensch

In diesem Kapitel beschäftigst du dich mit

- dem Skelett des Menschen. Du erfährst, wie das menschliche Skelett aufgebaut ist. Du lernst auch, wodurch der menschliche Körper so stabil ist.
- der Bewegung der Menschen. Du lernst, welche Bedeutung Gelenke und Muskeln für die Beweglichkeit unseres Körpers haben.
- der Entwicklung des Menschen. Dabei lernst du die körperlichen Veränderungen bei der Entwicklung vom Kind zum Erwachsenen kennen. Du lernst auch, wie sich das Verhalten von Jungen und Mädchen während der Pubertät verändert.
- der Fortpflanzung des Menschen. Hierbei lernst du den Aufbau und die Funktion der Geschlechtsorgane von Mann und Frau kennen. Du erfährst auch etwas über die Vorgänge bei einer Schwangerschaft und der Geburt eines Kindes.

01 Turnerin beim Flickflack

Das Skelett besteht aus Knochen

Wie beweglich der Körper des Menschen ist, kann man bei einer Turnerin beobachten. Sie läuft, springt, beugt und streckt ihren Körper. Am Ende ihrer Übung landet sie sicher auf dem Boden und steht wieder aufrecht. Die hierfür nötige Stabilität erhält der Körper durch sein Skelett. Wie ist das Skelett aufgebaut?

SKELETT · In unserem Körper befinden sich über 200 Knochen. Sie sind zu einem Knochengerust, dem *Skelett*, zusammengesetzt. Es lässt sich wie der gesamte Körper in drei Abschnitte gliedern. Sie werden als **Kopf, Rumpf** und **Gliedmaßen** bezeichnet. Letztere werden auch *Extremitäten* genannt. Das Skelett stützt und trägt den Körper und schützt die inneren Organe.

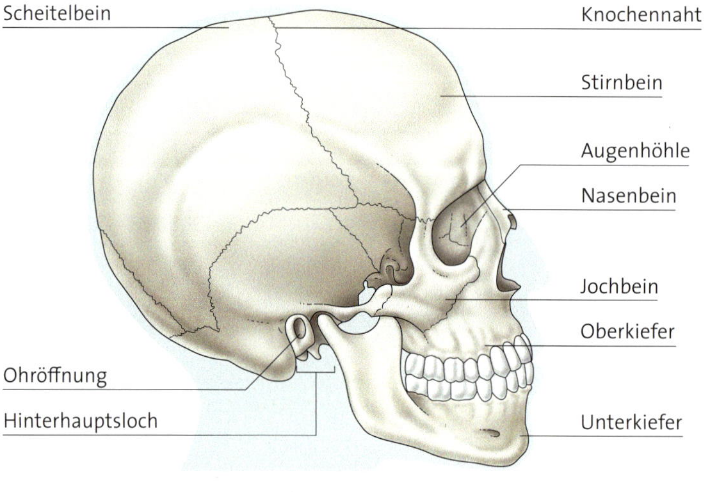

02 Schädel des Menschen

KOPF · Die Knochen des Kopfes bilden den **Schädel.** Zum größten Teil besteht er aus plattenartigen Knochen, die kugelähnlich zusammengesetzt sind. Im Alter von etwa einem Jahr verwachsen sie entlang der *Knochennähte.* Diese besonders harten Knochen wie *Stirnbein* oder *Scheitelbein* schützen das Gehirn vor Verletzungen.
Die übrigen Knochen des Kopfes bilden den Gesichtsschädel. Dazu gehören *Nasenbein, Jochbein, Oberkiefer* und der bewegliche *Unterkiefer.* Neben den Ohröffnungen und den Öffnungen im Gesichtsbereich befindet sich im Schädel das Hinterhauptsloch. Es dient als Anbindungsstelle für den Rumpf.

RUMPF · Die aus vielen einzelnen Knochen bestehende **Wirbelsäule** durchzieht den gesamten Rumpf. Sie trägt am oberen Ende den Schädel. An den Hals schließt sich der **Schultergürtel** an. Er besteht aus den Schulterblättern und Schlüsselbeinen. Im Bereich der Brust sind die bogenförmigen *Rippen* mit der Wirbelsäule verbunden. Zur Brust hin enden sie über Knorpelstücke im *Brustbein* und bilden so den **Brustkorb.** Er schützt Herz und Lunge. Am unteren Ende der Wirbelsäule ist das **Becken** angewachsen. Seine schalenförmigen Knochen schützen und stützen die inneren Organe des Bauchraumes.

EXTREMITÄTEN · Die Extremitäten sind die beweglichsten Teile des Skeletts. Am Schultergürtel setzen die Arme und am Becken die Beine an. Das **Armskelett** wird aus langen, röhrenförmigen Knochen gebildet: dem *Oberarmknochen* und den zwei *Unterarmknochen Elle* und *Speiche*. Das **Handskelett,** das den unteren Abschnitt des Armskeletts bildet, setzt sich aus rundlichen *Handwurzelknochen* sowie länglichen *Mittelhand-* und *Fingerknochen* zusammen. Das **Beinskelett** gliedert sich in den *Oberschenkelknochen* und die zwei *Unterschenkelknochen Schienbein* und *Wadenbein*. Auch diese Knochen sind lang und röhrenförmig. Das **Fußskelett** bildet den unteren Teil des Beinskeletts und ist unterteilt in *Fußwurzel-*, *Mittelfuß-* und *Zehenknochen*. Es bildet ein Gewölbe, das beim Gehen und Springen Erschütterungen abfedert.

1 Erläutere anhand einer Struktur die Schutzfunktion des Skeletts!

2 Zeichne den Umriss deiner Hand in deine Mappe! Skizziere darin die Knochen und beschrifte die Skizze!

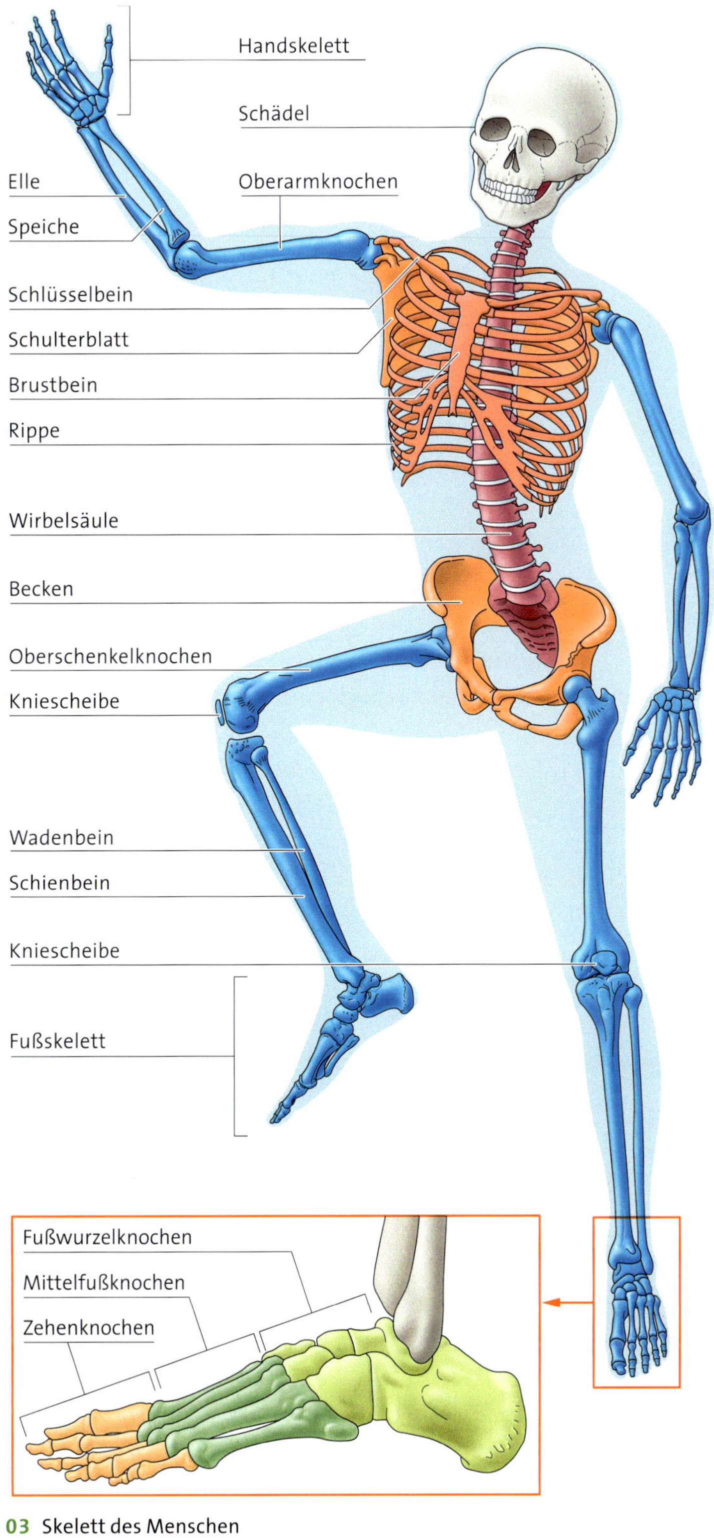

03 Skelett des Menschen

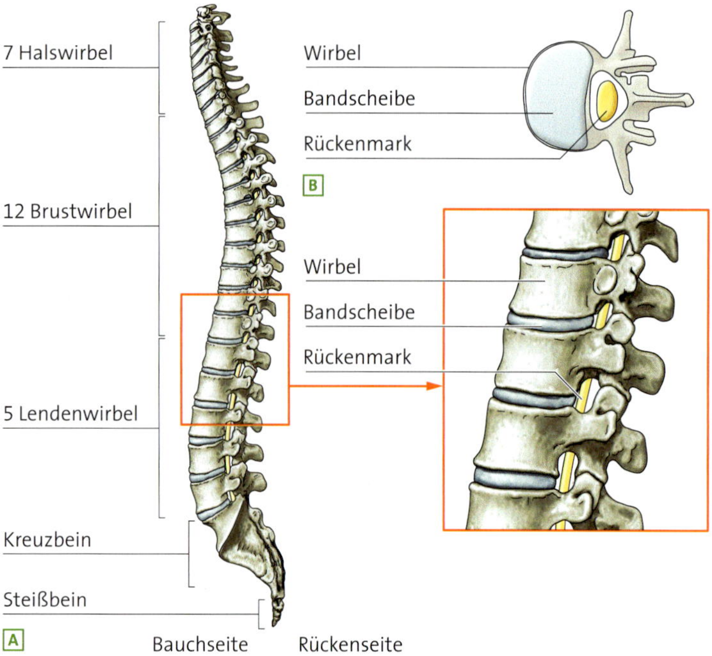

04 Wirbelsäule des Menschen: **A** Seitenansicht, **B** Aufsicht auf einen Wirbel

WIRBELSÄULE · Vom Schädel bis zum Becken verläuft die *Wirbelsäule.* Sie besteht aus einzelnen Knochen, den **Wirbeln**. Diese werden nach ihrer Lage im Körper in sieben *Hals-*, zwölf *Brust-* und fünf *Lendenwirbel* unterteilt. Weitere fünf Wirbel sind zum *Kreuzbein* verwachsen. Die letzten Wirbel sind sehr klein und bilden das *Steißbein.* Betrachtet man die Wirbelsäule von der Seite, so fällt auf, dass sie nicht gerade verläuft. Sie ist vom Kopf bis zum Brustbereich S-förmig gebogen. Vom Brustbereich bis zum Becken zeigt sie eine weitere S-förmige Krümmung. Die Wirbelsäule des Menschen ist somit *doppelt S-förmig* gebogen. Durch diese besondere Form kann sie beim Gehen und Springen Stöße besonders gut abfedern. Die Wirbelsäule ist somit die wichtigste Stütze des menschlichen Körpers. Zudem schützt sie das empfindliche Rückenmark, das entlang der Wirbelsäule verläuft. Zwischen den einzelnen Wirbeln liegen die elastischen **Bandscheiben.** Sie dämpfen Stöße und verhindern zudem die Reibung der Wirbelknochen aneinander. Durch die Bandscheiben erhält die Wirbelsäule ihre große Beweglichkeit.

METHODE

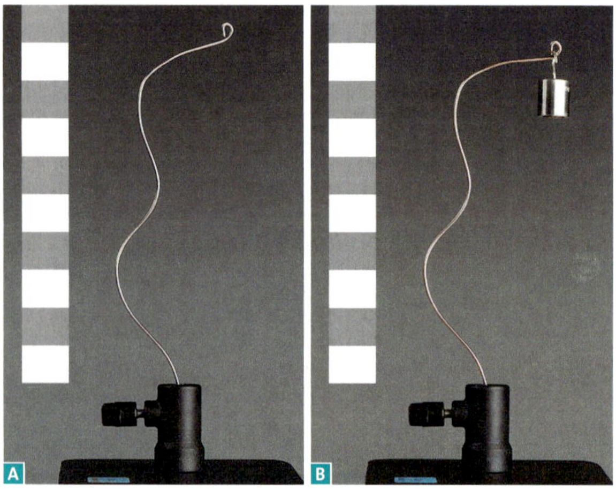

05 Drahtmodell der doppelt S-förmigen Wirbelsäule: **A** ohne Masse, **B** mit einer Masse von 50 Gramm

Mit Modellen arbeiten – Ideen testen

In der Biologie arbeitet man oft mit Modellen. Ein Modell stellt ausgewählte Teile der Wirklichkeit auf neue Weise dar. So kann man diese Teile besser verstehen, ihre Bedeutung für eine bestimmte Funktion herausstellen oder Ideen zur Funktion testen.

Ein Beispiel dafür ist das Drahtmodell der doppelt S-förmigen Wirbelsäule des Menschen. Hängt man an das Modell eine Masse, wird der S-förmige Draht nur wenig nach unten gezogen. Diese besondere Form hat also die Funktion, unserer Wirbelsäule Stabilität zu verleihen. Es handelt sich hier um ein Funktionsmodell. Strukturmodelle hingegen helfen, zum Beispiel sehr kleine Tiere, Pflanzen oder Strukturen gut erkennbar darzustellen.

Material A ▸ Das Skelett

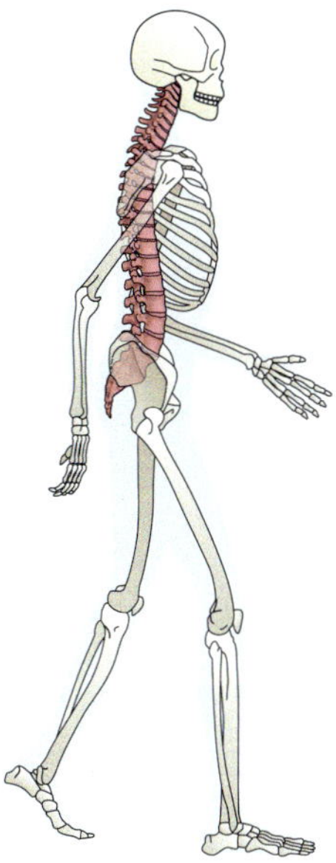

	Hund	Mensch
Gang	—	—
Ausrichtung der Wirbelsäule	—	—
Form der Wirbelsäule	—	—

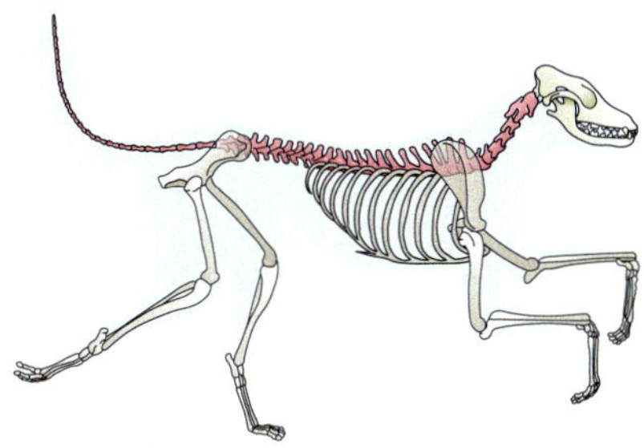

A1 Ordne Mensch und Hund jeweils einen Begriff der folgenden Begriffspaare zu: aufrecht – vierfüßig, waagerecht – senkrecht, doppelt S-förmig – bogenförmig! Erstelle dafür nach dem Muster eine Tabelle in deiner Mappe!

A2 Erläutere mithilfe deiner Zuordnungen die Angepasstheit von Mensch und Hund an die Art ihrer Fortbewegung!

Material B ▸ Die Wirbelsäule

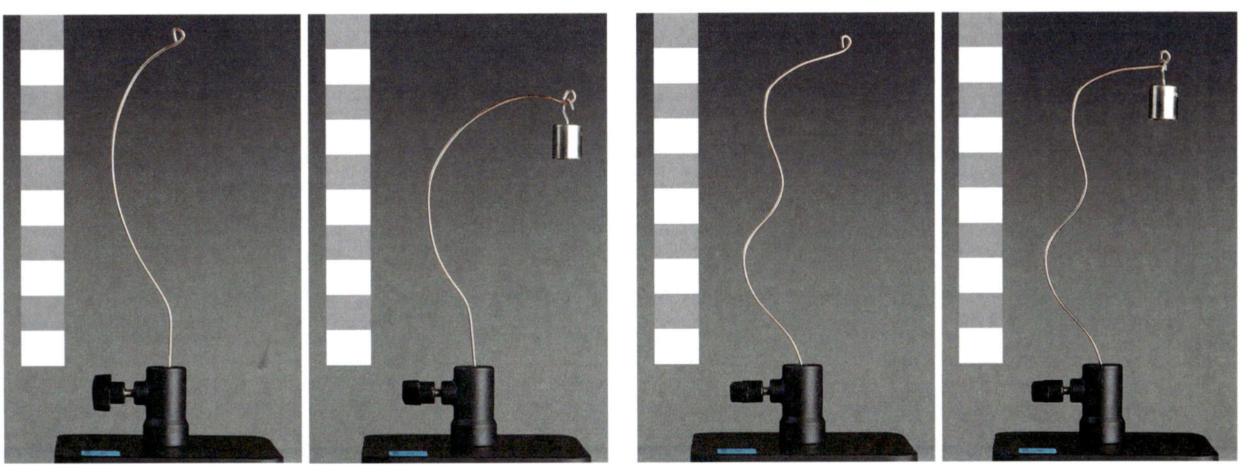

B1 Stelle die Strukturen der Wirbelsäule den entsprechenden Teilen des Modells in einer Tabelle gegenüber!

B2 Bei der Betrachtung der menschlichen Wirbelsäule stellt sich die Frage nach der Funktion der doppelten S-Form. Mit den dargestellten Modellen kann man eine bestimmte Vermutung testen. Formuliere diese Vermutung!

B3 Deute die Beobachtungen des Modellversuchs und übertrage dein Ergebnis auf die Wirbelsäule!

B4 Modelle zeigen nur bestimmte Teile der Wirklichkeit. Nenne die Eigenschaften der Wirbelsäule, die die beiden Drahtmodelle nicht zeigen!

01 Kletterer an einer Kletterwand

Gelenke und Muskeln

Das Skelett sorgt für die Stabilität unseres Körpers. Beim Klettern an einer Kletterwand muss unser Körper aber nicht nur stabil, sondern auch extrem beweglich sein. Welche Strukturen ermöglichen diese Beweglichkeit?

STRUKTUR UND FUNKTION DER GELENKE · Damit wir uns bewegen können, sind bewegliche Verbindungen zwischen unseren Knochen notwendig. Eine solche Verbindung zwischen zwei Knochen nennt man **Gelenk.** Alle Gelenke zeigen den gleichen Grundaufbau. Das verbreiterte Ende des einen Knochens, der **Gelenkkopf,** passt in die Vertie-

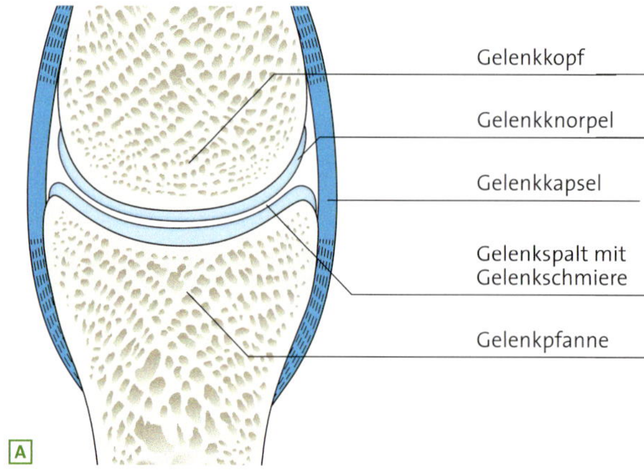

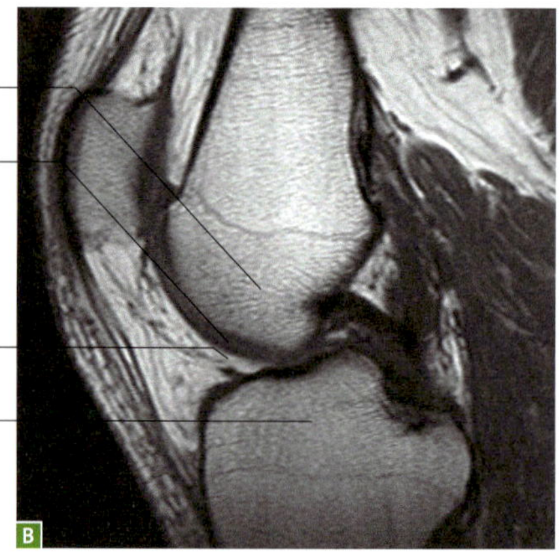

02 Aufbau eines Gelenks: **A** Schema, **B** medizinische Aufnahme

fung am Ende des anderen Knochens, die **Gelenkpfanne.** Damit die beiden Knochenenden bei Bewegung nicht aneinander reiben und sich gegenseitig beschädigen, sind sie mit einer weichen Schicht, dem **Gelenkknorpel,** überzogen. Für eine reibungslose Bewegung sorgt zusätzlich die **Gelenkschmiere** im **Gelenkspalt.** Damit das Gelenk zusammengehalten wird, ist es von der festen, aber elastischen **Gelenkkapsel** umgeben. Sie wird zudem durch **Gelenkbänder** verstärkt.

In Anlehnung an die Bewegungsmöglichkeiten unterscheiden wir verschiedene Gelenktypen. Unsere Arme können wir durch das Schultergelenk nach fast allen Seiten drehen. Es handelt sich um ein **Kugelgelenk.** Das Fingergelenk hingegen erlaubt wie das Scharnier einer Tür nur die Bewegung in eine Richtung und zurück. Daher wird es **Scharniergelenk** genannt. Kugelgelenk und Scharniergelenk sind die beiden häufigsten Gelenktypen.

STRUKTUR DER MUSKELN · Die Muskeln unseres Körpers sorgen einerseits zusammen mit dem Skelett für die aufrechte Haltung. Andererseits ermöglicht diese *Skelettmuskulatur* im Zusammenspiel mit den Gelenken die Bewegung unseres Körpers. Die Skelettmuskulatur umfasst all die Muskeln, mit denen wir das Skelett bewegen. Über 650 Muskeln befähigen uns zu unterschiedlichen Bewegungen wie beim Turnen oder Klettern. Der Grundaufbau ist bei allen Muskeln gleich. Der gesamte spindelförmige Muskel ist von einer festen Muskelhaut umgeben. Diese **Muskelhaut** geht an beiden Enden des Muskels in kräftige **Sehnen** über, die fest mit den Knochen verbunden sind. Innerhalb der Muskelhaut liegen mehrere **Muskelfaserbündel.** In einem Muskelfaserbündel sind viele **Muskelfasern** zusammengefasst. Eine Muskelfaser ist die kleinste Einheit des Muskels. Zwischen den Muskelfasern und den Muskelfaserbündeln verlaufen Blutgefäße und Nerven. Über die Blutgefäße wird die Muskulatur mit Sauerstoff und Nährstoffen versorgt. Die Nerven ermöglichen die Steuerung des Muskels.

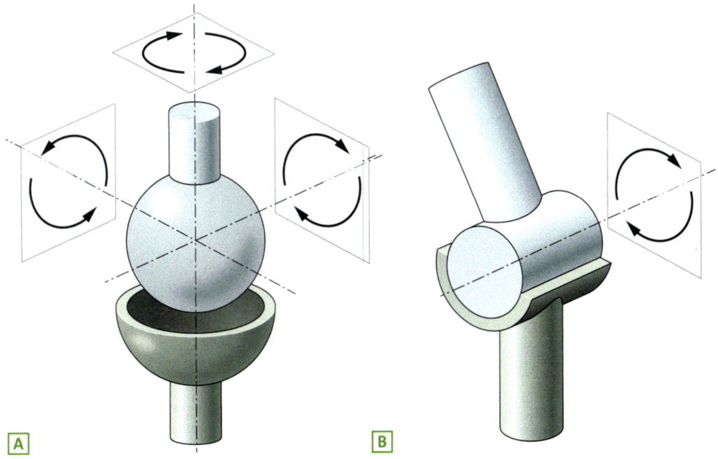

03 Gelenktypen: **A** Kugelgelenk, **B** Scharniergelenk

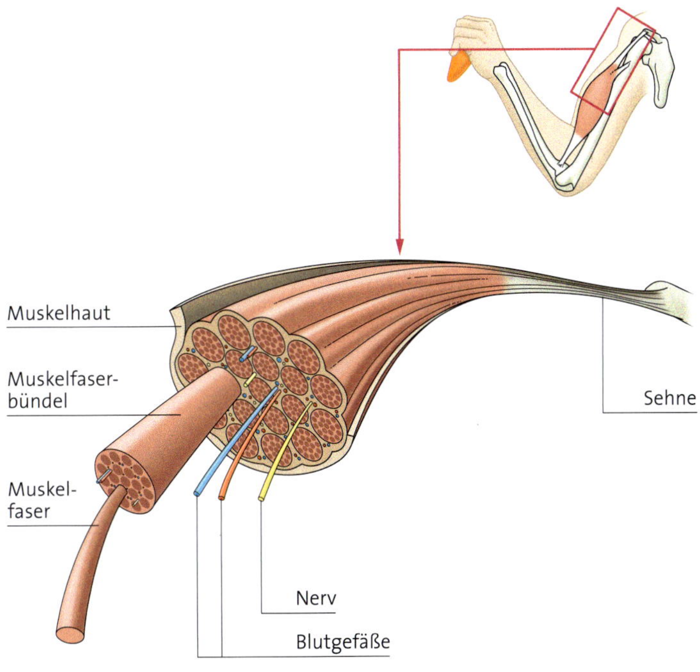

04 Aufbau eines Muskels

FUNKTION DER MUSKELN · Das Beugen unseres Arms, zum Beispiel beim Klettern, erfolgt durch den **Beugemuskel.** Im Oberarm ist dieser Muskel oben mit dem Schulterblatt und unten mit der Speiche über Sehnen verbunden. Beim Beugen verkürzt sich dieser Muskel und wird dadurch dicker und härter, er ist angespannt. Dies kannst du an deinem Oberarm auch ertasten. Durch die Verkürzung wird der Arm gebeugt. Um den Arm wieder zu strecken, muss ein anderer Muskel verkürzt werden. Dieser **Streckmuskel** liegt auf der gegenüberliegenden Seite des Oberarms. Er ist über Sehnen mit dem Schulterblatt und der Elle verbunden. Durch die Verkürzung des Streckmuskels wird der Beugemuskel automatisch verlängert, er ist entspannt. Da Beugemuskel und Streckmuskel entgegengesetzt arbeiten, nennt man sie **Gegenspieler.**

Ein Muskel kann sich nur aktiv verkürzen, er kann sich nicht aktiv verlängern. Daher arbeiten an allen Gelenken mindestens zwei Muskeln nach dem **Gegenspielerprinzip**. Durch die aktive Verkürzung des einen Muskels wird sein Gegenspieler passiv verlängert.

MUSKELN KÖNNEN WACHSEN · Werden Muskeln häufig gebraucht, so werden neue Muskelfasern und auch neue Blutgefäße zur Versorgung des Muskels gebildet. Der Muskel wird trainiert. Durch das Training wachsen diese Muskeln und sind stärker durchblutet. Wird ein Muskel nicht beansprucht oder nicht mehr trainiert, so führt dies zu Muskelabbau.

1 Nenne Alltagsgegenstände, bei denen Bauteile verwendet werden, die in ihrer Funktion dem Kugelgelenk und dem Scharniergelenk ähnlich sind!

2 Beschreibe, wie das Beugen und Strecken des Arms durch Muskeln ermöglicht wird!

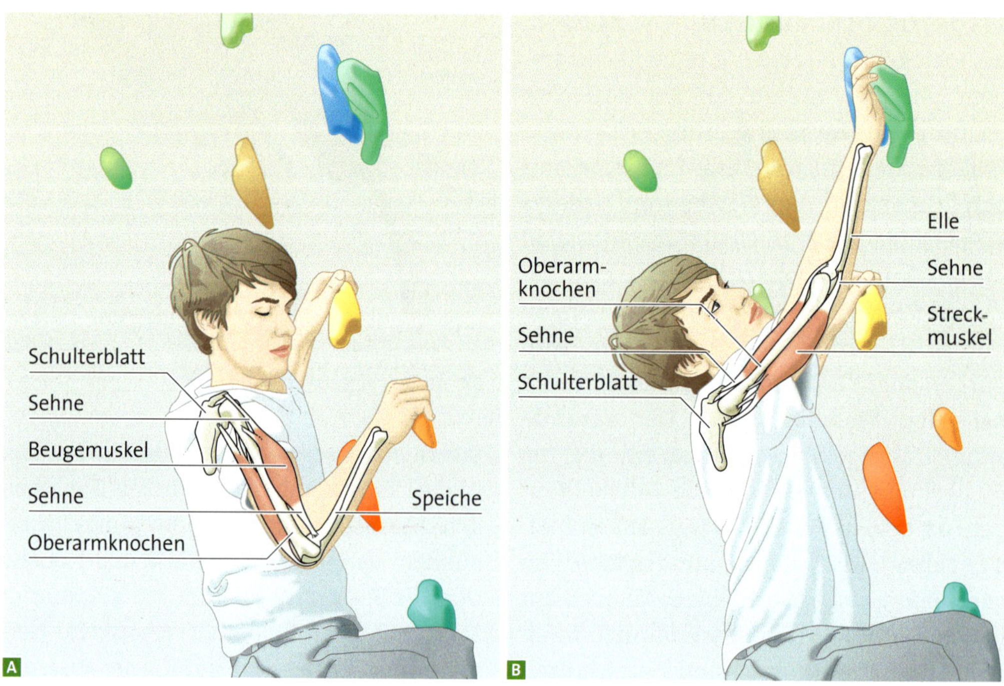

05 Bewegung des Arms:
A Beugen,
B Strecken

Material A ▸ Das Gegenspielerprinzip

Symbole:
o verkürzt
~ verlängert

A1 Übertrage die Skizzen in deine Mappe! Kennzeichne mithilfe der Symbole die Muskeln, die bei der Bewegung von Unterarm und Unterschenkel jeweils verkürzt oder verlängert sind!

Hinweis: *Führe die Bewegungen selbst aus und ertaste dabei deine Muskeln.*

VERSUCH B ▸ Modellversuche zum Gelenkaufbau

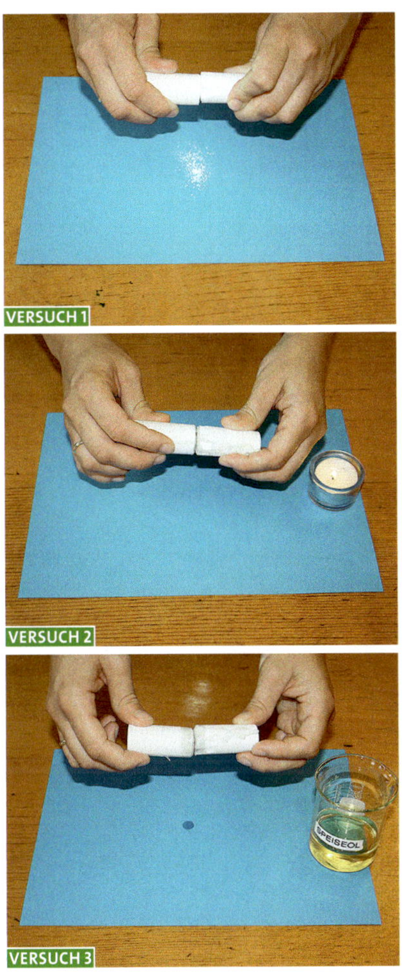

Material:
2 Stück weiße Kreide, 1 Blatt farbiges Papier, 1 Teelicht, Speiseöl

Durchführung:

Versuch 1: Reibe die beiden Enden der Kreidestücke über dem Blatt Papier aneinander.

Versuch 2: Tauche jeweils ein Ende der zwei Kreidestücke in das flüssige Wachs des Teelichts. Reibe diese zwei Enden nach dem Erkalten des Wachses über dem Blatt Papier erneut aneinander.

Versuch 3: Tauche die mit Wachs überzogenen Enden der beiden Kreidestücke in das Speiseöl. Reibe diese Enden über dem Blatt Papier erneut aneinander.

B1 Beschreibe und deute die Ergebnisse der drei Versuche!

B2 Ordne den Materialien Kreide, Wachs und Öl die entsprechende Struktur eines Gelenks im menschlichen Körper zu!

B3 Ziehe aus den Modellversuchen Schlussfolgerungen zur Bedeutung des Gelenkaufbaus für seine Funktionsweise!

B4 Nenne Eigenschaften des Gelenks, die die Modellversuche nicht zeigen! Erkläre, weshalb diese Strukturen hier weggelassen wurden!

01 Aus einem Mädchen wird eine Frau

Vom Kind zum Erwachsenen

Vergleicht man eine erwachsene Frau mit einem Mädchen und einen erwachsenen Mann mit einem Jungen, so fallen sowohl im Aussehen als auch im Verhalten viele Unterschiede auf. Während der Entwicklung vom Kind zum Erwachsenen finden also viele Veränderungen statt. Welche sind das?

PUBERTÄT · Etwa zwischen dem 9. und dem 14. Lebensjahr beginnt für alle Mädchen und Jungen eine aufregende Zeit großer Veränderungen. Sie entwickeln sich von Mädchen zu jungen Frauen und von Jungen zu jungen Männern. Diesen Zeitraum bezeichnet man als **Pubertät.**

02 Mädchen und Jungen: **A** gemeinsam, **B** getrennt, **C** gemeinsam

VERÄNDERUNGEN DES VERHALTENS · Im Kindergarten spielen Jungen und Mädchen oft noch ganz unbekümmert mit Kindern des anderen Geschlechts. Hier steht das Spiel im Vordergrund, nicht die Frage, ob der Spielkamerad ein Mädchen oder ein Junge ist.
Zu Beginn der Pubertät jedoch beginnen Mädchen und Jungen eigene Wege zu gehen. Auf dem Schulhof sieht man nun sehr häufig reine Jungen- oder Mädchengruppen. Jungen finden Mädchen zu dieser Zeit oft zickig und Mädchen bezeichnen die Jungen dagegen als kindisch. Häufig treten Konflikte zwischen den Geschlechtern, aber auch in Familie und Schule auf. Mädchen und Jungen sind gelegentlich unsicher, fühlen sich missverstanden und ziehen sich zurück. Auch diese schwierige Zeit gehört zur Pubertät, da sich jeder erst einmal mit seinen persönlichen Veränderungen auseinandersetzen muss. Das ist nicht immer leicht. Im Laufe der Pubertät lassen die Streitigkeiten nach, denn meist werden die Jungen und Mädchen wieder selbstsicherer. Viele Jugendliche verlieben sich zum ersten Mal und möchten viel Zeit mit ihrem Freund oder ihrer Freundin verbringen.

KÖRPERLICHE VERÄNDERUNGEN · Ob ein neugeborenes Baby ein Junge oder ein Mädchen ist, kann man nur an den äußerlich vorhandenen Geschlechtsmerkmalen erkennen. Beim Mädchen sind zum Beispiel die großen Schamlippen, beim Jungen sind Hoden und Penis als Unterscheidungsmerkmale sichtbar. Alle inneren und äußeren Geschlechtsmerkmale, die jeder Mensch von Geburt an hat, werden als **primäre Geschlechtsmerkmale** bezeichnet. Im Laufe der Entwicklung verändern sich Mädchen und Jungen jedoch deutlich und in der Pubertät bilden sich weitere Körpermerkmale aus, die typisch männlich oder typisch weiblich sind. An diesen lassen sich Männer und Frauen eindeutig unterscheiden. Man bezeichnet diese körperlichen Merkmale als **sekundäre Geschlechtsmerkmale.**

ENTWICKLUNG BEI MÄDCHEN · Mädchen können äußerlich an sich beobachten, dass die Brust allmählich zu wachsen beginnt und die Hüfte breiter wird. Unter den Achseln und in der Schamgegend beginnen Haare zu wachsen. Im Körper reifen nun in den Eierstöcken die Eizellen und die erste Menstruation, die monatliche Regelblutung, setzt ein.

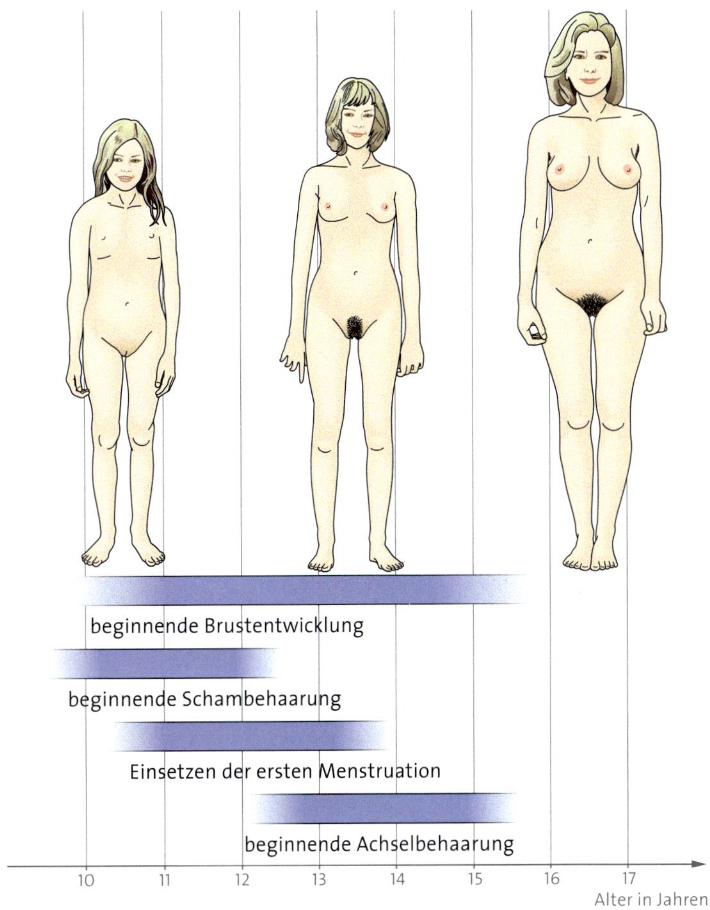

03 Entwicklung vom Mädchen zur Frau

ENTWICKLUNG BEI JUNGEN · Jungen können während der Pubertät ebenfalls körperliche Veränderungen an sich entdecken. Die Schultern nehmen häufig an Umfang zu und werden breiter, die Hüfte bleibt jedoch schmal. Bei den meisten Jungen nimmt die gesamte Körpermuskulatur zu, sie werden dadurch kräftiger. Genau wie bei den Mädchen beginnen auch bei Jungen unter den Achseln und im Schambereich Haare zu wachsen. Außerdem nimmt die Behaarung im Gesicht, auf der Brust, den Armen und den Beinen zu. Irgendwann beginnt die Stimme der Jungen zwischen tiefen und hohen Tönen plötzlich umzuschlagen. Die Jungen befinden sich im *Stimmbruch*.

Dieser Wechsel in der Stimme verliert sich nach einigen Monaten und eine oft viel tiefere, männlichere Stimme als vorher ist nun zu hören. Jungen wachsen während der Pubertät meist sehr schnell. Penis und Hoden werden allmählich größer. Auch im Körper des Jungen treten nun einige Veränderungen auf. Beispielsweise werden in den Hoden regelmäßig Spermienzellen gebildet. Der Junge könnte jetzt Kinder zeugen.

„FRUST" IN DER PUBERTÄT · Viele Jugendliche haben in der Pubertät mit Pickeln zu kämpfen. Diese können im Gesicht, auf Schultern, Rücken, Brust und Oberarmen ganz unterschiedlich stark vorkommen und werden als **Akne** bezeichnet. Akne entsteht durch verstopfte Drüsen in der Haut, die normalerweise Talg nach außen abgeben. Talg ist eine Form des Hautfetts, das die oberste Schicht der Haut pflegt. Ist der Ausgang der Drüse durch abgestorbene Hautschüppchen verstopft, sammelt sich Talg an und es kann zu Entzündungen kommen. Während der Pubertät bilden die Drüsen häufig mehr Talg, sodass Pickel entstehen können. Akne ist unangenehm und stört die meisten Jugendlichen sehr, ist aber keine Krankheit und verschwindet meist im Laufe der Pubertät wieder.

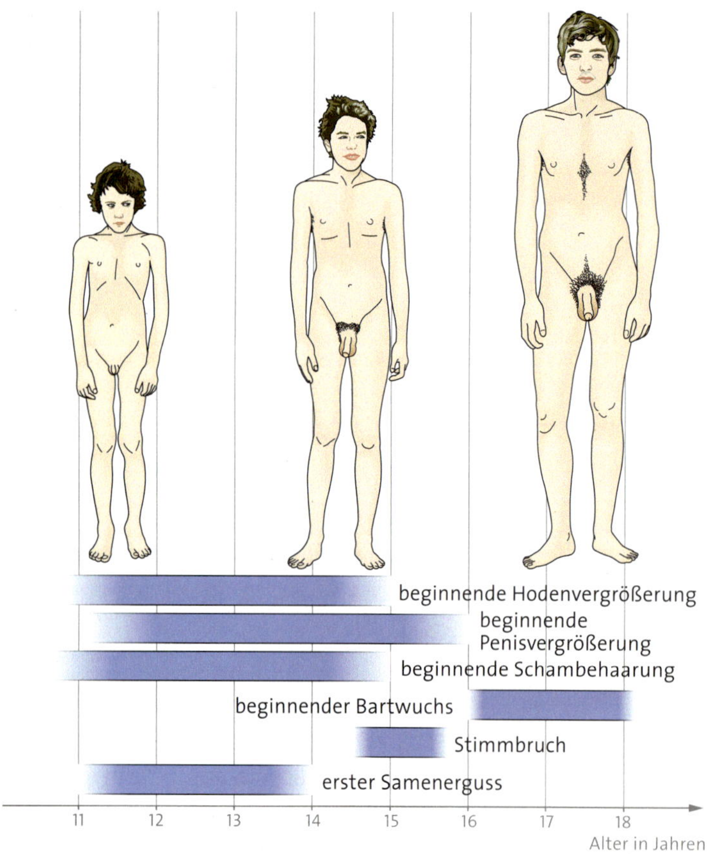

04 Entwicklung vom Jungen zum Mann

1 Beschreibe die körperlichen Veränderungen von Jungen und Mädchen während der Pubertät!

2 Betrachte die Abbildungen 03 und 04 auf den Seiten 81 und 82 zur Entwicklung von Jungen und Mädchen! Erläutere, weshalb die Balken in den Diagrammen nicht begrenzt sind!

3 Informiere dich über Hautpflegetipps bei Akne und notiere diese in deiner Biologiemappe!

Material A ▸ Typisch Junge – typisch Mädchen

Viele Menschen haben eine genaue Vorstellung davon, was typisch für Jungen und was typisch für Mädchen ist oder sein sollte. Häufig sind diese Vorstellungen jedoch von Vorurteilen belastet und werden nicht auf die Wirklichkeit hin überprüft. In diesem Fall bezeichnet man diese Vorstellungen als **Klischee.** Menschen, die nicht dem gängigen Klischee entsprechen, bekommen deshalb häufig Probleme.

A1 Beschreibe, was auf den Fotos zu sehen ist!

A2 Schreibe zu jedem Foto einen kurzen Kommentar! Berücksichtige dabei, ob die dargestellten Tätigkeiten den gängigen Klischees entsprechen!

A3 Diskutiert anhand eurer Kommentare, mit welchen Problemen Menschen, die nicht dem gängigen Klischee entsprechen, möglicherweise zu kämpfen haben!

Material B ▸ Wer darf das?

dich lange umarmen

deine Hand halten

sich vor dir ausziehen

mit sexuellen Ausdrücken über dich sprechen

STOPP!?

dir Süßigkeiten anbieten

dich nach Hause einladen

Fotos von dir machen

dich medizinisch untersuchen

Bemerkungen über deine Figur machen

dich im Auto mitnehmen

dich küssen

B1 Erläutere anhand der Beispiele, wer das mit dir machen darf und wer nicht! Entscheide, wann du „Stopp!" sagst! Begründe deine Entscheidungen!

B2 Formuliere Verhaltensregeln für Situationen, in denen deine persönliche Berührungsgrenze überschritten wurde!

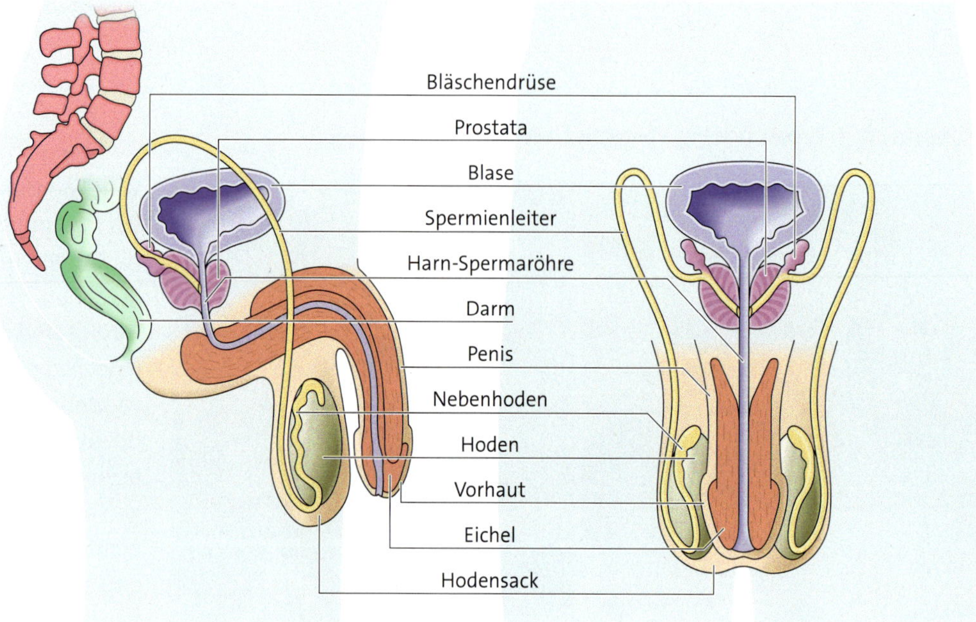

01 Bau der männlichen Geschlechtsorgane

Die Geschlechtsorgane von Mann und Frau

In der Pubertät reift unter dem Einfluss von Wirkstoffen, den Hormonen, der Körper von Jungen und Mädchen. Die Veränderungen kann man deutlich an den Geschlechtsorganen erkennen. Wie sind die Geschlechtsorgane von Mann und Frau aufgebaut?

DIE MÄNNLICHEN GESCHLECHTSORGANE · Äußerlich sichtbar sind von den Geschlechtsorganen bei Jungen und Männern der **Penis** und die beiden **Hoden.** Diese sind häufig nicht gleich groß und liegen in einem Hautbeutel, dem **Hodensack.** Neben den Hoden befinden sich im Hodensack die **Nebenhoden.** Ab der Pubertät werden im Hoden **Spermienzellen,** die männlichen Geschlechtszellen, gebildet. Spermienzellen haben einen Schwanz, mit dem sie sich fortbewegen können. Sie werden in den Nebenhoden gespeichert. Sind diese gefüllt, können die Spermienzellen über den Spermienleiter nach außen befördert werden.

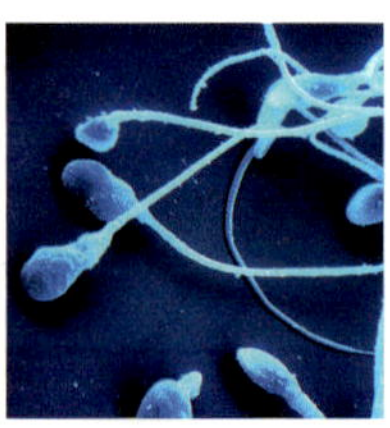

02 Spermienzellen

Auf ihrem Weg passieren die Spermienzellen die **Bläschendrüse** und die Vorsteherdrüse, die **Prostata.** Bläschendrüse und Prostata bilden Flüssigkeiten, die zu den Spermienzellen hinzugegeben werden. In diesen können sich die Spermienzellen bewegen und einige Stunden überleben. Zusammen mit den Spermienzellen wird die Flüssigkeit als **Sperma** bezeichnet. Der Spermienleiter mündet in die Harn-Sperma-Röhre, die den gesamten Penis durchzieht, sodass das Sperma genau wie der Urin über die Harn-Sperma-Röhre nach außen tritt. Den Austritt des Spermas aus dem Penis nennt man **Samenerguss** oder **Ejakulation.** Den ersten Samenerguss haben die meisten Jungen während der Pubertät im Alter von 10 bis 14 Jahren. Der Samenerguss ist ein sicheres Zeichen der Geschlechtsreife. Bevor es zu einem Samenerguss kommt, versteift sich der Penis und richtet sich auf. Dies bezeichnet man als **Erektion.** Dabei fließt Blut

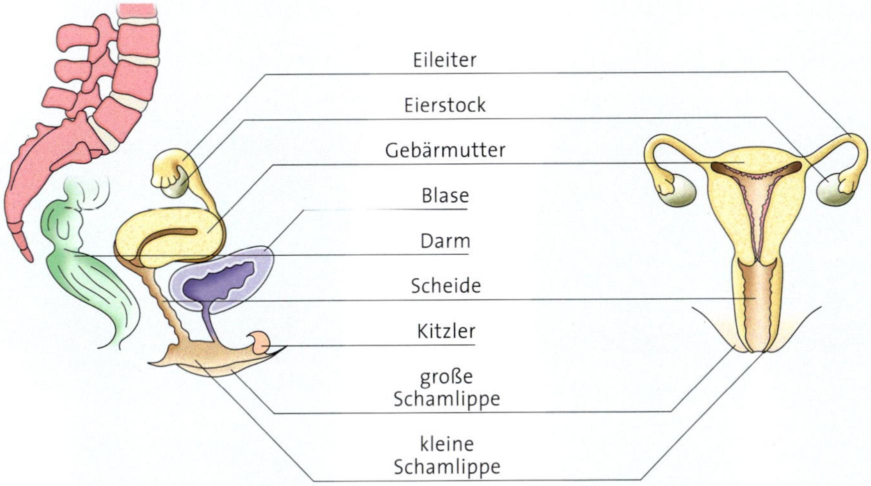

03 Bau der weiblichen Geschlechtsorgane

in die Schwellkörper des Penis. Es staut sich dort, sodass der Penis dicker und länger wird. Während einer Erektion wird die Vorhaut hinter die Eichel gezogen. Da sich in der Falte zwischen Vorhaut und Eichel Bakterien ansammeln können, ist gerade in diesem Bereich *Hygiene* sehr wichtig. Ist die Vorhaut zu eng, kann sie nicht über die Eichel gezogen werden. In diesem Fall wird ein Teil der Vorhaut in einer einfachen Operation entfernt, der Junge wird *beschnitten*.

DIE WEIBLICHEN GESCHLECHTSORGANE · Bei Mädchen und Frauen sind von den Geschlechtsorganen äußerlich die **großen** und **kleinen Schamlippen** sowie der **Kitzler** zu sehen. Zwischen den Schamlippen sind zwei Öffnungen zu erkennen. Die obere kleine Öffnung ist der Ausgang der Harnröhre und die untere größere Öffnung ist der Scheideneingang. Die **Scheide** ist ein schlauchähnlicher Gang, der in der **Gebärmutter** endet. Zusammen mit den **Eileitern** und den **Eierstöcken** bilden sie die inneren Geschlechtsorgane. Vom oberen Teil der Gebärmutter führen rechts und links die Eileiter zu den Eierstöcken. In jedem Eierstock liegen etwa 200 000 unreife Eizellen. Jeden Monat reift in einem der beiden Eierstöcke meistens nur eine Eizelle in einem mit Flüssigkeit gefüllten Bläschen, dem **Follikel,** heran. Nach 14 Tagen platzt das Bläschen und die Eizelle wird in den Eileiter gespült. Dieser Vorgang heißt **Eisprung.** Durch den Eileiter wird die Eizelle durch Muskelbewegungen und die Bewegung kleiner Flimmerhärchen bis in die Gebärmutter transportiert. Wird die Eizelle im Eileiter von einer Spermienzelle befruchtet, so kann sie sich in der *Gebärmutterschleimhaut* einnisten. Die Gebärmutterschleimhaut kleidet die Gebärmutter aus und wächst während der Eireifung auf ein Vielfaches ihrer ursprünglichen Dicke an. Sie wird stark durchblutet und soll die befruchtete Eizelle aufnehmen und versorgen.

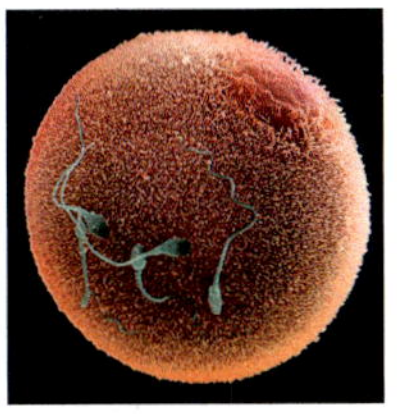

04 Eizelle

1 Nenne jeweils die inneren und äußeren Geschlechtsorgane von Mann und Frau!

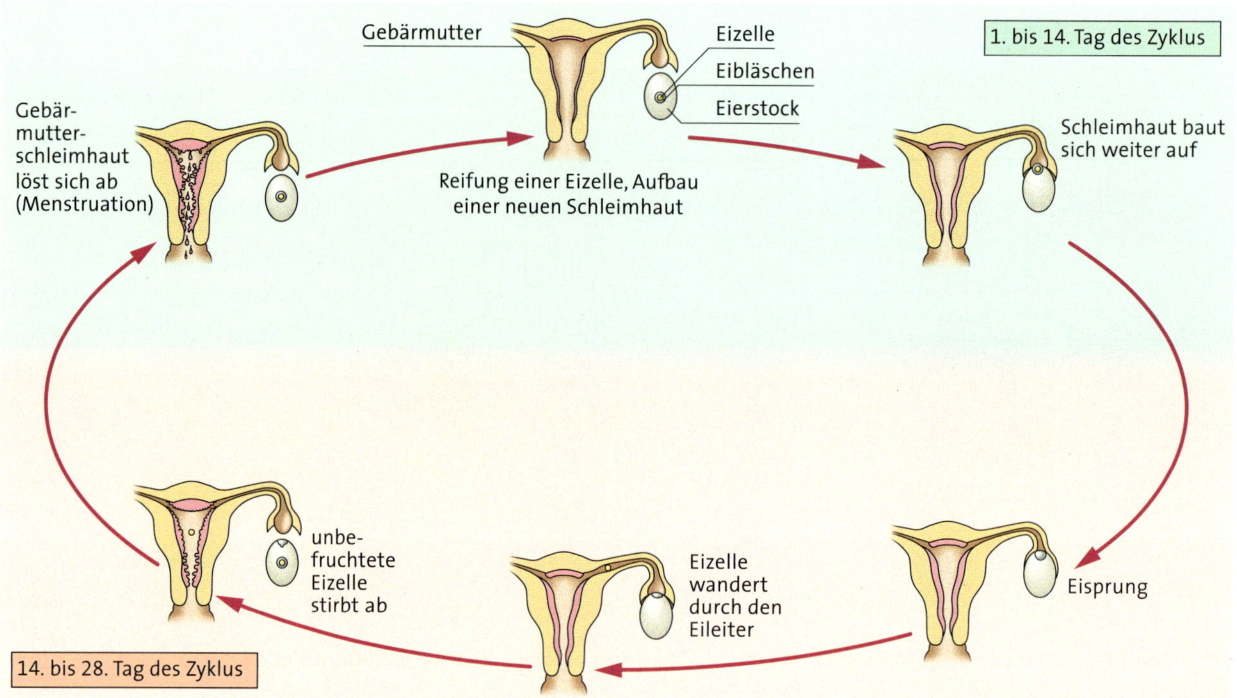

05 Ablauf von Eireifung und Menstruation

MENSTRUATION · Wird die Eizelle nicht befruchtet, stirbt sie ab. Die Gebärmutterschleimhaut wird noch etwa 14 Tage lang erhalten und dann bis auf die Grundschicht abgestoßen. Die Schleimhautreste werden zusammen mit der Eizelle durch die Scheide abgegeben. Diese regelmäßige Blutung nennt man **Menstruation.** Sie dauert im Durchschnitt vier bis fünf Tage. Sobald die Gebärmutterschleimhaut abgestoßen wurde, beginnt in einem Eierstock wieder ein Ei zu reifen. Dieser Ablauf wird von körpereigenen Botenstoffen gesteuert und wiederholt sich etwa alle 28 Tage. Man spricht von einem Zyklus. Er kann aber besonders bei jungen Mädchen noch ganz unterschiedlich lang sein. Das Zusammenziehen der Gebärmutter während der Menstruation verursacht oft Schmerzen. Diese halten meist zwei Tage an.

lateinisch cyclus = regelmäßiger Kreislauf

2 Erläutere, weshalb man auch von einem Menstruationszyklus spricht!

BASISKONZEPT

Steuerung

Während der Pubertät setzen im Körper viele Veränderungen wie zum Beispiel das Wachstum der Schambehaarung ein. Dafür müssen Stoffe im Körper gebildet werden, die die Botschaft übermitteln, dass diese Veränderungen eintreten sollen. Bei der Schambehaarung werden diese Botenstoffe im Gehirn gebildet und über das Blut im Körper verteilt. Gelangen die Botenstoffe in die Schamregion, lösen sie dort die Bildung von Haaren aus. Im Körper gebildete Botenstoffe können also Veränderungen des Körpers steuern. ***Steuerung*** *findet bei allen Lebewesen statt. Man spricht deshalb vom* ***Basiskonzept Steuerung.***

Material A ▸ Der Menstruationszyklus

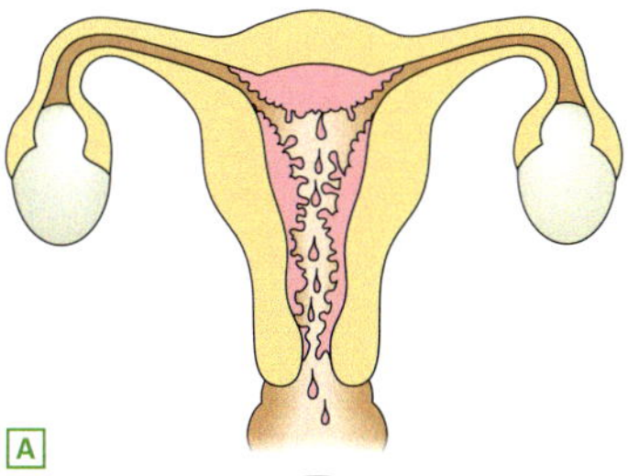

A

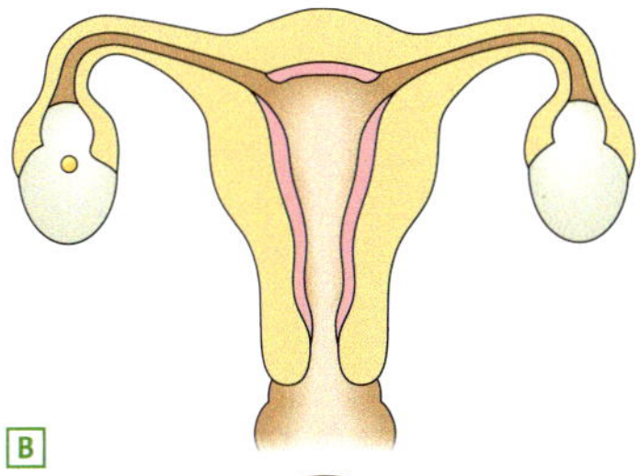

B

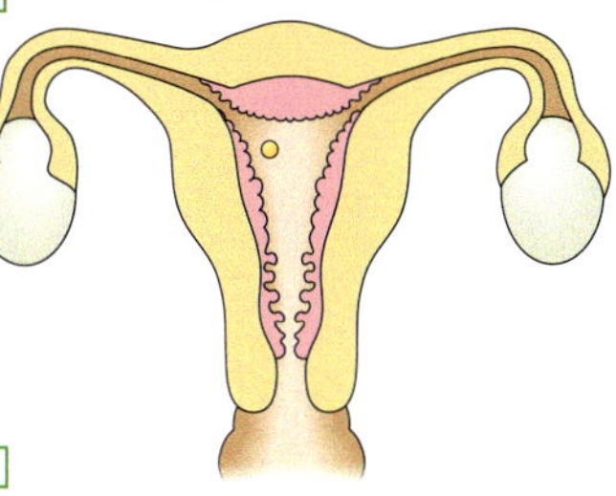

C

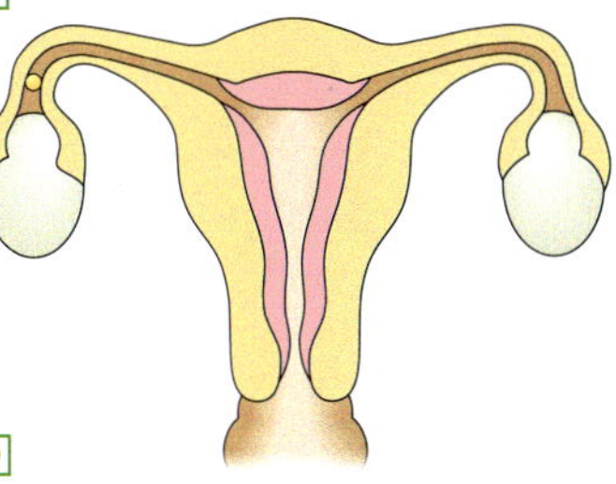

D

September

Mo	Di	Mi	Do	Fr	Sa	So
					1	2
3	4	5	6	7	8	9
10	11	12	13	14	~~15~~	~~16~~
~~17~~	~~18~~	~~19~~	~~20~~	21	22	23
24	25	26	27	28	29	30

Oktober

Mo	Di	Mi	Do	Fr	Sa	So
1	2	3	4	5	6	7
8	9	10	11	~~12~~	~~13~~	~~14~~
~~15~~	~~16~~	17	18	19	20	21
22	23	24	25	26	27	28
29	30	31				

November

Mo	Di	Mi	Do	Fr	Sa	So
			1	2	3	4
5	6	7	8	9	10	11
12	13	14	15	16	17	18
19	20	21	22	23	24	25
26	27	28	29	30		

A1 Bringe die Abbildungen zum Menstruationszyklus in die richtige Reihenfolge und beschreibe den Ablauf in eigenen Worten!

A2 In einem Menstruationskalender sind für die Monate September und Oktober die Blutungstage eingetragen. Gib an, wann in den Monaten jeweils der Eisprung stattgefunden hat! Bestimme den ersten Blutungstag im November!

A3 Erstelle in deiner Mappe eine Tabelle für die Geschlechtsorgane der Jungen und eine Tabelle für die der Mädchen! Ordne jedem Organ die entsprechenden Funktionen zu!

Material B ▸ Hygiene ist wichtig

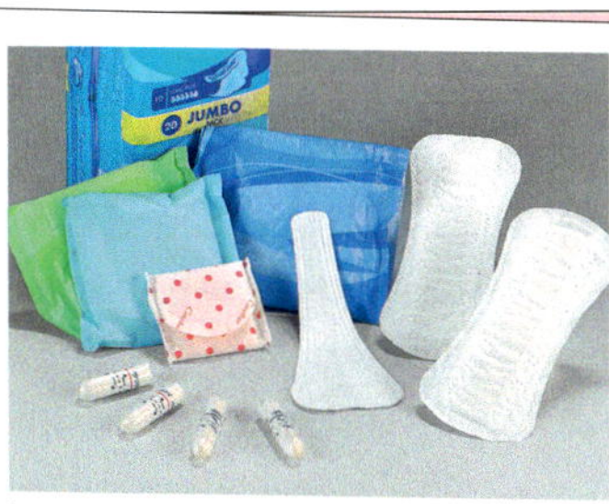

34

Hygiene bei Mädchen

In der Pubertät beginnt die Scheide ein milchiges Sekret abzusondern. Die Haut produziert nun mehr Schweiß. Daher ist es wichtig, sich täglich Gesicht, Achselhöhlen und Geschlechtsorgane zu waschen. Besonders während der Menstruation ist dies wichtig, da auch das Menstruationsblut unangenehm riechen kann. Dieses Blut kann mit Binden oder Tampons aufgenommen werden.

35

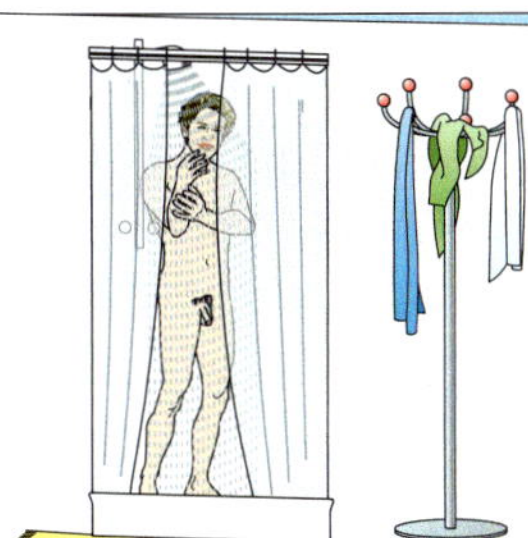

28

Hygiene bei Jungen

In der Pubertät wird vom Körper mehr Schweiß und Talg produziert. Es ist daher wichtig, sich täglich das Gesicht, die Achselhöhlen und die Geschlechtsorgane zu waschen. Jungen müssen besonders darauf achten, die Stelle zwischen Vorhaut und Eichel zu reinigen, damit sich keine Bakterien ansammeln und schmerzhafte Entzündungen hervorrufen können.

29

B1 Lies die Texte zur Körperhygiene bei Mädchen und Jungen! Erläutere, weshalb eine regelmäßige und gründliche Hygiene für Jungen und Mädchen ab der Pubertät besonders wichtig ist!

01 Ein Kind wird mit Spannung erwartet

Befruchtung, Schwangerschaft und Geburt

Leas Mutter ist im achten Monat schwanger. Wenn Lea ihre Hände auf den Bauch ihrer Mutter legt, kann sie die Bewegungen ihres Bruders im Bauch spüren. Wie entsteht ein Kind?

GESCHLECHTSVERKEHR · Zur Entstehung eines Kindes müssen die Eizelle einer Frau und die Spermienzelle eines Mannes aufeinandertreffen. Der Mann führt hierzu seinen steifen Penis in die Scheide der Frau ein. Bei diesem Geschlechtsverkehr empfinden Mann und Frau durch die Bewegungen des Penis in der Scheide ein angenehmes Gefühl. Es kann zu einem Samenerguss kommen. Dabei gelangen ungefähr 250 Millionen Spermienzellen des Mannes in die Scheide der Frau. Mithilfe ihres Schwanzes schwimmen sie von der Scheide in die Gebärmutter und von dort in die Eileiter.

BEFRUCHTUNG · Die Lebensdauer einer Eizelle beträgt nach dem Eisprung etwa 12 bis 24 Stunden. In diesem Zeitraum versuchen die Spermienzellen, in die Eizelle einzudringen. Aber nur eine einzige von ihnen kann ihre Hülle durchdringen. Während der Kopf der Spermienzelle in die Eizelle eindringt, wird der Schwanz abgetrennt und verbleibt außerhalb der Zelle. Erst wenn die Zellkerne von Ei- und Spermienzelle miteinander verschmelzen, spricht man von einer *Befruchtung*. Die befruchtete Eizelle nennt man **Zygote.** Die Zygote wird durch die Bewegung der Flimmerhärchen des Eileiters in die Gebärmutter transportiert. Schon während des Transports beginnt die befruchtete Eizelle sich zu teilen, sodass in der Gebärmutter ein kugeliger Zellhaufen eintrifft. Aus diesem bildet sich eine kleine Blase, das **Keimbläschen.**

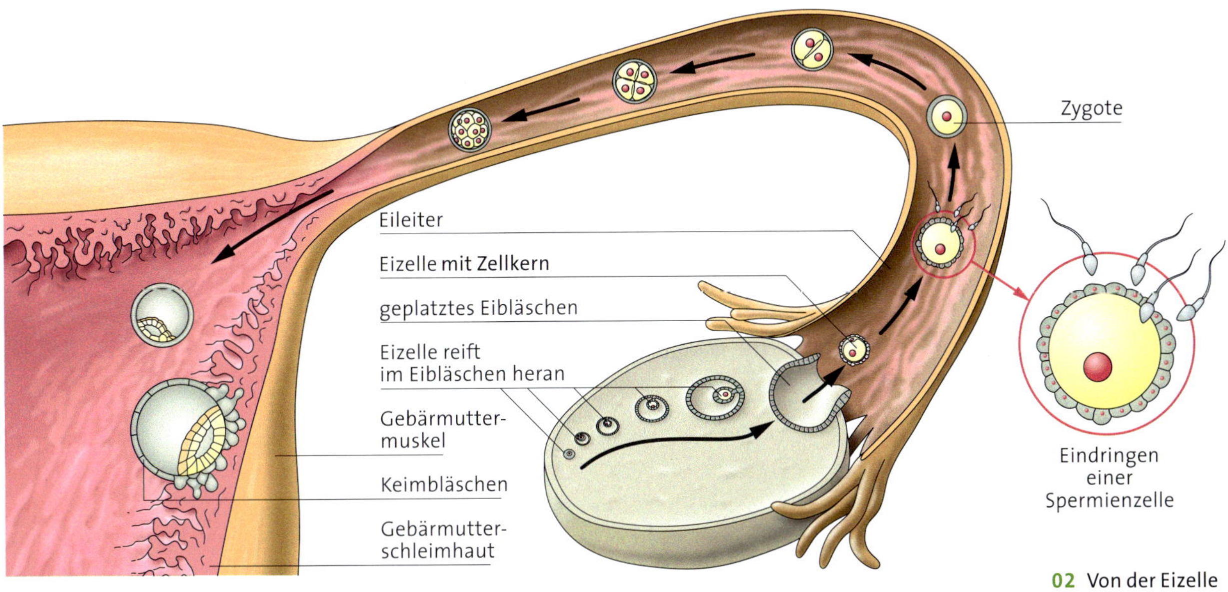

02 Von der Eizelle zum Keimbläschen

SCHWANGERSCHAFT · Wenn sich das Keimbläschen in der Gebärmutterschleimhaut einnistet, beginnt die Schwangerschaft. Da die Gebärmutterschleimhaut nun nicht mehr abgestoßen wird, bleibt auch der monatliche Menstruationszyklus der Frau aus. Dies ist ein Hinweis darauf, dass sie schwanger ist und ein Mensch in der Gebärmutter entsteht. Die im Inneren des Keimbläschens liegenden Zellen entwickeln sich zum **Embryo.** Die äußeren Zellen des Keimbläschens wachsen in die Gebärmutterschleimhaut hinein. Dort bilden sie fingerförmige Ausstülpungen, die *Zotten.* Die Gebärmutterschleimhaut und die Zotten werden zusammen als Mutterkuchen oder **Plazenta** bezeichnet. Die in die Gebärmutterschleimhaut hineinragenden Zotten werden von dem mütterlichen Blut umspült. Aus dem Blut der Mutter gelangen hier Nährstoffe und Sauerstoff in die Blutgefäße der Zotten. „Abfallstoffe" werden hingegen in das Blut der Mutter abgegeben. In der Plazenta findet also ein Stoffaustausch zwischen dem mütterlichen und dem kindlichen Blut statt. Von der Plazenta geht später die **Nabelschnur** ab. Sie ist von Blutgefäßen durchzogen und verbindet den wachsenden Embryo mit der Mutter. Über die Nabelschnur können auch Stoffe wie Alkohol, Medikamente oder Nikotin in das Blut des Embryos gelangen. Solche Stoffe können vor allem in der frühen Entwicklung des Kindes im Mutterleib Missbildungen und geistige Entwicklungsstörungen verursachen. Ab dem vierten Schwangerschaftsmonat nennt man das heranwachsende Kind **Fetus,** da nun alle inneren Organe angelegt sind. Im Laufe der nächsten Monate wächst ein Fetus heran, der am Ende der Schwangerschaft durchschnittlich 50 Zentimeter lang und 3000 Gramm schwer ist.

1 Beschreibe den Weg, den die Spermienzellen bis zur Eizelle zurücklegen müssen!

2 Erläutere den Begriff Befruchtung!

3 Beschreibe die Plazenta und ihre Bedeutung!

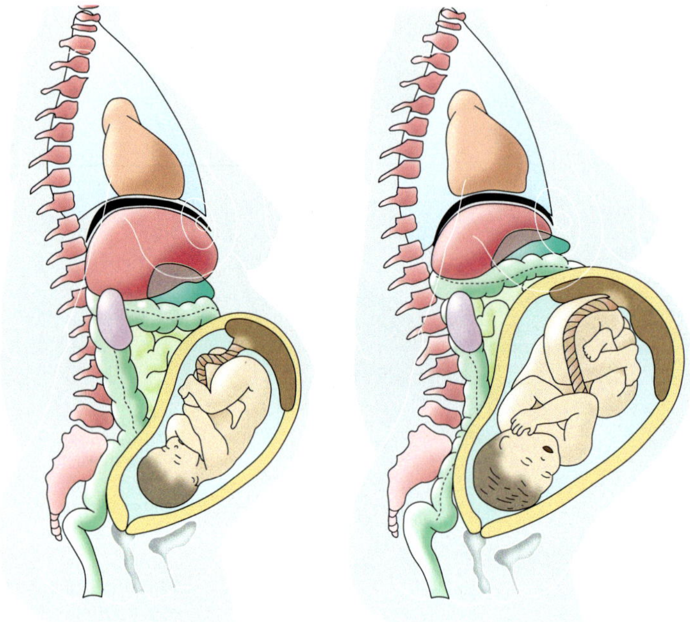

03 Schwangerschaft im 6. und 9. Monat

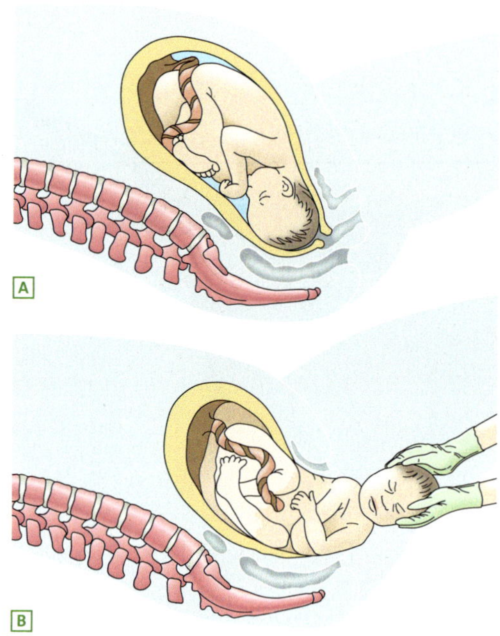

04 Geburt: **A** Eröffnungsphase, **B** Austreibungsphase

GEBURT · Nach etwa neun Monaten ist die Entwicklung des Kindes im Mutterleib abgeschlossen. Vor der Geburt dreht sich das Kind. Der Kopf zeigt nun nach unten und die Gebärmutter senkt sich nach vorn. Die Geburt des Kindes kündigt sich jetzt durch immer wiederkehrendes Zusammenziehen der Gebärmuttermuskulatur an. Dieses Zusammenziehen der Gebärmutter tut weh. Man bezeichnet es deshalb als **Wehen.**

Mit dem Einsetzen der ersten Wehen platzt oft die Fruchtblase und das Fruchtwasser läuft aus der Scheide heraus. Zu Beginn dieser **Eröffnungsphase** kehren die Wehen in Zeitabständen von etwa 20 Minuten wieder. Im Laufe der Zeit verkürzen sich die Abstände immer mehr. Die Wehen drücken das Kind gegen den Gebärmuttermund, sodass sich dieser weitet.

Im Anschluss daran wird das Kind durch sehr starke Wehen, die *Presswehen*, in den Scheidenkanal gedrückt. Meist wird der Säugling in dieser **Austreibungsphase** durch wenige Presswehen auf die Welt gebracht. Der Säugling ist noch über die Nabelschnur mit der Mutter verbunden. Diese wird am kindlichen Bauch abgebunden und dann durchtrennt. Die übrige Nabelschnur und die Plazenta werden durch einige Wehen abgestoßen und verlassen den Körper der Mutter über die Scheide. Plazenta und Nabelschnur bezeichnet man als **Nachgeburt.**

Manchmal kommt es vor, dass sich das Kind vor der Geburt nicht in die richtige Geburtslage dreht. In diesen Fällen muss ein **Kaiserschnitt** durchgeführt werden. Dabei werden Haut, Bauchmuskulatur und Gebärmutter der Mutter durch einen Schnitt geöffnet und das Kind kann herausgehoben werden.

4 Begründe, weshalb schwangere Frauen keinen Alkohol trinken sowie keine Drogen und Medikamente nehmen sollen!

BASISKONZEPT

Kompartimentierung

Damit eine Frau ein Kind bekommen kann, müssen verschiedene Vorgänge getrennt voneinander und in einer bestimmten Reihenfolge ablaufen. Ihr Körper ist dazu in verschiedene Bereiche unterteilt, die man ***Kompartimente*** *nennt. Diese erfüllen unterschiedliche Teilaufgaben:*

In den Eierstöcken erfolgt die Bildung der Eizellen. Die reifen Eizellen werden regelmäßig durch den Eisprung freigesetzt.

In den Eileitern wird die Eizelle zur Gebärmutter transportiert und kann dabei durch eine Spermienzelle befruchtet werden.

Aus der dabei entstandenen Zygote entwickelt sich das Keimbläschen. Dieses nistet sich in der Gebärmutterschleimhaut ein.

Für die weitere Entwicklung zum Fetus ist die Versorgung mit Nährstoffen und Sauerstoff erforderlich. Sie erfolgt über den mütterlichen Teil der Plazenta. Ist die Entwicklung des Fetus beendet, setzen die Wehen ein. Dabei zieht sich die Muskulatur der Gebärmutter zusammen und leitet damit die Geburt des Kindes ein.

Die Unterteilung in verschiedene Bereiche bezeichnet man als Kompartimentierung. Sie ermöglicht eine ***Aufgabenteilung,*** *sodass vielschichtige Vorgänge – wie bei einer Schwangerschaft – getrennt voneinander ablaufen können.*

Da alle Lebewesen eine solche Kompartimentierung aufweisen, spricht man vom ***Basiskonzept Kompartimentierung.***

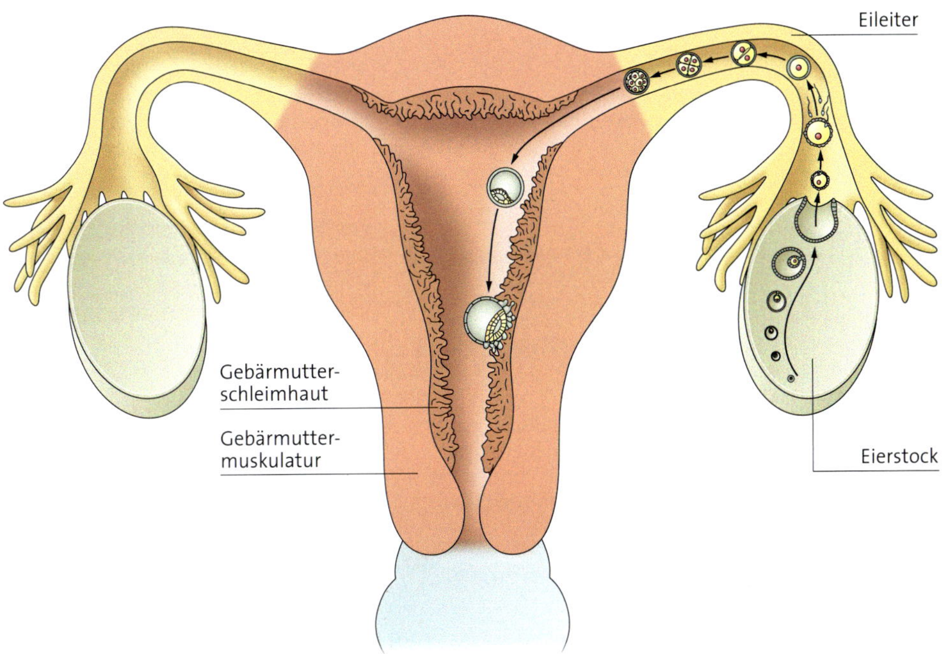

05 Kompartimentierung der inneren Geschlechtsorgane der Frau

Material A ▸ Wie Zwillinge entstehen

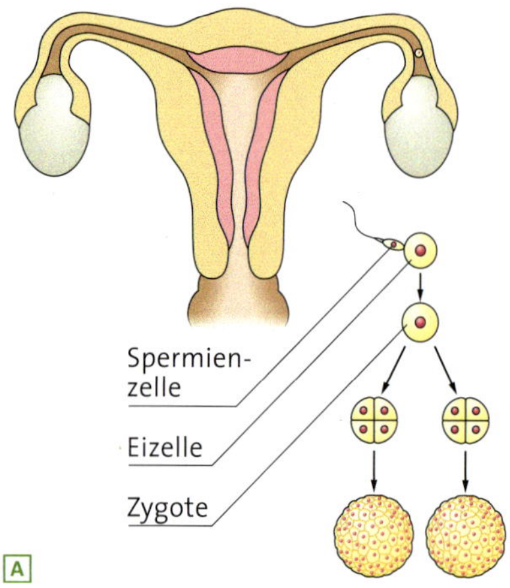

A

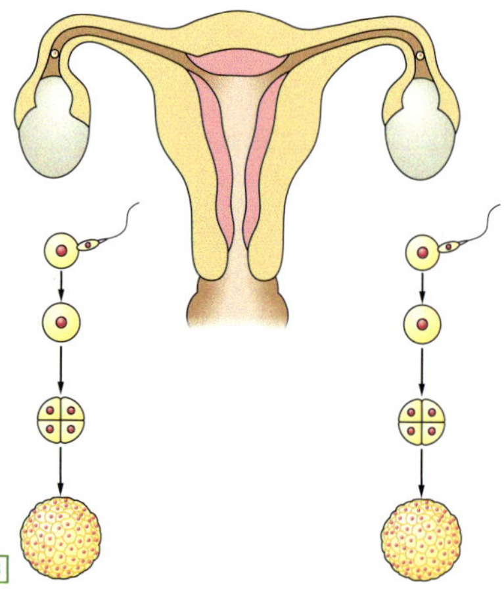

B

A1 Beschreibe mithilfe der Abbildungen A und B die zwei Möglichkeiten der Entstehung von Zwillingen!

A2 Erläutere, weshalb man von „eineiigen Zwillingen“ und von „zweieiigen Zwillingen“ spricht! Ordne die Begriffe den Abbildungen A und B zu!

Material B ▸ Verhütungsmittel

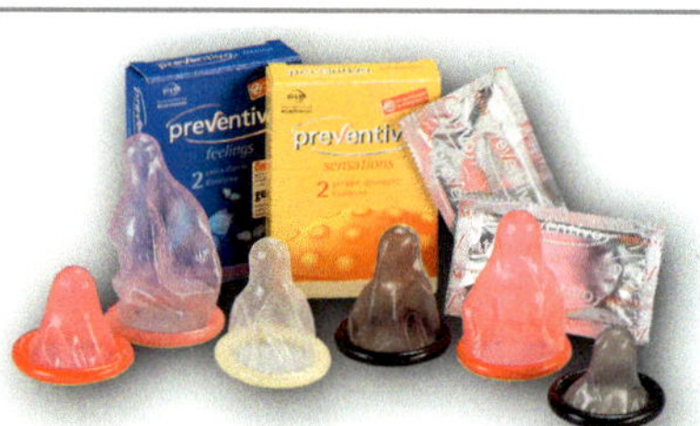

Kondome
Das Kondom ist an einer Seite dicht verschlossen und wird über den steifen Penis gezogen.

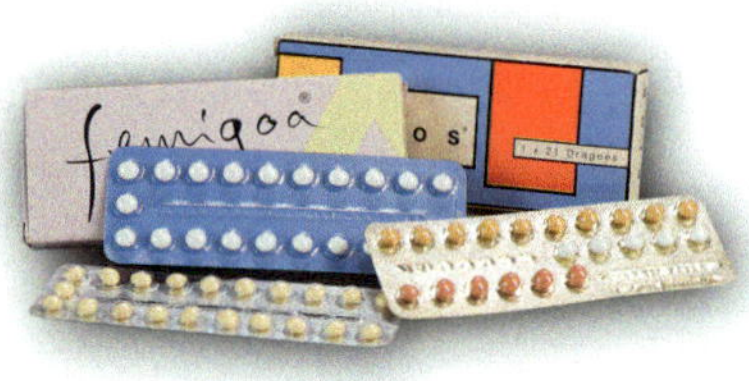

Hormonpille
Die Hormonpille enthält Botenstoffe, die einen Eisprung verhindern.

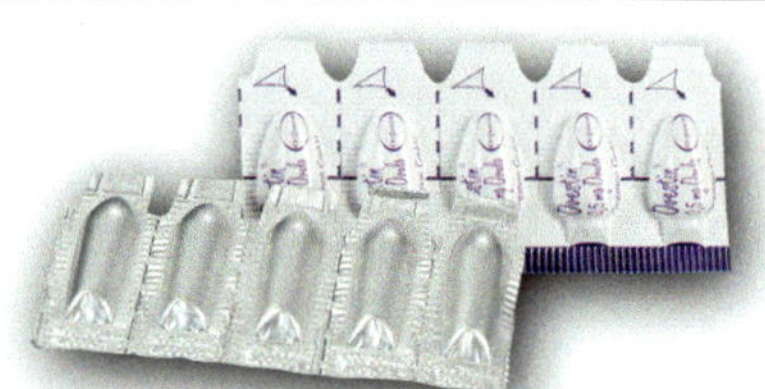

Chemische Mittel
Chemische Mittel werden vor dem Geschlechtsverkehr in die Scheide eingeführt. Sie töten die Spermienzellen ab oder verhindern ihre Bewegung.

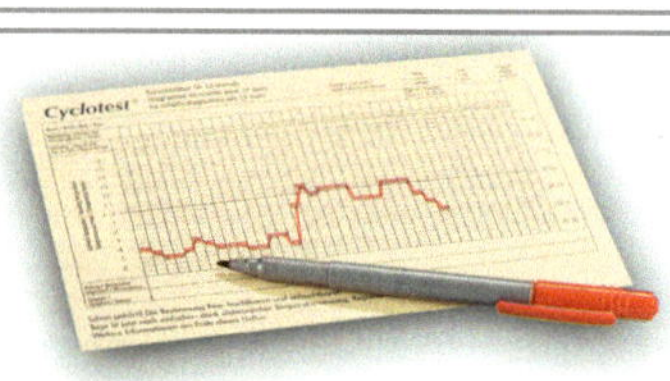

Temperaturmethode
Jeden Morgen wird die Körpertemperatur gemessen und notiert. Da nach dem Eisprung die Temperatur leicht ansteigt, können so die fruchtbaren Tage bestimmt werden.

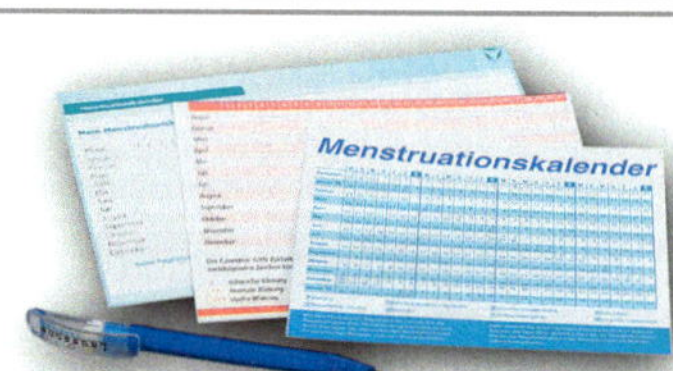

Kalendermethode
In jedem Zyklus werden die Blutungstage einer Frau in einem Menstruationskalender notiert. So können die fruchtbaren Tage bestimmt werden.

Sicherheit von Verhütungsmitteln

Methode	ungewollte Schwangerschaft (bei 1000 Frauen in einem Jahr)
Hormonpille	5
Kondom	40
chemische Mittel	50
natürliche Methoden	180

B1 Beschreibe für jedes Verhütungsmittel, wie eine Befruchtung verhindert wird! Berücksichtige dabei:
a) Spermienzellen fehlen zur Befruchtung,
b) Eizelle fehlt zur Befruchtung,
c) Spermienzellen und Eizelle können nicht zusammentreffen.

B2 Beurteile anhand der Tabelle die Sicherheit der aufgeführten Verhütungsmittel!

Material C ▸ Geschlechtszellen

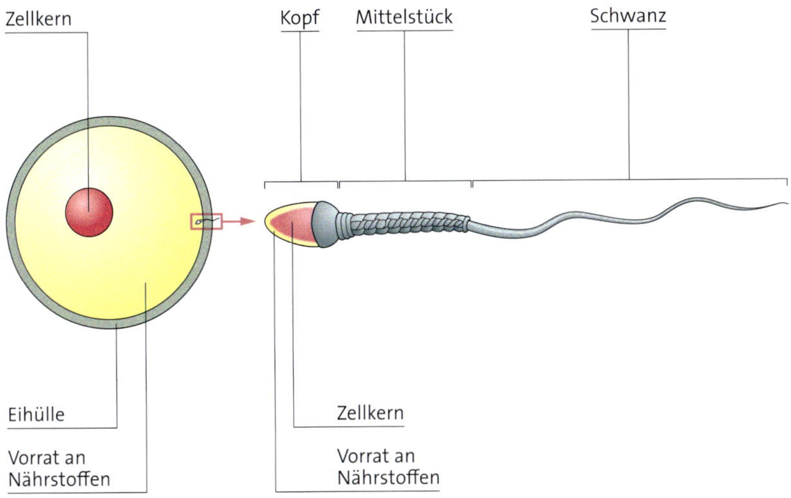

Kriterium	Eizelle	Spermienzelle
Größe	0,2 Millimeter groß; ist mit dem bloßen Auge sichtbar	Kopf: 0,005 Millimeter, insgesamt 0,06 Millimeter groß
Form	kugelförmig	spindelförmig
Vorrat an Nährstoffen	reich an Nährstoffen	enthält sehr wenige Nährstoffe
Beweglich-keit	kann sich nicht selbstständig bewegen	kann sich durch Bewegungen des Schwanzes selbstständig und schnell bewegen

C1 Erkläre den Größenunterschied zwischen der Eizelle und dem Kopf der Spermienzelle!

C2 Vervollständige die folgenden Aussagen und notiere sie in deiner Biologiemappe:
- „Durch die vielen Nährstoffe …";
- „Durch ihre geringe Größe und ihren Schwanz …"!

C3 Erläutere anhand des Aufbaus der beiden Geschlechtszellen das Basiskonzept Struktur und Funktion!

Material D ▸ Entwicklung im Mutterleib

Kriterium	Mutter rauchte während der Schwangerschaft nicht	Mutter rauchte während der Schwangerschaft
Körpermasse der Neugeborenen	3300 Gramm	2800 Gramm
Körpergröße der Neugeborenen	53 Zentimeter	48 Zentimeter

Während der Entwicklung eines Kindes im Mutterleib nehmen seine Körpergröße und seine Körpermasse stetig zu. Das Kind wächst. Ist die Entwicklung des Kindes im Mutterleib abgeschlossen, wird es geboren.

In der Tabelle sind die Körpergröße und die Körpermasse neugeborener Kinder angegeben, deren Mütter während der Schwangerschaft geraucht beziehungsweise nicht geraucht haben.

D1 Stelle die in der Tabelle angegebenen Daten zur Körpergröße und Körpermasse der Neugeborenen in jeweils einem Säulendiagramm dar! Nimm dazu die Seiten 172 und 173 zu Hilfe!

D2 Vergleiche die in den Diagrammen dargestellten Daten miteinander!

D3 Leite aus dem Vergleich der Daten Empfehlungen für das Verhalten einer Schwangeren ab!

A ▸ Körperhaltung

Kann ich …

1. die drei Abschnitte des Skeletts nennen? *(Seite 72)*
2. die Funktion des Skeletts nennen? *(Seite 72)*
3. die verschiedenen Knochen, aus denen der Schädel des Menschen besteht, benennen? *(Seite 72)*
4. die Schutzfunktion des Skeletts bezüglich der Strukturen Schädel, Brustkorb und Becken erläutern? *(Seite 72 und 73)*
5. die verschiedenen Abschnitte der Wirbelsäule nennen? *(Seite 74)*
6. die Funktion der Wirbelsäule erläutern? *(Seite 74)*
7. den Unterschied zwischen einem Strukturmodell und einem Funktionsmodell erläutern? *(Seite 74)*

B ▸ Gelenke und Muskeln

Kann ich …

1. den Grundaufbau eines Gelenks skizzieren und beschriften? *(Seite 76 und 77)*
2. die Funktionen der einzelnen Strukturen eines Gelenks nennen? *(Seite 76 und 77)*
3. mithilfe des Basiskonzeptes Struktur und Funktion die beiden Gelenktypen Kugelgelenk und Scharniergelenk erläutern? *(Seite 77)*
4. den Grundaufbau eines Muskels beschreiben? *(Seite 77)*
5. beschreiben, wie das Beugen und Strecken eines Armes oder eines Beines durch Muskeln ermöglicht wird? *(Seite 78)*
6. anhand der Muskeln erklären, was man unter dem Gegenspielerprinzip versteht? *(Seite 78)*
7. erklären, wie es zum Wachsen eines Muskels kommt? *(Seite 78)*

C ▸ Vom Kind zum Erwachsenen

Kann ich ...

1 erklären, was man unter Pubertät versteht? *(Seite 80)*

2 Verhaltensänderungen bei Mädchen und bei Jungen während der Pubertät beschreiben? *(Seite 81)*

3 erklären, was primäre Geschlechtsmerkmale sind, sowie die weiblichen und männlichen primären Geschlechtsmerkmale nennen? *(Seite 81)*

4 erklären, was sekundäre Geschlechtsmerkmale sind? *(Seite 81)*

5 die körperlichen Veränderungen während der Pubertät bei Mädchen und bei Jungen beschreiben? *(Seite 81 und 82)*

6 die weiblichen und männlichen Geschlechtsorgane an Abbildungen benennen? *(Seite 84 und 85)*

7 den Weg der Spermienzellen von ihrer Bildung bis zum Austritt aus dem Penis bei der Ejakulation beschreiben? *(Seite 84)*

8 den Menstruationszyklus von der Eireifung bis zur Menstruation beschreiben? *(Seite 86)*

9 erklären, dass die Pubertät durch körpereigene Botenstoffe gesteuert wird? *(Seite 86)*

D ▸ Fortpflanzung

Kann ich ...

1 den Vorgang der Befruchtung beschreiben? *(Seite 88)*

2 den Weg der Zygote von der Befruchtung bis zum Beginn der Schwangerschaft beschreiben? *(Seite 88 und 89)*

3 erklären, wie der Embryo mit Nährstoffen und Sauerstoff versorgt wird und seine „Abfallstoffe" abtransportiert werden? *(Seite 89)*

4 anhand des Basiskonzeptes Struktur und Funktion die Plazenta beschreiben? *(Seite 89)*

5 die Begriffe Embryo und Fetus erklären? *(Seite 89)*

6 den Ablauf der Geburt beschreiben? *(Seite 90)*

7 mithilfe der Begriffe Aufgabenteilung und Kompartimente das Basiskonzept Kompartimentierung erklären? *(Seite 91)*

Kann ich aus dem Kapitel „Der Mensch" Beispiele nennen für die Basiskonzepte:

- Struktur und Funktion?
- Angepasstheit?
- Steuerung?
- Kompartimentierung?

Vögel sind Wirbeltiere

In diesem Kapitel beschäftigst du dich mit

- den Kennzeichen von Vögeln. Du lernst, wie die Vögel fliegen und sich fortpflanzen. Du erfährst auch etwas über das Verhalten der Vögel.
- Vögeln in verschiedenen Lebensräumen. Du lernst, wie die Vögel an ihre Lebensweise angepasst sind.
- der Überwinterung von Vögeln. Dabei lernst du Vögel kennen, die die kalte Jahreszeit im warmen Süden verbringen, aber auch Vögel, die im Winter bei uns bleiben.

01 Mäusebussard im Gleitflug

Der Vogelflug

Ohne Flügelschlag gleitet der Mäusebussard über die Wiese auf einen Waldrand zu. Langsam verliert er an Höhe. Kurz vor einem Baum breitet er seine Flügel aus, um zu bremsen. Sicher landet er auf einem Ast. Wie ist dieser Gleitflug möglich?

GLEITFLUG · Von besonderer Bedeutung für den Gleitflug des Mäusebussards ist die Form seines Flügels. Im Querschnitt eines ausgebreiteten Flügels erkennt man, dass die Oberseite des Flügels stärker gewölbt ist als die Unterseite. Die Flügel wirken wie Tragflächen. Beim Gleiten strömt die Luft über und unter dem Flügel hinweg. Durch die Wölbung der Flügeloberseite ist der Weg für die Luft hier länger als an der Unterseite. So strömt die Luft auf der Oberfläche des Flügels ein wenig schneller. Dabei entsteht über dem Flügel ein geringerer Druck als unter dem Flügel. Der Unterschied, die Differenz, zwischen dem Luftdruck oberhalb und unterhalb des Flügels ergibt den Auftrieb. Ohne diese **Auftriebskraft** würde der Mäusebussard durch seine *Körpermasse* zu Boden sinken. Welche Einflüsse wirken noch auf den Gleitflug eines Vogels ein?

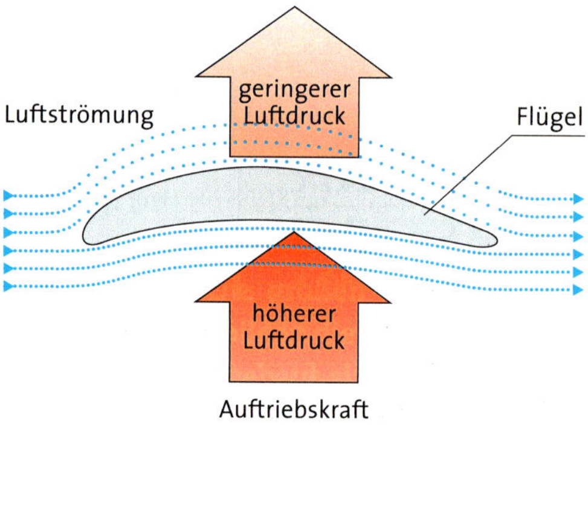

02 Flügelquerschnitt mit Luftströmung

Die *Gleitfähigkeit* eines Vogels hängt von der *Körpermasse*, von seiner *Flügelfläche* und *-form* sowie vom *Luftwiderstand* ab.

Zum Vergleich der Gleitfähigkeit verschiedener Vögel dient die **Gleitzahl.** Diese kann in einem einfachen Experiment festgestellt werden. Bei Windstille und einer bestimmten Abflughöhe vergleicht man die Gleitstrecken der Vögel und teilt die Gleitstrecke durch die Abflughöhe. Den erhaltenen Wert nennt man die Gleitzahl. Wenn zum Beispiel ein Vogel wie der Haussperling von einem zehn Meter hohen Baum 80 Meter weit ohne Flügelschlag gleitet, ist die Gleitzahl 8. Je besser die Gleitfähigkeit eines Vogels ist, desto höher ist seine Gleitzahl.

SEGELFLUG · Häufig kann man den Mäusebussard beobachten, wie er mit ausgebreiteten Flügeln in der Luft kreist. Obwohl der Mäusebussard nicht mit den Flügeln schlägt, verliert er nicht an Höhe. Manchmal steigt der Vogel mit ausgebreiteten Flügeln sogar noch weiter empor. Er nutzt die nach oben aufsteigenden warmen *Aufwinde*. Diese entstehen dann, wenn sich die Luft am Boden erwärmt und aufsteigt. Auch an Berghängen wird Luft nach oben geleitet. Das Fliegen ohne Flügelschlag in aufsteigender Luft nennt man *Segelflug*.

Adler, Geier und Störche legen mit ihren breiten, großflächigen Flügeln weite Strecken in einer Kombination von Segel- und Gleitflug zurück. Seevögel wie Möwen, Albatrosse und Sturmvögel können sogar wochenlang über dem Meer auch bei Sturm gleiten und segeln. Dies ermöglicht ihnen eine besondere Flügelform, die ebenfalls eine große Fläche aufweist, aber lang und schmal ist und am Ende spitz zuläuft.

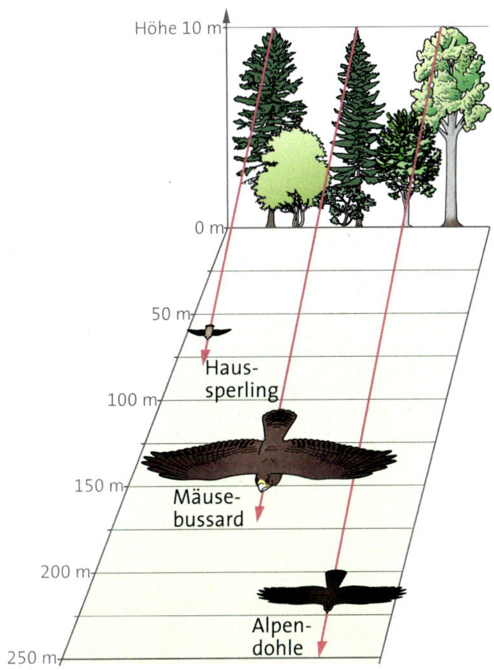

03 Gleitstrecken

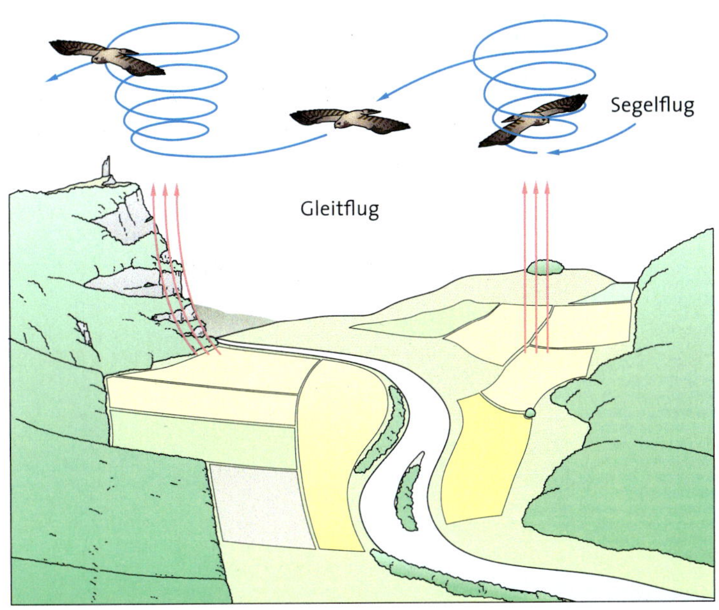

04 Segelflug beim Mäusebussard

1 Beschreibe den Segelflug des Mäusebussards!

2 Erläutere die Bedeutung der Flügelform für das Fliegen! Berücksichtige bei deiner Erläuterung auch die Auftriebskraft!

05 Ruderflug einer Taube

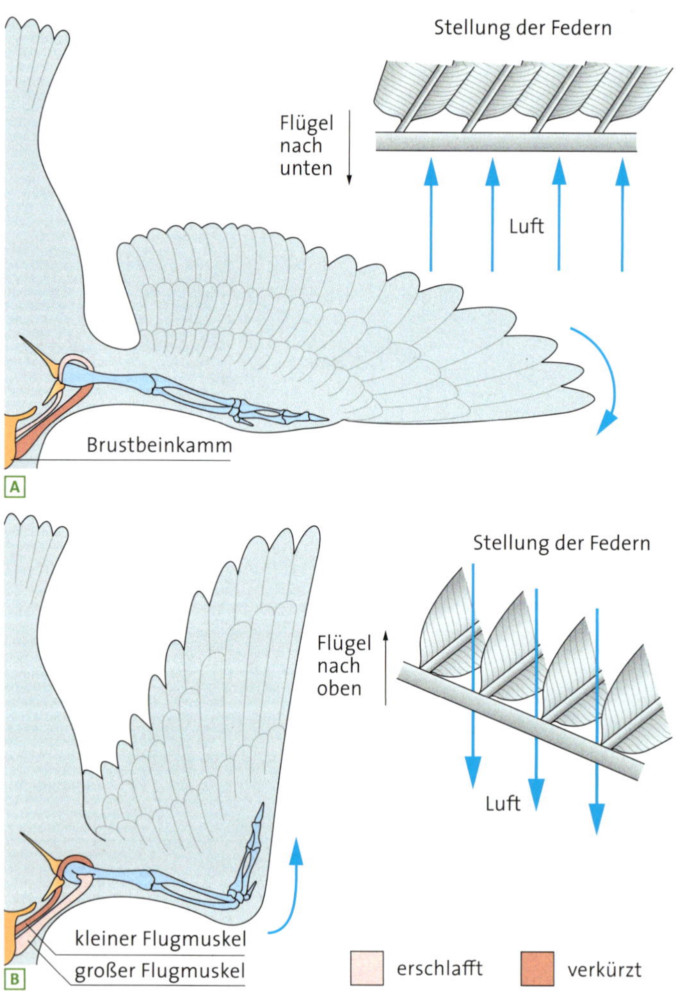

06 Ruderflug: **A** Abschlag, **B** Aufschlag

RUDERFLUG · Die Taubenflügel werden durch eine kräftige Muskulatur bewegt. Die *Flugmuskulatur* setzt am Brustbeinkamm an und teilt sich in einen kleinen und einen großen Flugmuskel. Zieht sich der große Flugmuskel zusammen, schlägt der Flügel abwärts. Beim **Abwärtsschlag** bilden die Flügel eine geschlossene Fläche, in der die Schwungfedern übereinanderliegen. Die Flügel werden gestreckt und auch nach hinten bewegt. Dadurch gewinnt der Vogel an Höhe und fliegt nach vorn. Beim **Aufwärtsschlag** zieht sich der kleine Flugmuskel zusammen. Die Flügel werden leicht geknickt und die Schwungfedern wie bei einer Jalousie so gestellt, dass die Luft von oben zwischen ihnen hindurchströmen kann. Der Luftwiderstand bleibt gering. So wird verhindert, dass die Taube wieder zurückfällt und absackt. Die auf- und abwärtsschlagenden Flügel ähneln den Bewegungen eines Ruders. Man spricht deshalb vom *Ruderflug*.

3 Erläutere den Fachbegriff Gegenspielerprinzip am Beispiel der Zusammenarbeit der Flugmuskulatur!

4 Erläutere die Bedeutung des großflächigen Brustbeinkamms für das Fliegen!

VERSUCH A ▸ Gleitflug mit Papierfliegern

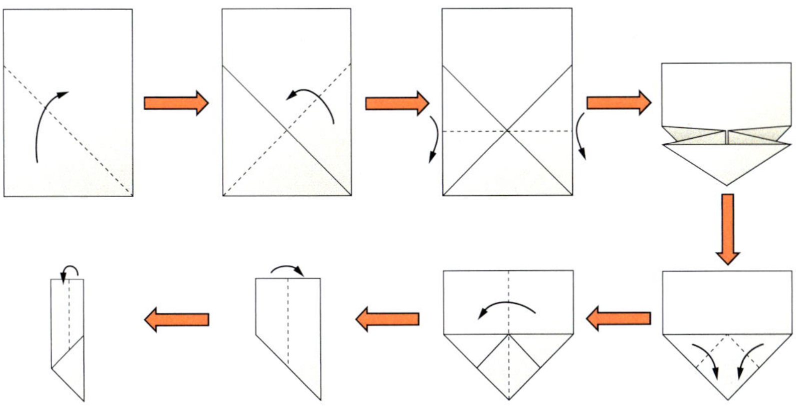

Material:
2 Blatt Papier (DIN A4), Büroklammern

Durchführung:
Baue nach der Faltskizze zwei Papierflieger. Die gepunkteten Linien geben die Faltlinien an, die Pfeile stellen die Faltrichtung dar. Hefte an den Rumpf eines Papierfliegers mehrere Büroklammern.

A1 Beschreibe und erkläre, welcher Papierflieger am besten gleitet!

A2 Beschreibe die Unterschiede zwischen Modell und Vogelflügel und erläutere die Eignung des Modells!

VERSUCH B ▸ Auftrieb

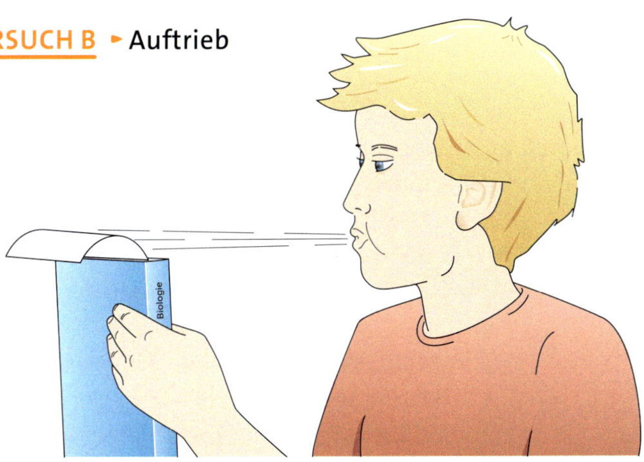

Material:
Papier (DIN-A4), Buch

Durchführung:
Puste über das im Buch eingeklemmte Papier.

B1 Beschreibe deine Beobachtung!

B2 Erkläre mithilfe des Versuchs, weshalb Vögel in der Luft gleiten können! Nimm die Seite 102 zu Hilfe!

Material C ▸ Aufwind

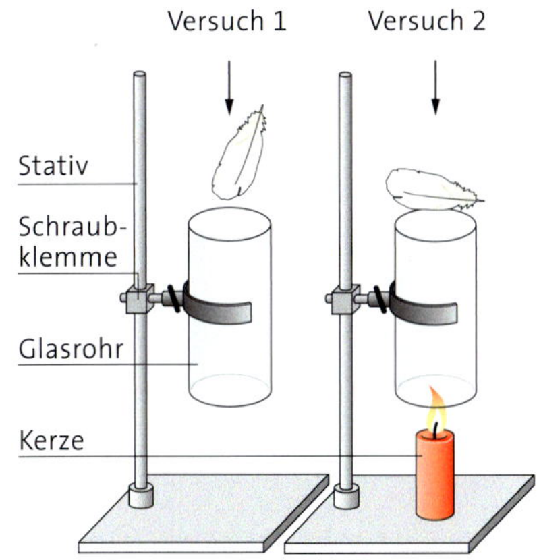

C1 Erstelle für den in der Abbildung dargestellten Versuch ein Versuchsprotokoll!

C2 Übertrage den Versuch auf den Segelflug eines Vogels und erläutere!

Material D ▸ Gleitstrecken

Ein Storch hat die Gleitzahl 17. Wenn er von Spanien nach Afrika zieht, muss der Storch 15 Kilometer ohne Aufwinde über das Meer fliegen. Wenn der Storch den direkten Weg über Italien wählen würde, müsste er ab Sizilien 170 Kilometer über das Meer fliegen.

D1 Berechne, wie hoch der Storch über dem Land aufsteigen muss, um die Strecke von Spanien nach Afrika nur im Gleitflug zu überwinden!

D2 Berechne, wie hoch der Storch über dem Land aufsteigen muss, um die Strecke von Sizilien nach Afrika nur im Gleitflug zu überwinden!

01 Hühnerküken aus dem Ei geschlüpft

Fortpflanzung und Entwicklung bei Vögeln

Im Frühling hört man auf manchen Bauernhöfen tiefe Gluck-Geräusche und hohes, vielstimmiges Piepsen. Eine Henne führt ihre Küken aus. Sie sind am Tag zuvor aus ihren Eiern geschlüpft. Aus Hühnereiern, die man in einem Geschäft kauft, schlüpfen keine Küken. Wie lässt sich das erklären?

02 Haushahn begattet Haushenne

BEGATTUNG · Hühnereier, aus denen Küken schlüpfen sollen, müssen von einem Hahn befruchtet worden sein. Dies geschieht nach der Begattung der Henne. Dazu wirbt der Haushahn um die Henne und lockt sie mit Futter an. Wenn die Henne bereit ist, besteigt der Hahn ihren Rücken und presst seine hintere Körperöffnung, seine *Kloakenöffnung*, auf die der Henne. Dann gibt er sein Sperma in die Kloake der Henne ab.

BILDUNG EINES EIES · Im *Eierstock* der Henne werden Eizellen gebildet, die viele Nährstoffe im *Dotter* enthalten. Als *Dotterkugeln* werden sie dann in den Eileiter transportiert. Wenn nun eine Spermienzelle des Hahns nach der Begattung auf eine Eizelle im Eileiter trifft, dringt sie in die Eizelle ein und verschmilzt mit ihr. Die Eizelle wird dabei **befruchtet.**

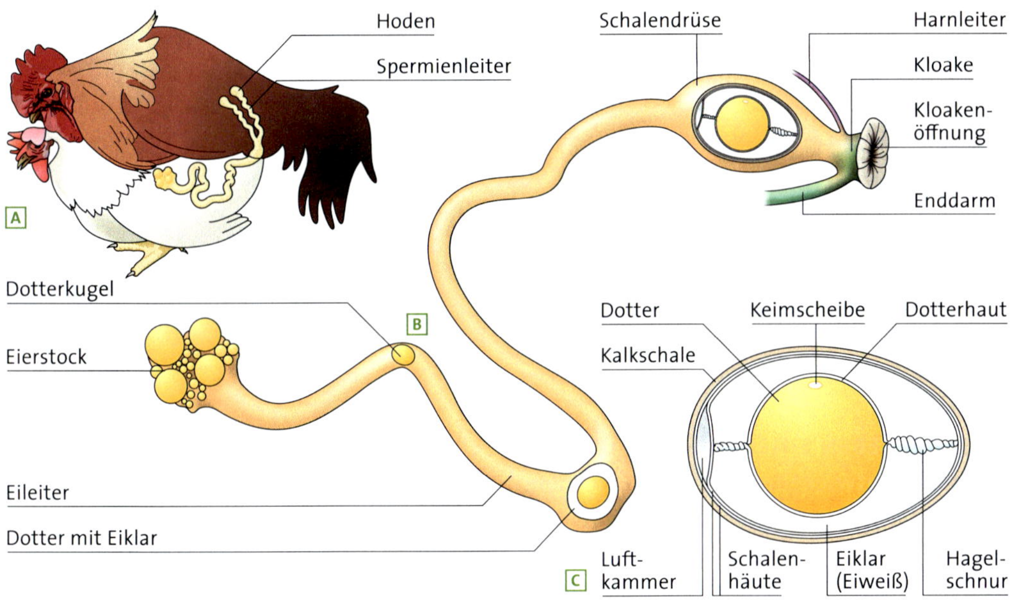

03 Ein Ei entsteht:
A Begattung,
B Bildung des Eies,
C Längsschnitt durch ein Ei

Die im Eileiter befruchtete Eizelle teilt sich vielfach, wächst und entwickelt sich zu einer flachen **Keimscheibe** auf dem Dotter. Während des Transports im Eileiter erhält das Ei weitere Dottermasse, *Eiklar* und zum Schluss zwei zähe, wasserdichte *Schalenhäute* sowie eine schützende *Kalkschale*. *Hagelschnüre* im Ei sorgen dafür, dass die Keimscheibe stets oben auf dem Dotter liegt. Auch unbefruchtete Eizellen entwickeln sich zu fertigen Eiern. Sie enthalten jedoch keine Keimscheibe, aus der sich ein Küken entwickeln kann.

VOM EI ZUM KÜKEN · Die Henne legt ihre Eier in ein Nest, setzt sich darauf und bebrütet sie. Die *Brutwärme* bewirkt im Ei die Weiterentwicklung der Keimscheibe zu einem **Embryo,** aus dem das Küken wird. Der Embryo wird über zusätzlich ausgebildete Blutgefäße im Ei mit Nährstoffen aus dem Dotter und dem Eiklar versorgt. Der benötigte Sauerstoff gelangt durch die Kalkschale in das Ei. Nach 20 Tagen ist die Entwicklung zum Küken abgeschlossen.

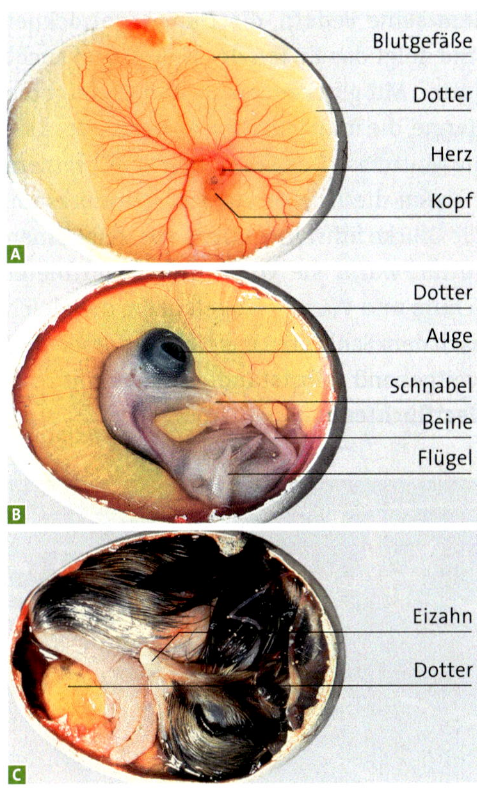

04 Vom Ei zum Küken:
A 6. Tag,
B 14. Tag,
C 19. Tag

1 Beschreibe die Begattung bei Haushühnern!

01 Weißstörche sammeln sich zum Flug in den Süden

Vom Überwintern der Vögel

Im Spätsommer kann man zahlreiche Weißstörche auf Sammelplätzen beobachten. Sie bereiten sich auf den Zug in den Süden vor. Wenige Wochen später fliegen sie nach Afrika, um dort in ihren warmen Quartieren den Winter zu verbringen. Warum ziehen sie in den Süden?

ZUGVÖGEL · Störche ernähren sich von Fröschen, Eidechsen, Mäusen, Insekten und Würmern. Im Winter ist diese Nahrung sehr knapp. Im Süden gibt es hingegen genug Nahrung. Vogelarten, die in den Süden ziehen, können diese Nahrung nutzen und so überleben. Vögel, die regelmäßig im Winter aus ihren Brutgebieten in wärmere Länder ziehen, nennt man *Zugvögel*. In Deutschland kommen etwa 70 verschiedene Zugvogelarten vor. Manche von ihnen kann man am Himmel aufgrund ihrer typischen Flugordnungen erkennen.

VOGELZUG · Die Flugformationen bieten einige Vorteile. So fliegen die hinteren Vögel

Küstenseeschwalben fliegen von ihren Brutgebieten in der Arktis zum Überwintern in die Antarktis. Hin und zurück sind es 44 000 Kilometer.

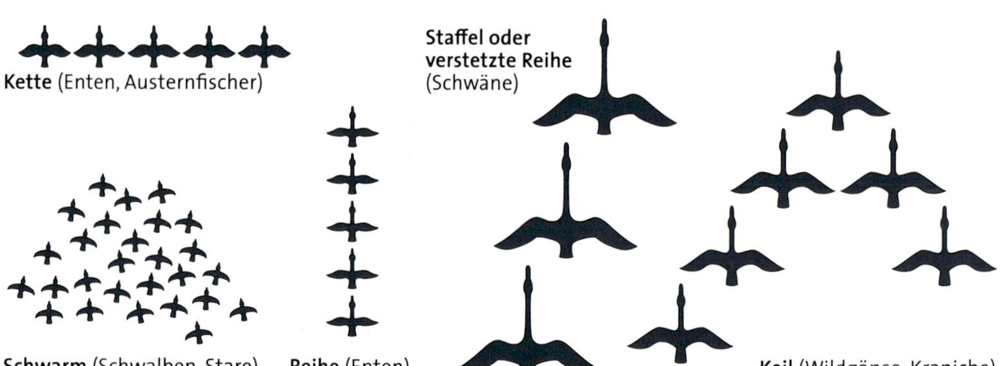

02 Flugformationen von Zugvögeln

kraftsparend im Windschatten der Vordervögel. Die große Anzahl der Vögel kann Feinde verwirren oder erschrecken. Jungvögel lernen außerdem von der Erfahrung der Altvögel in der Gruppe.

ORIENTIERUNG DER ZUGVÖGEL · Viele Zugvögel orientieren sich an den Gestirnen. **Tagziehern** wie Störchen oder Greifvögeln hilft der Stand der Sonne, den Weg zu finden. **Nachtzieher** wie Grasmücken orientieren sich an Mond, Sternen und Sternbildern. Manche Vogelarten wie das Rotkehlchen spüren zusätzlich das Erdmagnetfeld. Sie besitzen dafür spezielle Magnetfühler im Kopf, die wie ein Kompass wirken. Außerdem merken sich die Vögel beim Flug Landmarken wie Berge, Küsten und Flüsse für spätere Reisen. Die meisten Zugvogelarten, besonders die Segelflieger wie Störche und Greife, wählen nicht die Zugrouten mit möglichst kurzen Strecken über das Meer, weil dort die kräftesparenden Aufwinde weitgehend fehlen.

ERFORSCHUNG DES VOGELZUGS · Erste Informationen über den Vogelzug lieferten die vielen beringten Zugvögel, die man in fernen Ländern wiederfand. Man hatte sie zuvor an ihren Beinen mit Metallringen markiert, auf denen Ort und Datum der Beringung eingraviert waren. Inzwischen können Zugvögel mit Radar oder mithilfe von Sendern, die an einzelnen Vögeln angebracht sind, über Satelliten geortet werden. **Kurzstreckenzieher** wie der Star fliegen meist weniger als 2000 Kilometer, während **Langstreckenzieher** wie der Kuckuck in der Regel mehr als 4000 Kilometer ziehen.

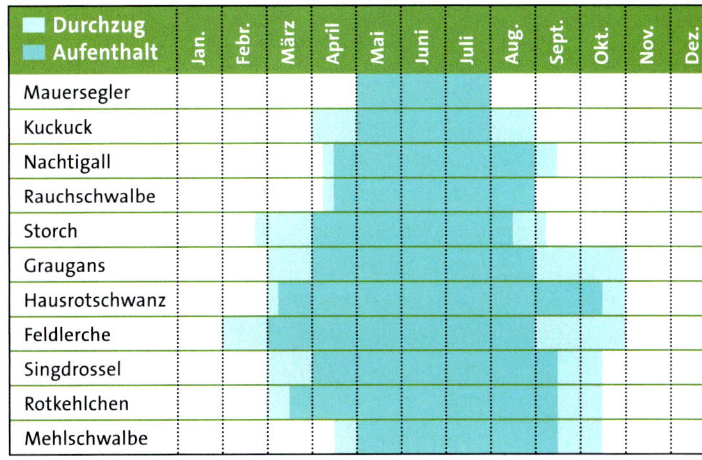

03 Vogelzugkalender

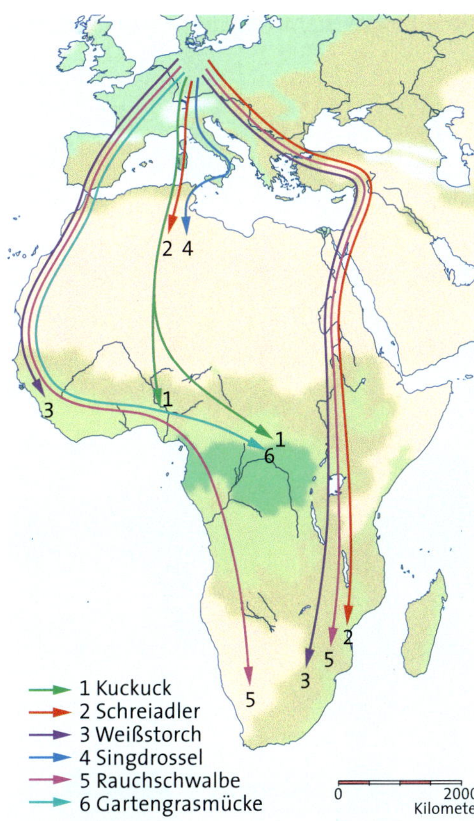

04 Zugrouten einiger Zugvögel

Streifengänse überqueren zweimal jährlich das Himalaya-Gebirge in über 9000 Metern Höhe.

Mauersegler fliegen nonstop mit einem Tempo bis 160 km/h aus der Sahara nach Deutschland und schlafen im Flug.

Nonstopflugrekord: Pfuhlschnepfen mit 10 000 Kilometern.

1 Nenne Gründe, weshalb Zugvögel ihre Brutgebiete jedes Jahr verlassen und im Frühjahr zurückkehren!

2 Ermittle mithilfe des Vogelzugkalenders die Verweildauer der Zugvögel in ihren Sommerquartieren!

STANDVÖGEL · Viele Vogelarten finden auch in der kalten Jahreszeit ausreichend Futter und bleiben in ihrem Brutgebiet. Diese Standvögel ernähren sich von den übrig gebliebenen Samen und Früchten oder von den wenigen Insekten und Spinnen, die sie im Winter noch finden können. Andere jagen nach Beute oder fressen verendete Tiere. Manche Vögel legen sogar Wintervorräte an wie Eichel- und Tannenhäher, Meisen und Kleiber.

STRICHVÖGEL · Manche Vögel streichen im Winter je nach Nahrungsangebot in der weiteren Umgebung ihres Brutgebiets umher, unternehmen aber keine regelmäßigen, weiten Wanderungen in warme Gebiete wie die Zugvögel. Bei harten Winterbedingungen und Futtermangel suchen Strichvögel oft etwas wärmere Regionen oder auch menschliche Siedlungen auf. Zu ihnen zählen verschiedene Finkenarten, der Fasan, der Graureiher und viele andere. Bei manchen Vogelarten zieht nur ein Teil der Tiere im Winter fort, der andere Teil bleibt im Brutgebiet, wie zum Beispiel der Zaunkönig, der Buchfink und der Star. Diese Vögel nennt man **Teilzieher.**

05 Stand- und Strichvögel am Futterhaus

WINTERFÜTTERUNG · Die Vögel brauchen bei Kälte viel mehr Nahrung, um ihre konstante Körperwärme aufrechtzuerhalten, als bei warmem Wetter. Die Standvögel haben in kalten, schneereichen Wintern große Schwierigkeiten, genügend Nahrung zu finden. Will man ihnen helfen und sie füttern, ist die richtige Auswahl des Futters wichtig. Finken, Sperlinge und Ammern mögen gern Sonnenblumenkerne, Hanf und andere Sämereien. Weichfutter bevorzugen Rotkehlchen, Zaunkönig, Amsel und Star. Sie fressen im Winter Haferflocken, Rosinen und Obst. Spechte, Kleiber und Meisen nehmen beide Futtersorten. Keinesfalls darf Brot gefüttert werden. Auch andere Essensreste sind ungeeignet, weil sie gewürzt und gesalzen sein können. Die beste Hilfe für unsere Wintervögel ist der naturnahe Garten. Einheimische Sträucher bieten auch im Winter ausreichend Nahrung. Sie sollten vor dem Winter nicht zurückgeschnitten und Gras und Unkräuter nicht gemäht werden.

3 Erkläre die Begriffe Standvögel und Strichvögel!

4 Informiere dich über Regeln der Winterfütterung! Schreibe sie in deine Biologiemappe!

Material A ▸ Nahrung

Vogelart	Nahrung
Amsel	Würmer, Insekten, Schnecken, Beeren, Früchte, Samen
Buchfink	Bucheckern, Samen, Beeren, Getreidekörner, Insekten
Rauchschwalbe	fliegende Insekten
Gartengrasmücke	Insekten, Spinnen

A1 Ordne den vier Vogelarten die Begriffe Stand- und Zugvögel zu! Begründe deine Zuordnung!

Material C ▸ Vogelzug

Vogelart	Fluggeschwindigkeit beim Vogelzug	Flugstrecken beim Vogelzug	Flugdauer in das Winterquartier
Küstenseeschwalbe	80 km/h	22 000 km	110 Tage
Mönchsgrasmücke	50 km/h	5 000 km	100 Tage
Rauchschwalbe	50 km/h	9 000 km	60 Tage
Weißstorch	75 km/h	12 000 km	40 Tage

Angaben über den Vogelzug beruhen auf Untersuchungsergebnissen einzelner Vögel. Diese Ergebnisse können sich innerhalb einer Vogelart unterscheiden. So ziehen Altvögel meist schneller als Jungvögel. In der Tabelle sind deshalb nur Daten einzelner Zugvögel aufgeführt.

C1 Berechne für die vier Vögel in der Tabelle, welche Strecke sie durchschnittlich pro Tag zurückgelegt haben und wie viele Stunden pro Tag sie im Durchschnitt unterwegs waren!

Material B ▸ Störche

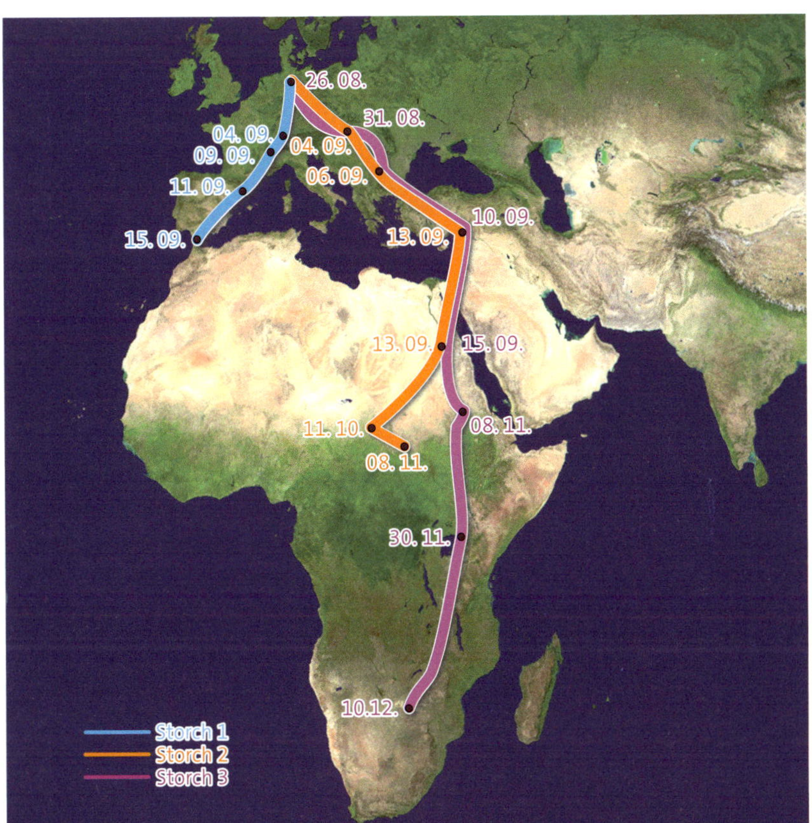

Drei Störche wurden mit kleinen Sendern versehen. Mithilfe von Satelitten konnte man so feststellen, an welchen Orten sie sich wann während ihres Zugs aufhielten.

B1 Beschreibe mithilfe der Karte und eines Atlasses die Flugrouten der drei Weißstörche!

B2 Begründe, weshalb die Störche nicht die kürzesten Zugrouten in ihre Winterquartiere wählen, sondern Umwege fliegen!

A ▸ Merkmale der Vögel

Kann ich ...

1 Vögel als Eier legende Wirbeltiere mit typischem Körperbau aus Federkleid, Schnabel aus Horn, stromlinienförmigem Körper und zu Flügeln umgewandelten Vordergliedmaßen beschreiben? *(Seite 98 und 99)*

2 die dünnwandigen und hohlen Knochen sowie die Luftsäcke der Vögel als Leichtbauweise beschreiben und als Angepasstheit an das Fliegen erläutern? *(Seite 99)*

3 den hohen Nahrungsbedarf der Vögel durch den hohen Energiebedarf beim Fliegen und zur Aufrechterhaltung der Körpertemperatur erklären? *(Seite 99)*

4 den Aufbau von Federn aus Federkiel und Fahne beschreiben und die verschiedenen Federtypen Schwungfedern, Steuerfedern, Deckfedern und Daunenfedern unterscheiden? *(Seite 100)*

5 Gleitflug, Segelflug und Ruderflug als Formen des Vogelflugs unterscheiden? *(Seite 102 bis 104)*

6 den Auftrieb durch die gewölbte Form der Flügel als wichtige Bedingung des Vogelflugs erläutern? *(Seite 102)*

7 den großen Brustbeinkamm der Vögel als Ansatzstelle für die kräftige Flugmuskulatur beschreiben und damit als Angepasstheit der fliegenden Fortbewegung erläutern? *(Seite 104)*

8 Eibildung, Begattung, Eiablage und Entwicklung vom Ei zum Küken als Prozesse der Fortpflanzung bei Vögeln beschreiben? *(Seite 106 und 107)*

9 den Aufbau eines Hühnereies aus Kalkschale, Schalenhäuten, Eiklar, Dotter mit Dotterhaut und Keimscheibe sowie Hagelschnur beschreiben? *(Seite 107)*

10 bezüglich der Entwicklung nach dem Schlüpfen zwischen Nestflüchtern und Nesthockern unterscheiden? *(Seite 108 und 111)*

11 Revierbildung, Balz und die Aufzucht der Brut als typische Verhaltensweisen der Amseln beschreiben? *(Seite 110 und 111)*

12 bei Amseln den Nestbau und das Ausbrüten der Eier als Verhaltensweisen des Weibchens und die Bettelrufe und den Sperrrachen als Verhaltensweisen der Jungvögel bei der Brutpflege beschreiben? *(Seite 111)*

13 die Eiablage in den Nestern von Wirtsvögeln als Fortpflanzungsstrategie des Kuckucks erläutern, der als Brutschmarotzer bezeichnet wird? *(Seite 112)*

B ▸ Vögel in ihrem Lebensraum

Kann ich ...

1. das typische Jagdverhalten des Turmfalken als Abfolge von Rüttelflug, Gleitflug und Sturzflug beschreiben? *(Seite 114 und 115)*
2. die Lebensweise des Turmfalken in Verbindung mit sehr guten Augen, den Greiffüßen und dem Hakenschnabel als Angepasstheit erläutern? *(Seite 115)*
3. ähnliche Merkmale wie gute Augen, Greiffüße und Hakenschnabel bei Greifvögeln und Eulen als entsprechende Angepasstheit erklären? *(Seite 115)*
4. das Fressen von Insekten und ihren Larven sowie das Brüten in Baumhöhlen als Lebensweise des Buntspechts beschreiben? *(Seite 116)*
5. beim Buntspecht den Meißelschnabel und die lange Zunge sowie die Kletterfüße und den kräftigen Schwanz als Angepasstheiten an seinen Lebensraum erläutern? *(Seite 116)*

C ▸ Vögel im Winter

Kann ich ...

1. den Vogelzug als regelmäßiges Verlassen der Brutgebiete und entsprechendes Überdauern in wärmeren Regionen beschreiben? *(Seite 118)*
2. den Vogelzug als Strategie zur Überdauerung der nahrungsarmen Winter in den Brutgebieten erläutern? *(Seite 118)*
3. verschiedene Flugformationen bei Zugvögeln wie Kette, Reihe, Staffel, Keil oder Schwarm unterscheiden? *(Seite 118)*
4. bei Zugvögeln zwischen Tagziehern und Nachtziehern unterscheiden und entsprechende Orientierungsmöglichkeiten wie Gestirne, Sonne oder Magnetfeld nennen? *(Seite 119)*
5. die Vogelberingung oder über Satelliten geortete Sender als Methoden bei der Erforschung des Vogelzugs erläutern? *(Seite 119)*
6. Zugvögel, Standvögel und Strichvögel als jeweils unterschiedliche Überwinterungsstrategien bei Vögeln unterscheiden? *(Seite 120)*

Kann ich aus dem Kapitel „Vögel sind Wirbeltiere" Beispiele nennen für die Basiskonzepte:

- Struktur und Funktion?
- Information und Kommunikation?
- Reproduktion?
- Angepasstheit?

Weitere Wirbeltiere

In diesem Kapitel beschäftigst du dich mit

- dem Leben der Fische im Wasser. Du erfährst, wie sie sich fortbewegen, atmen, ihre Umwelt wahrnehmen und sich fortpflanzen.
- dem Leben der Amphibien im Wasser und an Land, mit ihrer Atmung und Fortpflanzung. Außerdem lernst du, wie man Amphibien bestimmen kann.
- den Reptilien, ihrem Körperbau, ihrer Fortpflanzung und ihrer Lebensweisen an Land.
- den Merkmalen der Wirbeltiere, ihren Verwandtschaftsbeziehungen, ihrer Herkunft und ihrer Entwicklung. Außerdem erfährst du etwas über ihre ausgestorbenen Vorfahren.

01 Bachforelle in ihrem Lebensraum

Leben im Wasser

In klaren, schnell fließenden Bächen lebt die Bachforelle. Scheinbar bewegungslos steht sie in der Strömung, um dann plötzlich schnell davonzuschwimmen. Wie kann sie im Wasser leben?

KÖRPERBAU · Der Körper der Forelle gliedert sich in Kopf, Rumpf und Schwanz. Er ist seitlich abgeflacht und wird zum Kopf und Schwanz hin schmaler. Durch die *Spindelform* strömt das Wasser leichter am Körper vorbei. Dieser *stromlinienförmige* Körperbau ist kennzeichnend für die Fische.
Der Körper der Forelle ist mit zahlreichen *Schuppen* besetzt. Über den Schuppen befindet sich eine Hautschicht mit Drüsen, die einen zähen Schleim nach außen abgeben. Dieser Schleim macht die Forelle schlüpfrig und lässt sie leichter durchs Wasser gleiten. Zusätzlich schützt er den Fisch vor Krankheiten und vor zupackenden Feinden.
Wie alle Wirbeltiere besitzt auch die Forelle eine **Wirbelsäule.** Sie ist aus vielen *Wirbeln* aufgebaut und durchzieht den gesamten Rumpf. An den Wirbeln sitzen die *Rippen,* die bei den Fischen nach unten und nach oben ragen. In der Muskulatur verborgen befinden sich die *Gräten.* Gräten sind rippenartige Knochen, die nicht mit der Wirbelsäule in Verbindung stehen und dem Fischkörper zusätzliche Stabilität geben.

FORTBEWEGUNG · Aus dem Körper der Forelle ragen die **Flossen** heraus. Fischflossen bestehen aus knöchernen *Flossenstrahlen,* die durch eine Flossenhaut miteinander verbunden sind. Der Fisch kann die Flossen durch Muskeln ausbreiten und zusammen-

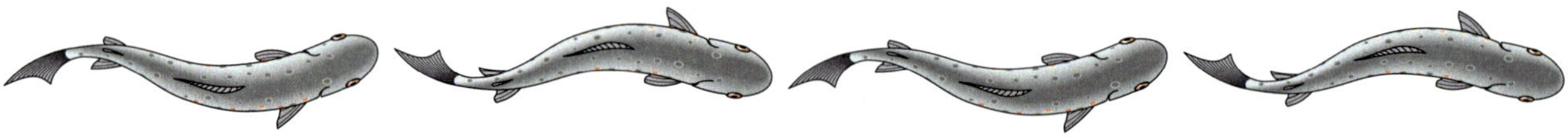

02 Schwimmende Forelle

legen. Kräftige Muskeln entlang des ganzen Körpers bewirken auch das Hin- und Herschlagen des Schwanzes mit der *Schwanzflosse*. So bewegt sich die Forelle schlängelnd vorwärts. Die paarigen *Bauch-* und *Brustflossen* dienen vor allem der Steuerung. Die *Rückenflosse* und die hinter der Afteröffnung liegende *Afterflosse* wirken dagegen wie der Kiel eines Segelbootes. Sie dienen der seitlichen Stabilisierung des Fisches. Manche Fischarten, wie die Forelle, haben zusätzlich noch eine *Fettflosse* zwischen Rücken- und Schwanzflosse. Im Inneren ihres Körpers besitzen Fische eine **Schwimmblase.** Mit dieser gasgefüllten Blase können sie in verschiedenen Wassertiefen ohne Flossenbewegungen schweben.

SINNESORGANE · An der Seite des Forellenkörpers zieht sich eine feine Linie entlang, die **Seitenlinie.** Mit diesem Sinnesorgan nehmen die Fische kleinste Wasserströmungen in ihrer Umgebung wahr. Auf diese Weise können heranschwimmende Feinde oder Hindernisse auch in der Dunkelheit oder in trübem Wasser erkannt werden. Die Forelle hat noch weitere gut ausgebildete Sinne. Mit dem großen Blickfeld ihrer *Augen* können Fische gleichzeitig nach hinten und nach vorne sehen. Geruchsstoffe im Wasser werden über die *Nase* wahrgenommen. *Geschmacksknospen* sind über den ganzen Fischkörper verteilt, die meisten liegen jedoch im Bereich des Mauls. Das *Gehör* sitzt geschützt in der Schädelhöhle und hat keine Verbindung nach außen. Manche Fischarten besitzen sogar *elektrische Organe,* mit denen sie im trüben Wasser Beute wahrnehmen, sich orientieren oder sich durch Stromschläge verteidigen können.

ERNÄHRUNG · Die Forelle ernährt sich von Insekten, Jungfischen und anderen Kleintieren. Größe und Form des Mauls der Fische ist dabei an die bevorzugte Nahrung angepasst. So haben pflanzenfressende Fische meist ein kleines Maul und kurze Zähnchen, während räuberisch lebende Fische ein großes Maul mit langen Zähnen besitzen. Fische, die sich hauptsächlich von Pflanzen ernähren, werden **Friedfische** genannt. Im Gegensatz dazu leben **Raubfische** ausschließlich von tierischer Nahrung.

1 Nenne die Flossen eines Fisches und beschreibe jeweils ihre Aufgabe!

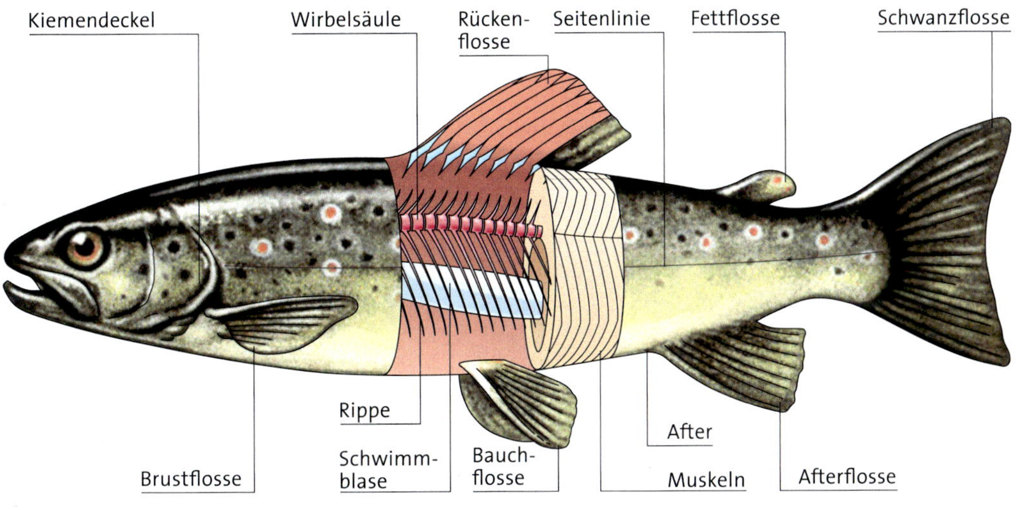

03 Körperbau der Forelle

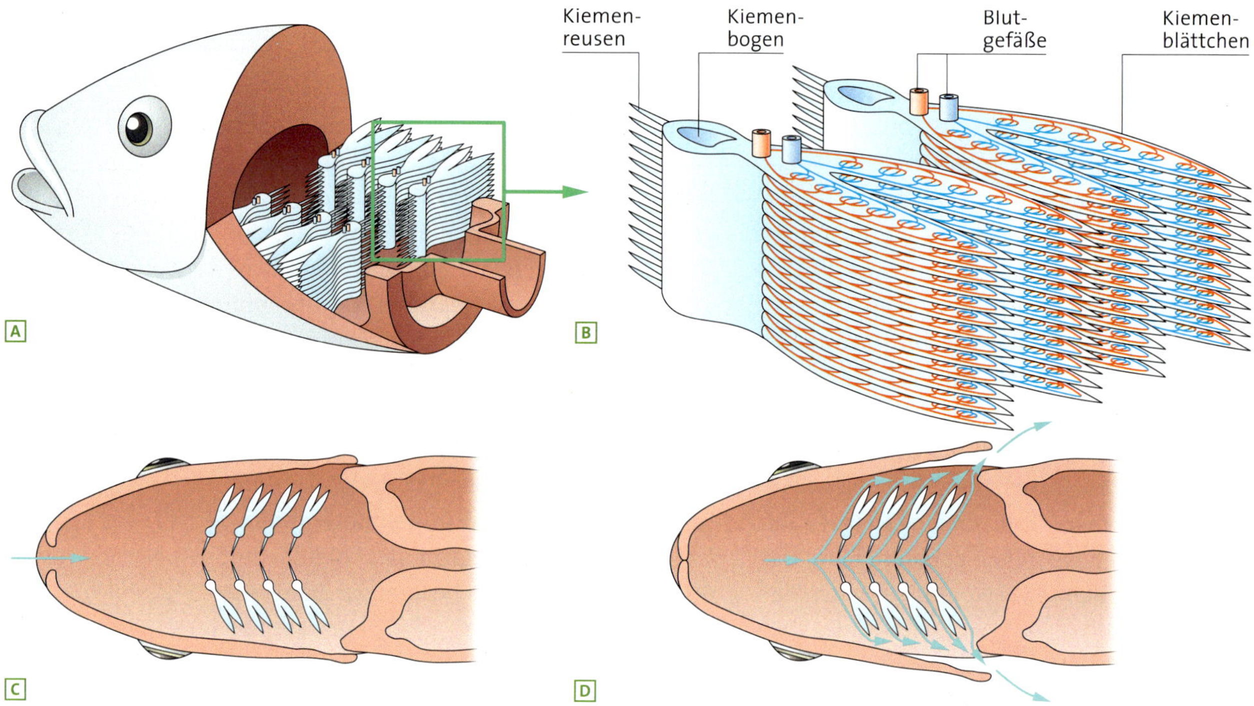

04 Kiemen der Forelle: **A** Lage, **B** Bau, **C** Einatmen, **D** Ausatmen

ATMUNG · Fische atmen mit **Kiemen.** Die Kiemen liegen an den Seiten des Kopfes und sind durch einen harten *Kiemendeckel* geschützt. Die Kiemen bestehen aus jeweils vier knöchernen *Kiemenbögen.* An jedem Kiemenbogen sitzen die *Kiemenreusen* und die *Kiemenblättchen.* Die Kiemenreusen dienen als Filterapparat, der Schmutzteilchen von den Kiemenblättchen fernhält. Mit den dünnhäutigen und sehr stark durchbluteten Kiemenblättchen findet ein Austausch von Sauerstoff und Kohlenstoffdioxid zwischen Wasser und Blut statt. Zum *Einatmen* öffnet der Fisch bei geschlossenen Kiemendeckeln sein Maul und saugt Wasser ein. Beim *Ausatmen* presst er das Wasser an den Kiemen vorbei durch die geöffneten Kiemendeckel nach außen.

FISCHGRUPPEN · Nicht alle Fische haben ein Knochenskelett. Bei den *Haien* und *Rochen* besteht das Skelett aus Knorpelsubstanz, sie gehören daher zu den **Knorpelfischen.** Knorpelfische haben keinen Kiemendeckel. Bis auf wenige Ausnahmen kommen die Knorpelfische nur im Meer vor.

Alle anderen Fische gehören zu den **Knochenfischen.** Die Knochenfische sind mit über 20000 Arten die weitaus größte Gruppe aller Wirbeltiere. Ihr Skelett besteht aus Knochen und ihre Kiemen sind von einem Kiemendeckel bedeckt.

2 Nenne fünf Angepasstheiten eines Fisches an das Leben im Wasser!

3 Erläutere, weshalb Kiemen dünn und gut durchblutet sein müssen!

4 Beschreibe mithilfe der Abbildung 04, wie ein Fisch atmet!

Material A ▸ Flossen

A1 Vergleiche die Flossen des Hechts (A), des Karpfens (B) und des Aals (C)!

A2 Beschreibe die Körperform der drei Fische! Stelle Vermutungen an, wie Körperform, Anordnung der Flossen und Lebensweise der Fische zusammenhängen!

A3 Informiere dich über die drei Fischarten in Lexika, Tierbüchern oder Internet! Erstelle für eine der drei Fischarten einen Steckbrief in deiner Biologiemappe!

Material B ▸ Körperform

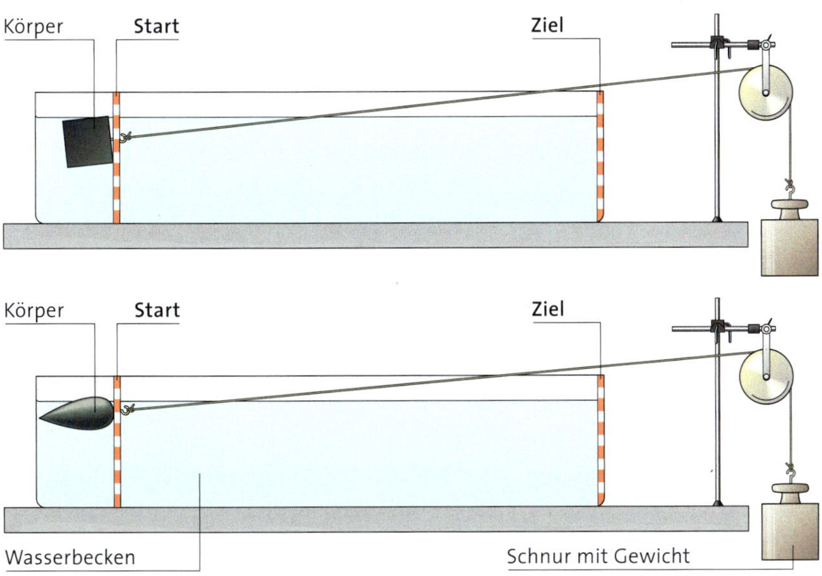

Zugrichtung ⟶	Zeit
spindelförmiger Körper	4 s
Zylinder	7 s
Tropfenform	6 s
Tropfenform	5 s
Würfel ■	10 s

In einem Versuch werden fünf gleich schwere, aber unterschiedlich geformte Körper an einer Schnur durch ein Wasserbecken bewegt. Die Zeit, die der jeweilige Körper vom Start bis zum Ziel benötigte, ist in der Tabelle angegeben.

B1 Erstelle ein Versuchsprotokoll! Nimm dazu Seite 14 zu Hilfe!

B2 Beschreibe und erkläre die Ergebnisse des Versuchs!

B3 Stelle den Zusammenhang zwischen diesem Versuch und der Körperform von Fischen dar!

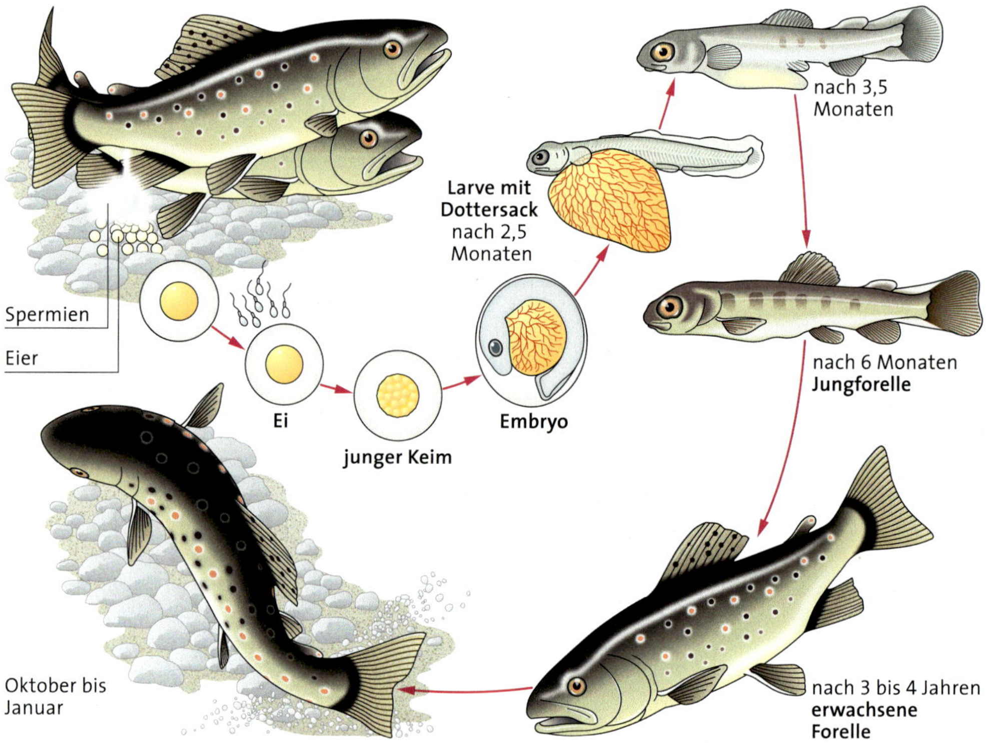

01 Fortpflanzung und Entwicklung der Forelle

Fortpflanzung und Entwicklung bei Fischen

Im späten Herbst schlägt das Forellenweibchen mit seinem Schwanz eine Grube in das Kiesbett eines Baches. Dort legt sie viele Hunderte von Eiern ab. Wie werden aus den Eiern kleine Forellen?

FORTPFLANZUNG UND ENTWICKLUNG · Zur Fortpflanzungszeit finden sich Männchen und Weibchen zur Paarung zusammen. Während der Paarung legt das Forellenweibchen die nur wenige Millimeter großen Eizellen, den *Laich,* unbefruchtet ins Bachbett. Unmittelbar danach wird der Laich von den Spermienzellen des Forellenmännchens befruchtet. Die Befruchtung findet außerhalb des Körpers statt, man nennt diesen Vorgang daher **äußere Befruchtung.** Nach der Befruchtung bedeckt das Weibchen die *Laichgrube* mit Kies und überlässt die Eier sich selbst. Im befruchteten Ei entwickelt sich der **Embryo.** Nach ungefähr zwei Monaten schlüpfen im Frühjahr aus den Eiern die nur 10 bis 20 Millimeter großen **Larven.** Eine Forellenlarve ist fast durchsichtig und trägt am Bauch einen Teil des Eis, den gelben *Dottersack.* In Lücken zwischen den Kieselsteinen des Bachbetts lebt sie ungefähr drei Wochen lang und ernährt sich nur vom Dottersack. Erst wenn der Dottersack aufgebraucht ist, verlässt der Jungfisch die Kieslücken und sucht im Bach nach Nahrung wie Insektenlarven und anderen Kleintieren. Am Ende des ersten Jahres ist die Jungforelle auf 10 bis 12 Zentimeter herangewachsen. Im Alter von zwei bis vier Jahren und mit einer Größe von ungefähr 30 Zentimetern ist die Forelle geschlechtsreif und kann sich fortpflanzen.

BRUTPFLEGE · Viele Fischarten kümmern sich auch nach der Befruchtung um ihre Eier, Larven oder Jungfische, sie betreiben *Brutpflege*. Ein Beispiel dafür ist der **Stichling.** Dieser kleine Fisch lebt unter anderem in krautreichen Seen und Tümpeln des Flachlandes. Im späten Frühjahr beginnt das Stichlingsmännchen ein *Revier* abzugrenzen. Es benutzt dazu kleine Wurzeln, Steine oder Bodenunebenheiten, die als Grenzmarkierungen dienen. Dann hebt es mit dem Maul eine flache Grube im Boden aus. In diese Grube baut es ein *Nest* aus Pflanzenteilen. Kommt ein Weibchen in die Nähe des Nestes, beginnt das Männchen zu werben. Durch auffällige Zickzackbewegungen lockt es das Weibchen zum Nest. Daraufhin legt das Weibchen die Eier ins Nest und das Männchen kann den Laich besamen. Nach der Befruchtung bewacht das Männchen den Laich, vertreibt Feinde und fächelt den Eiern mit seinen Flossen frisches Wasser zu. Nach wenigen Tagen schlüpfen die Jungfische. In ihren ersten Lebenstagen werden sie vom Vater umsorgt, bis sie schließlich das Nest verlassen.

02 Dreistachliger Stichling (Männchen)

WANDERUNG · Der **Lachs** laicht in den oberen Bereichen schnell fließender Bäche. Wenn die Junglachse wenige Jahre alt sind, wandern sie flussabwärts bis ins Meer. Sobald sie nach ein bis drei Jahren im Meer geschlechtsreif sind, kehren sie in ihr Geburtsgewässer zurück, um sich dort zu paaren. Den Weg finden sie mithilfe ihres sehr gut ausgeprägten Geruchssinnes. Bei ihrer Wanderung flussaufwärts können sie sogar Stromschnellen und kleine Wasserfälle springend überwinden. Während der Wanderung nehmen die Tiere keine Nahrung zu sich. Nach der Paarung sterben die meisten Lachse an Erschöpfung, nur wenige Tiere kehren erneut ins Meer zurück.

03 Wandernde Lachse

Auch **Aale** wandern. Die Jungtiere schlüpfen im Atlantik und wandern von dort in die Flüsse. Erst als geschlechtsreife Tiere kehren sie ins Meer zurück, um sich fortzupflanzen.

1 Beschreibe, wie sich die Forelle fortpflanzt!

2 Stelle Vermutungen an, welche Vorteile und Nachteile die Brutpflege für den Stichling haben kann! Begründe deine Aussagen!

METHODE

Sezieren

Wenn der Körper eines Lebewesens geöffnet wird, um den inneren Bau zu untersuchen, spricht man vom ***Sezieren.***

Material:
Wanne oder Schale, spitze Schere, Lupe, Sonde, Pinzette, Forelle

Durchführung:
Lege den Fisch so auf die Unterlage, dass sein Kopf nach links zeigt. Skizziere den Fisch und beschrifte auf deiner Zeichnung die verschiedenen Flossen, das Maul, die Augen, die Nasenöffnung, den Kiemendeckel, die Seitenlinie und den After. Achte beim Öffnen der Körperhöhle immer darauf, die Schere möglichst flach zu halten, damit die inneren Organe des Fisches nicht zerstört werden.

Schnitt 1: Setze die Schere am After des Fisches an. Stich hinein und schneide entlang der Bauchseite nach vorne bis zum Ansatz der Brustflosse.

Schnitt 2: Schneide am Rand des Kiemendeckels entlang so weit wie möglich zum Rücken hinauf.

Schnitt 3: Schneide vom After ebenfalls so weit wie möglich nach oben.

Schnitt 4: Nun klappe den entstandenen Körperlappen nach oben und schneide ihn ab.

Schnitt 5: Zum Schluss entferne vorsichtig den knöchernen Kiemendeckel, ohne die darunter, liegenden Kiemen zu verletzen.

Nach dem Öffnen des Körpers erkennst du die Kiemenhöhle mit den Kiemenbögen und den feinen roten *Kiemenblättchen.* Im unteren Bereich des Körpers liegt direkt hinter den Kiemen das relativ kleine *Herz.* Hinter den Kiemen sieht man auch die Speiser*öhre,* die in den langgestreckten Magen übergeht. Auf den Magen folgt der Darm, der schließlich in der *Afteröffnung* mündet. Unter dem Magen liegt die bräunliche *Leber.* Im oberen Teil der Körperhöhle befindet sich die große, silbrig glänzende Schwimmblase. Zwischen Darm und *Schwimmblase* liegt beim Männchen der milchig weiße *Hoden.* An der gleichen Stelle findest du beim Weibchen den rötlichen *Eierstock.*

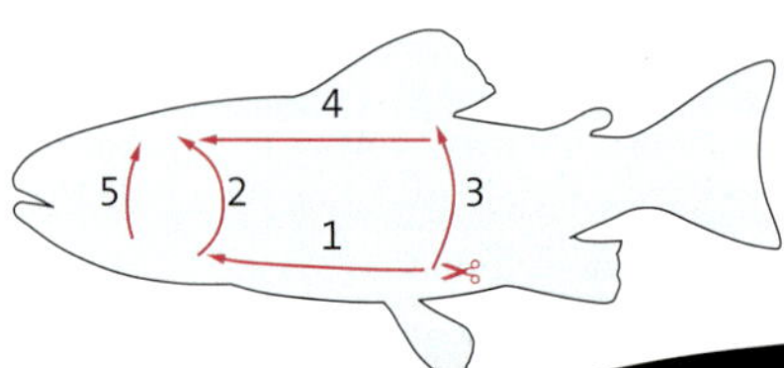

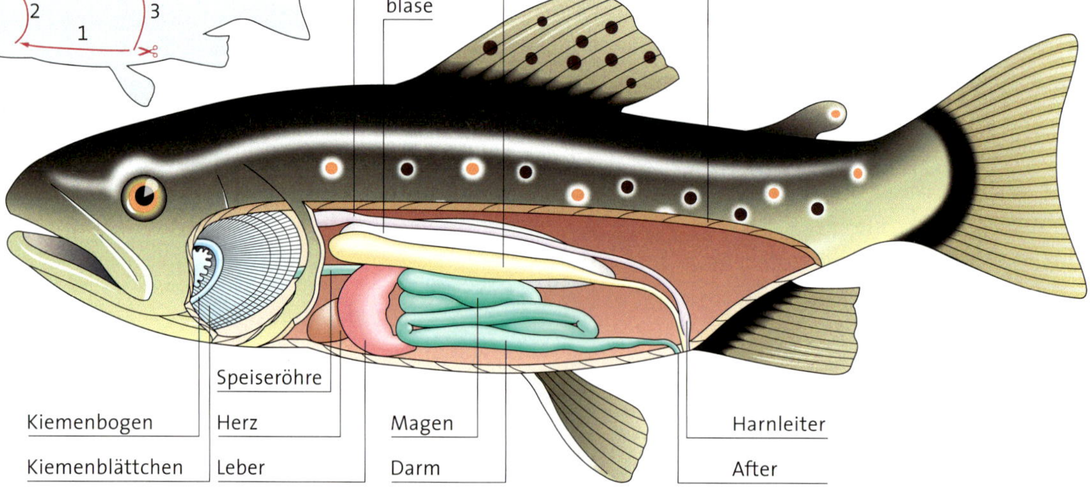

Material A ▸ Entwicklung der Forelle

A1 Beschreibe die Entwicklung vom Ei zum Jungfisch!

A2 Miss die Größe der Larven in den Abbildungen B, C und D und veranschauliche das Wachstum in einem Säulendiagramm (Hochachse: Größe in Millimeter, Rechtsachse: Alter in Tagen)! Bestimme auch die Größe des Eies!

A3 Erkläre, wie und wodurch sich die Größe des Dottersackes im Laufe der Entwicklung verändert! Nimm auch die Abbildung 01 auf Seite 130 zu Hilfe!

Material B ▸ Wanderung der Aale

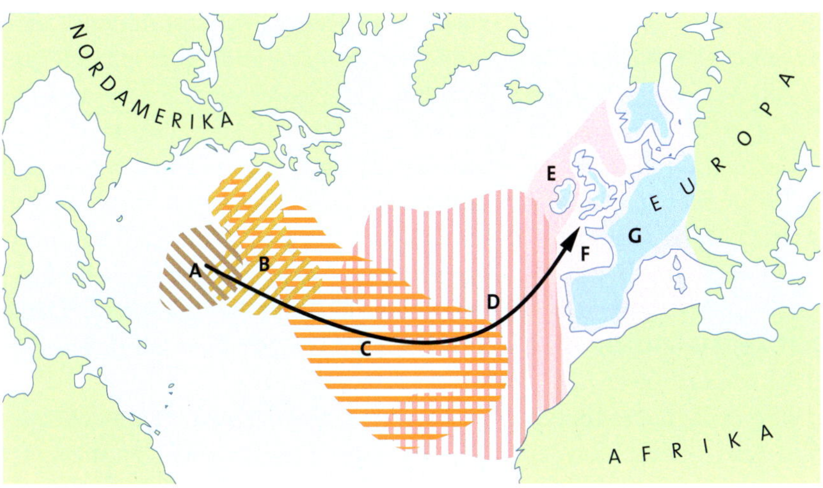

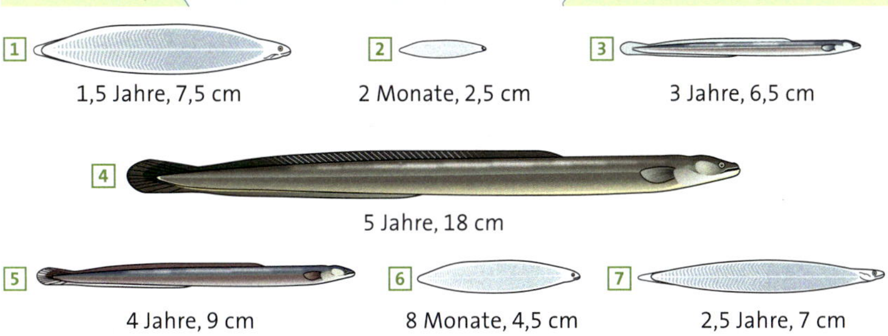

Das Laichgebiet des Europäischen Aals befindet sich in der *Sargassosee* vor der nordamerikanischen Küste. Von dort wandern die frisch geschlüpften Larven Richtung Europa. Als fast durchsichtige *Glasaale* leben sie bis zu drei Jahre, bevor sie Form und Farbe verändern und die Flüsse Europas hinaufsteigen. Die erwachsenen Aale leben sechs bis zehn Jahre in den Flüssen. Zur Laichzeit kehren sie dann in die Sargassosee zurück, pflanzen sich fort und sterben.

B1 Ordne die abgebildeten Aale den in der Karte angegebenen Gebieten zu!

B2 Stelle Vermutungen an, welchen Gefahren Aale und Lachse auf ihren Wanderungen ausgesetzt sind!

01 Springender Teichfrosch

Leben im Wasser und an Land

Am Rand von Gewässern kann man im Frühling und Sommer Frösche beobachten. Sie schwimmen und tauchen, aber sie sitzen und bewegen sich auch am Ufer. Solche Tiere, die im Wasser und an Land leben, nennt man Amphibien oder Lurche. Wie schaffen es die Frösche, in beiden Lebensbereichen zurechtzukommen?

griechisch amphi und bios = beidlebig

KÖRPERBAU UND FORTBEWEGUNG · Mit seinen sehr kräftigen Hinterbeinen stößt sich der Frosch im Wasser ab. Dabei spreizt der Frosch seine fünf Zehen, sodass die dazwischenliegenden Schwimmhäute eine große Fläche bilden. So kann er mit den Hinterfüßen viel Wasser verdrängen. An Land kann der Frosch mit den muskulösen Hinterbeinen weit springen. Die Landung auf dem Boden fängt er mit den Vorderbeinen und seinem stark ausgebildeten **Schultergürtel** ab, der mit der Wirbelsäule verbunden ist. Da alle Amphibien eine Wirbelsäule besitzen, gehören sie zu den **Wirbeltieren.**

ERNÄHRUNG UND KÖRPERTEMPERATUR · Der Teichfrosch ernährt sich von Insekten,

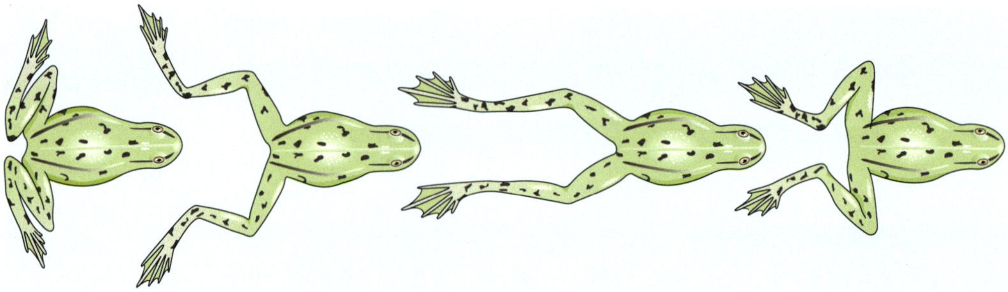

02 Schwimmender Teichfrosch

Spinnen, Würmern und anderen kleinen Tieren. Er fängt seine Beute häufig im Sprung mit dem breiten Maul. Meistens schleudert er blitzschnell seine klebrige Zunge heraus. Mit dieser **Schleuderzunge** zieht er seine Beute ins Maul und verschluckt sie unzerkaut, denn er hat keine Zähne. Frösche können keine eigene Körperwärme erzeugen. Deshalb ist ihre Körpertemperatur immer genauso hoch wie die der Umgebung. Wie alle Amphibien sind sie **wechselwarme Tiere.** Bei sinkender Umgebungstemperatur, im Herbst, bewegt sich der Teichfrosch immer langsamer. Er sucht sich dann im Bodenschlamm eines Gewässers einen sicheren Ort zum Überwintern. In **Winterstarre** verbringt er dort, geschützt vor Feinden, die kalte Jahreszeit. Da er sich in dieser Zeit kaum bewegt, benötigt er nur wenig Sauerstoff.

ATMUNG · Wie alle Amphibien können Teichfrösche sehr lange tauchen. Die Haut des Teichfrosches ist sehr dünn. So kann Sauerstoff aus der Luft, aber auch aus dem Wasser in den Körper eindringen. Eine solche Atmung bezeichnet man als **Hautatmung.** Diese ist aber nur möglich, wenn die Haut feucht ist. Schleimdrüsen geben der Haut einen ständigen, feinen, feuchten Überzug. Um zu vermeiden, dass die Haut austrocknet, suchen Amphibien außerhalb des Wassers feuchte Stellen auf. Amphibien sind **Feuchtlufttiere.** Die Haut des Teichfrosches ist sehr gut durchblutet. Das Blut nimmt den eingedrungenen Sauerstoff auf, verteilt ihn in alle Bereiche des Körpers und gibt Kohlenstoffdioxid aus dem Körper ab. Der Teichfrosch hat aber auch Lungen, mit denen er den Sauerstoff der Luft in seinen Körper aufnehmen kann. Amphibien sind „Doppelatmer“ mit Lungen- und Hautatmung.

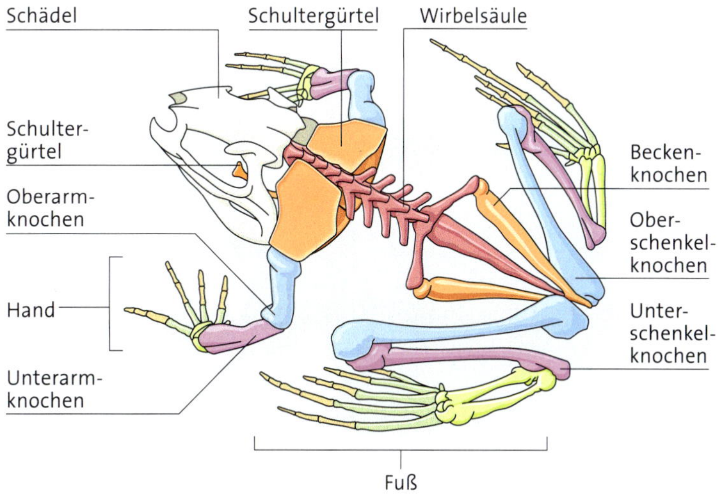

03 Skelett des Frosches

04 Teichfrosch beim Beutefang

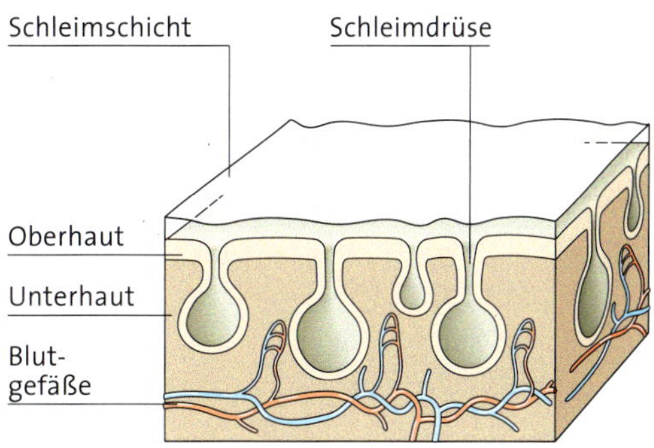

05 Aufbau der Haut eines Frosches (Schema)

1 Erkläre, weshalb ein Frosch nicht längere Zeit in trockener Umgebung leben kann!

2 Begründe, weshalb Amphibien weniger Nahrung benötigen als Säugetiere!

3 Erläutere, weshalb Frösche in Winterstarre fallen!

METHODE

Bestimmungsschlüssel

Wenn Biologen eine Pflanze oder ein Tier bestimmen wollen, verwenden sie einen Bestimmungsschlüssel. Dabei wird fortlaufend jeweils ein Merkmal betrachtet. Hier im Beispiel beginnt man mit dem Merkmal Schwanz. Wenn er vorhanden ist, gehört das Tier zu den Schwanzlurchen, fehlt er, ist das Tier ein Froschlurch. Nun muss man entscheiden, ob der Bauch Flecken hat oder nicht. So geht es weiter, bis der richtige Name für die Art oder die Gruppe gefunden ist.

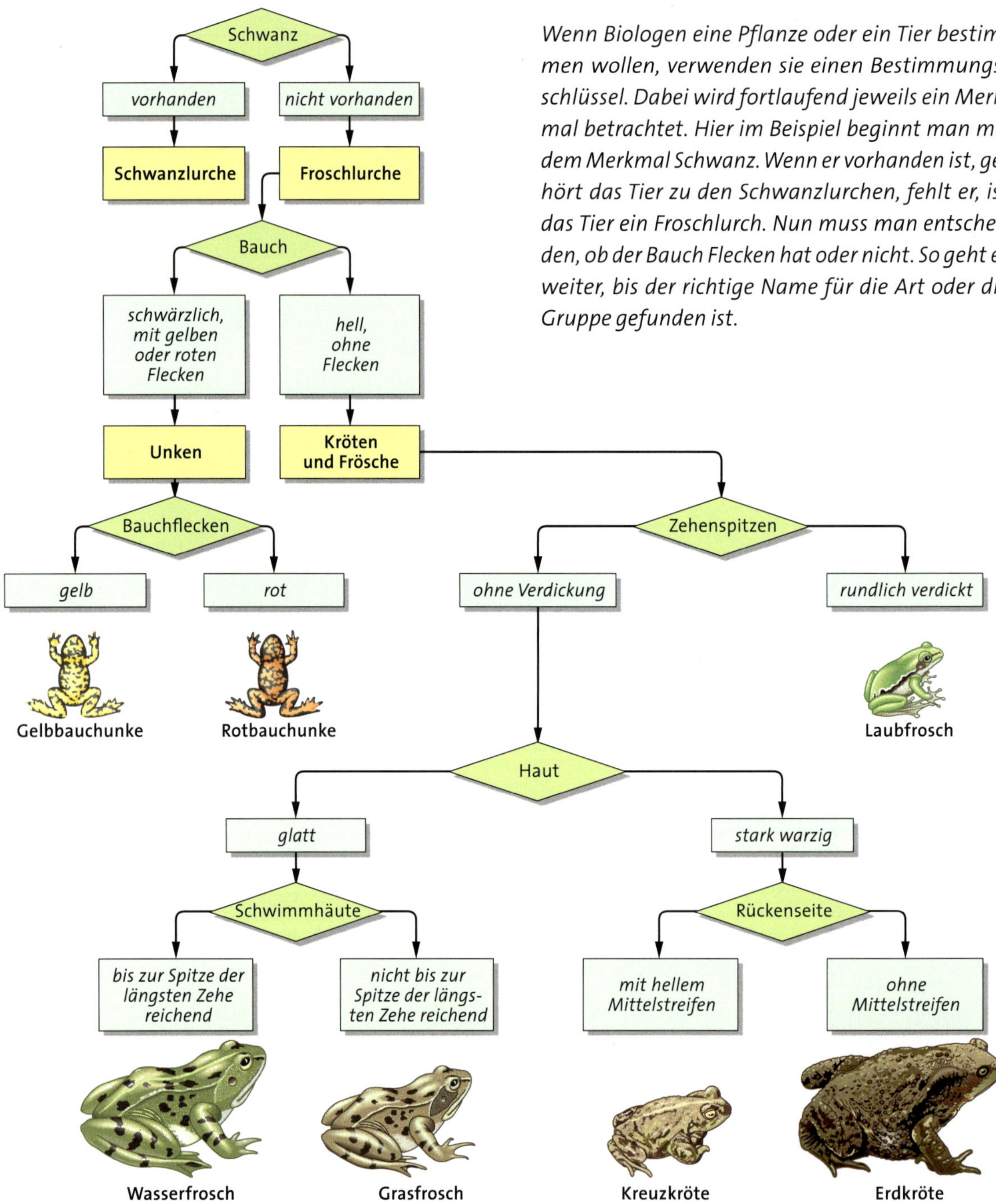

Material A ▸ Körpertemperatur

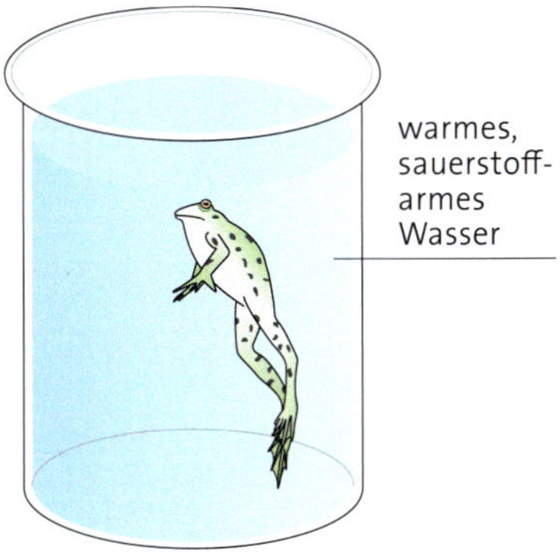

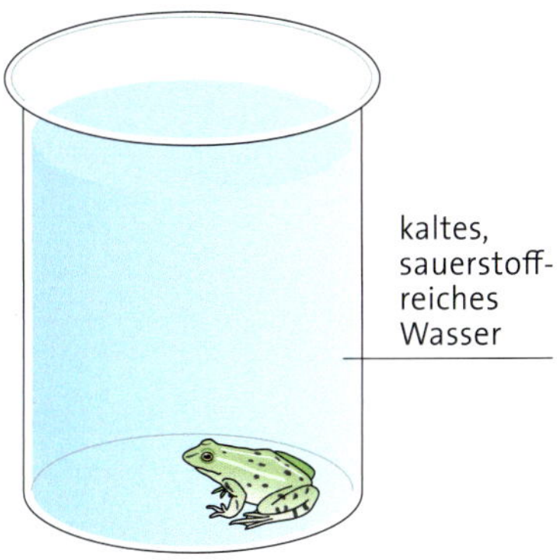

A1 Erstelle ein Versuchsprotokoll zu dem in der Abbildung dargestellten Experiment!

A2 Erkläre das Verhalten des Frosches im Experiment bei unterschiedlicher Temperatur!

Material C ▸ Bestimmungsschlüssel für Amphibien

Ausschnitt aus einem Bestimmungsbuch für einheimische Amphibien			
1	mit Schwanz; Vorder- und Hinterbeine gleich lang	(Schwanzlurche)	weiter bei 2
1*	ohne Schwanz; Hinterbeine viel länger und kräftiger als Vorderbeine	(Froschlurche)	weiter bei 6
2	Schwanz abgeflacht	(Molche)	weiter bei 3
2*	Schwanz rund	(Salamander)	weiter bei 5
3	Bauch orange, ohne schwarze Flecken		Bergmolch
3*	Bauch orange, mit schwarzen Flecken		weiter bei 4
4	Kehle weißlich orange mit schwarzen Flecken		Teichmolch
4*	Kehle dunkel mit kleinen weißen Flecken		Kammmolch
5	Körper einfarbig schwarz		Alpensalamander
5*	Körper schwarz mit großen gelben Flecken		Feuersalamander

A

B

C

D

C1 Erstelle in deiner Biologiemappe einen Bestimmungsschlüssel! Nimm Seite 136 zu Hilfe!

C2 Ordne den vier abgebildeten Arten mithilfe des Bestimmungsschlüssels die richtigen Artbezeichnungen zu!

Material B ▸ Atmung

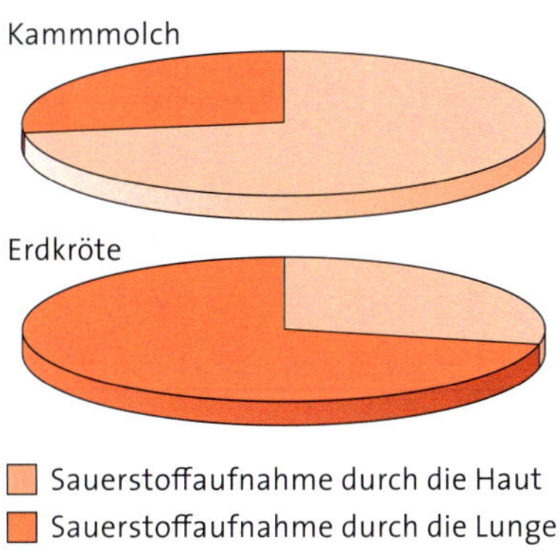

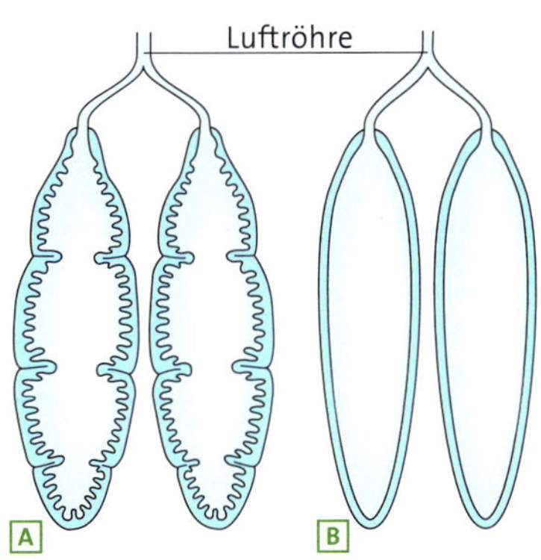

B1 Aus dem Tortendiagramm lässt sich ablesen, wie hoch der Anteil an Sauerstoff ist, den eine Molchart und eine Froschart über die Haut und über die Lunge aufnehmen. Daneben sind Zeichnungen der Lungen abgebildet. Ordne die Lungen dem Molch oder dem Frosch zu! Begründe deine Zuordnung!

01 Quakende Teichfrösche

Fortpflanzung und Entwicklung bei Froschlurchen

Im März, wenn die Tage wärmer werden, erwachen die Teichfrösche aus ihrer Winterstarre. Ab April kann man das laute Quaken der Männchen hören. Wozu dient dieses Froschkonzert?

PAARUNG · Zur Paarungszeit locken die Männchen der Teichfrösche mit ihren Rufen die Weibchen an. Zwei seitlich am Kopf liegende Schallblasen verstärken das Quaken. Jede Froschart hat einen eigenen Paarungsruf. Das stellt sicher, dass nur Männchen und Weibchen derselben Art zueinander finden. Das Männchen steigt bei der Paarung auf den Rücken des Weibchens und klammert sich mit den Vorderbeinen fest. Sobald das Weibchen seine Eizellen, den *Laich*, im Wasser abgelegt hat, ergießt das Männchen seine Spermienzellen darüber. Spermienzellen und Eizellen treffen also außerhalb des Körpers aufeinander. Man spricht von einer **äußeren Befruchtung.**

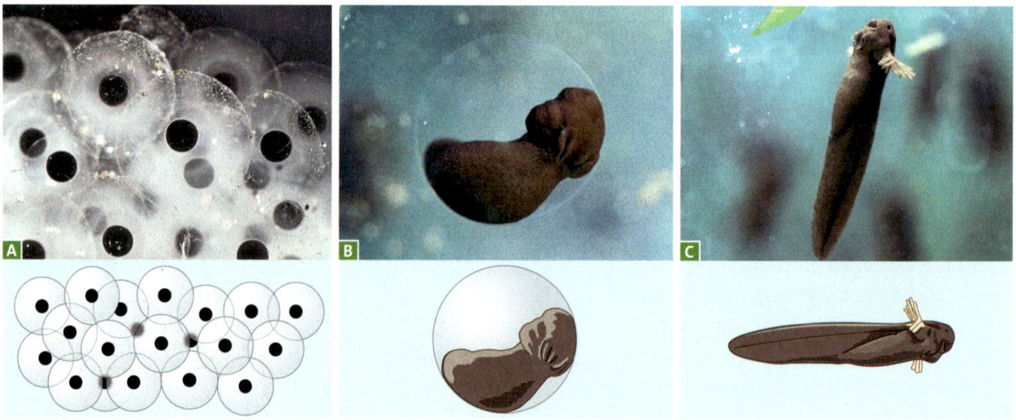

02 Entwicklung des Teichfrosches:

A Eier des Teichfrosches (1. Tag nach der Befruchtung),

B Embryo im Ei (etwa 8. Tag),

C frisch geschlüpfte Kaulquappe (etwa 12. Tag),

ENTWICKLUNG · In der durch eine Spermienzelle **befruchteten Eizelle** beginnt die Entwicklung des **Embryos.** Die Eizelle ist von einer gelatineartigen Gallerthülle umgeben. Sie dient dazu, die Sonnenstrahlen wie eine Lupe zu sammeln. Dadurch ist der Embryo immer ein wenig wärmer als die Umgebung und wächst schneller.

Nach der Entwicklung der Embryonen schlüpfen beim Teichfrosch zunächst Larven aus den Eiern, die Kaulquappen. Als Larven bezeichnet man Jugendstadien, die sich im Bau und meistens auch in ihrer Lebensweise von den erwachsenen Tieren unterscheiden. Kaulquappen leben im Wasser, bewegen sich mit dem Ruderschwanz fort und atmen durch die Haut und durch **Kiemen.** Sie ernähren sich vorwiegend von Pflanzen. Da sich der erwachsene Teichfrosch von kleinen Tieren ernährt, zum Beispiel von Insekten und Spinnen, entsteht keine Konkurrenz mit seinem Nachwuchs. Kurz nach dem Schlüpfen atmet die noch sehr junge Larve durch **äußere Kiemen.** Dieses **erste Larvenstadium** endet nach etwa 10 Tagen. Dann überwächst eine Hautfalte die Kiemen, sodass sie im Körperinneren liegen. Es entstehen Innenkiemen. Etwa 40 Tage später ist dieses **zweite Larvenstadium** abgeschlossen. Jetzt bilden sich zunächst die Hinterbeine, später auch die Vorderbeine. Die Kaulquappe schwimmt jetzt oft zur Wasseroberfläche, um Luft zu holen. Ihre Lunge beginnt zu arbeiten.

Wenn das **dritte Larvenstadium** nach etwa 20 weiteren Tagen abgeschlossen ist, spricht man vom **Jungfrosch.** Er atmet nun nicht mehr durch Kiemen, sondern durch die neu gebildete Lunge und durch die Haut. Der Ruderschwanz ist fast vollständig verschwunden, die Tiere leben an Land und bewegen sich mit ihren Beinen fort. Die Umgestaltung vom letzten Larvenstadium zum kleinen Frosch nennt man **Metamorphose.**

griechisch Metamorphose = Umgestaltung

1 Beschreibe Paarung und Befruchtung beim Teichfrosch!

2 Beschreibe Körperbau und Lebensweise der Entwicklungsstadien des Teichfrosches!

3 Nenne Bedingungen, die für eine äußere Befruchtung erforderlich sind! Berücksichtige dabei den Bau der Eier und den Ort der Eiablage!

D zweites Larvenstadium, etwa 22. Tag,

E drittes Larvenstadium, etwa 60. Tag,

F Jungfrosch kurz nach der Metamorphose, etwa 80. Tag

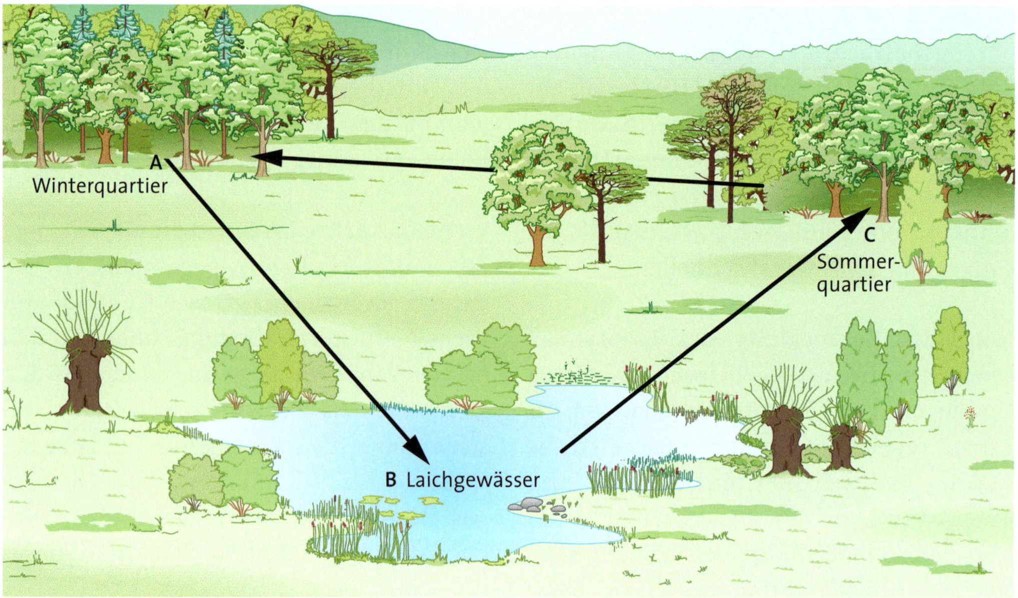

03 Wanderungen von Erdkröten

FRÜHJAHRSWANDERUNG · In den ersten warmen und feuchten Nächten des Frühjahrs beginnen die Erdkröten ihre Laichwanderung. Zunächst sind nur die Männchen unterwegs. Sie warten an übersichtlichen Stellen auf die deutlich größeren Weibchen. Kommt eines vorbei, setzt sich das Männchen auf den Rücken des Weibchens und lässt sich zum Laichgewässer tragen. Erdkröten suchen fast immer nur die Gewässer auf, in denen sie selbst als Kaulquappen gelebt haben. Sie sind **ortstreu.** Dadurch ist die Wahrscheinlichkeit für sie sehr hoch, später ein Gewässer zu finden, das sich für die Entwicklung ihrer Nachkommen eignet.

SOMMERQUARTIER · Einige Tage nach dem Ablaichen beziehen die Erdkröten ihre Sommerquartiere. Dort, in Laubwäldern, Gärten, Parks und Hecken, verstecken sie sich bei Tag und gehen nachts auf die Jagd. Häufig findet man im Juni große Mengen kleiner Kröten, die alle gleichzeitig ihr Laichgewässer verlassen und sich auf den Weg in das Sommerquartier machen. Weil man früher glaubte, sie seien vom Himmel gefallen, spricht man im Volksmund vom *Krötenregen.* Diese sehr hohe Anzahl der Nachkommen ist erforderlich, weil viele Erdkröten von ihren Feinden gefressen werden.

WINTERQUARTIER · Im Herbst verlassen die Erdkröten ihr Sommerquartier und suchen nach einem vor Frost und Feinden geschützten Platz. Wenn die Temperatur weiter sinkt, fallen sie in *Winterstarre* und überdauern so bewegungslos und ohne zu fressen die kalte Jahreszeit.

4 Beschreibe eine Landschaft, die günstige Bedingungen für Erdkröten bietet!

5 Erkläre, weshalb alle Erdkröten eines großen Gebietes aussterben können, wenn ein kleiner Tümpel zugeschüttet wird!

6 Erläutere, weshalb das Winterquartier der Amphibien frostsicher sein muss!

Material A ▸ Wanderung der Erdkröte

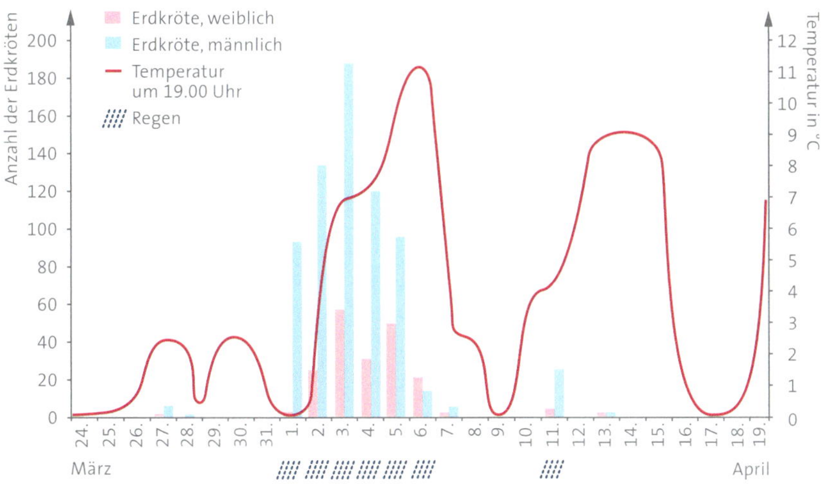

A1 Beschreibe die Bedingungen, unter denen Erdkröten ihre Laichwanderung im Frühjahr beginnen! Erläutere, welche Vorteile damit verbunden sind!

A2 Erkläre, weshalb die Männchen früher wandern als die Weibchen!

Material B ▸ Entwicklung des Teichmolchs

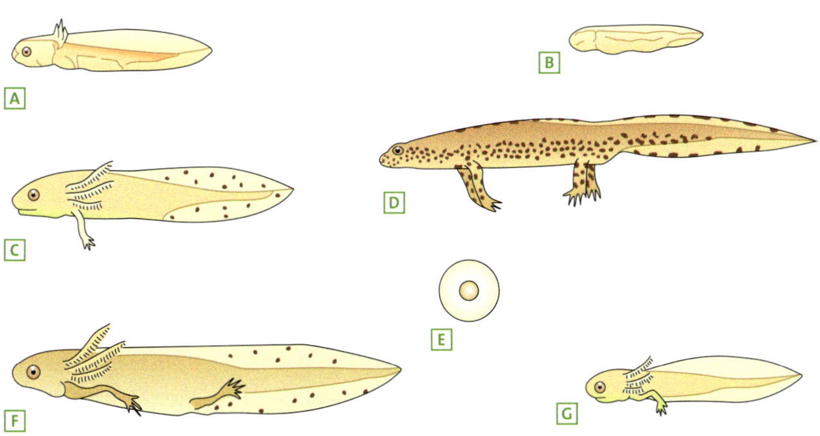

B1 Ordne die in der Abbildung dargestellten Entwicklungsstadien des Teichmolchs in der richtigen Reihenfolge an!

B2 Beschreibe in Stichworten die Körpermerkmale der verschiedenen Entwicklungsstadien! Vergleiche sie mit denen des Teichfrosches!

Material C ▸ Locken und Werben

C1 Erläutere die Aufgabe, die die auffälligen Ausstülpungen am Kopf der männlichen Froschlurche erfüllen!

C2 Erläutere an diesem Beispiel die Vorteile, die mit der Fähigkeit zur Information und Kommunikation innerhalb einer Tierart verbunden sind!

01 Zauneidechse beim Sonnenbad

Die Zauneidechse – Leben an Land

An warmen Sommertagen sitzt die Zauneidechse häufig auf von der Sonne erwärmten Steinen. Wozu dient dieses Verhalten der Zauneidechse?

KÖRPERTEMPERATUR · Mit ihrem abgeflachten Körper versucht die Zauneidechse, möglichst viel Sonnenwärme einzufangen. Ist der Körper aufgewärmt, ist sie besonders flink. Bei kühlem Wetter dagegen bewegt sich die Zauneidechse träge und schwerfällig. Die Körpertemperatur steigt und sinkt also mit der Umgebungstemperatur. Wegen der ständig wechselnden Körpertemperatur gehört die Zauneidechse zu den **wechselwarmen Tieren.**

lateinisch repere = kriechen

Im Winter, wenn die Außentemperatur absinkt, wird die Zauneidechse kalt und unbeweglich. Geschützt in einer Erdhöhle fällt sie in *Winterstarre.* Dabei schlägt das Herz sehr langsam und die Atmung ist stark herabgesetzt.

FORTBEWEGUNG · Die Zauneidechse besitzt wie alle **Wirbeltiere** eine Wirbelsäule. Seitlich an Schulterblättern und Beckenknochen sitzen die Knochen der kurzen Beine. Sie werden über Kreuz bewegt, was zu einer schlängelnden Bewegung des Körpers flach über dem Boden führt. Aufgrund dieses „Kriechens" wird sie als **Kriechtier** oder **Reptil** bezeichnet.

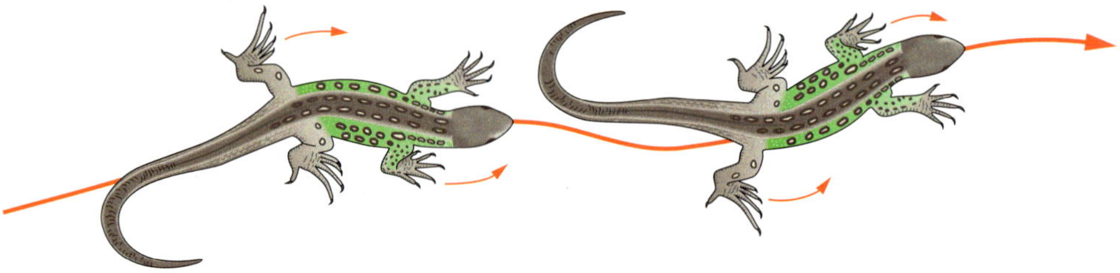

02 Fortbewegung der Zauneidechse

KÖRPERBEDECKUNG · Die Zauneidechse hat eine trockene Haut aus *Hornschuppen*. Sie schützt das Tier vor Austrocknung und Verletzung. Da die Hornschuppen beim Größerwerden der Zauneidechse nicht mitwachsen, wird der *Schuppenpanzer* zu eng. Deshalb werden die Hornschuppen von Zeit zu Zeit abgestreift. Die Zauneidechse **häutet** sich. Unter dem alten Schuppenpanzer liegen die bereits neu gebildeten Hornschuppen. Durch die Hornschuppenhaut gelangt kein Sauerstoff, weshalb die Eidechse allein auf **Lungenatmung** angewiesen ist. Die Oberfläche der Lunge ist durch viele Einfaltungen vergrößert. Über diese Oberfläche gelangt ausreichend viel Sauerstoff aus der Atemluft in den Körper.

FORTPFLANZUNG UND ENTWICKLUNG · Von Anfang bis Mitte Mai zur *Paarungszeit* ist das Männchen an den Seiten auffällig grün gefärbt. Es *wirbt* um fortpflanzungsbereite Weibchen. Trifft es ein Weibchen, läuft die *Balzhandlung* immer nach dem gleichen Muster ab. Mit trippelnden Schritten nähert sich das Männchen, um dann das Weibchen in der Schwanzmitte mit dem Maul zu greifen. Es verbeißt sich in die Flanke des Weibchens und krümmt seinen Körper, bis die beiden Kloaken übereinanderliegen. Es kommt zur **Paarung.** Die Spermienzellen werden in die Kloake des Weibchens übertragen, sodass die Eizellen im Körper des Weibchens befruchtet werden. Die Zauneidechse hat wie alle Reptilien eine **innere Befruchtung.** Die im Innern des Körpers reifenden Eizellen bilden eine feste pergamentartige Schale aus. Nach etwa vier Wochen gräbt das Weibchen an einem warmen, sandigen Platz ein Loch und legt die Eier hinein. Anschließend wird das Gelege zugescharrt und verlassen. Die Eier sind durch ihre Schale vor Austrocknung geschützt. Je stärker der Boden durch die Sonneneinstrahlung aufgewärmt wird, desto schneller werden die 5 bis 15 Eier ausgebrütet. Während dieser Zeit ernährt sich der Embryo vom Dottervorrat im Ei. Sind die kleinen Eidechsen vollständig entwickelt, ritzen sie mit dem *Eizahn* die Schale auf und schlüpfen. Die etwa fünf Zentimeter langen Jungtiere sind sofort selbstständig.

1 Beschreibe die Fortbewegung der Zauneidechse mithilfe der Abbildung 02!

2 Erläutere die Häutung der Zauneidechse!

3 Erkläre, weshalb die Weibchen der Zauneidechse ihre Eier nicht ausbrüten können!

A

B

03 Entwicklung der Zauneidechse:

A schlüpfende Zauneidechse,

B geschlüpfte Jungtiere

01 Ringelnatter bei der Jagd

Schlangen – Jäger mit besonderen Merkmalen

Langsam und lautlos schwimmt die Ringelnatter auf der Suche nach Beute im Uferbereich des Teiches. Hier fängt sie ihre bevorzugten Beutetiere: Frösche, Kröten und Fische. Wie fängt sie ihre Beute?

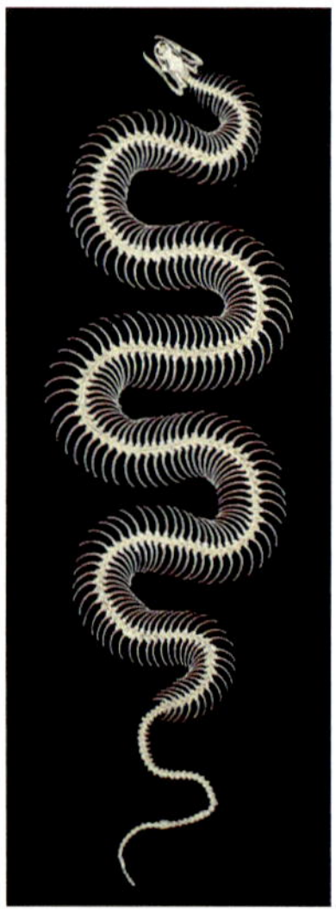

02 Skelett der Ringelnatter

SINNESORGANE · Beobachtet man eine Ringelnatter, fällt auf, dass sie immer wieder ihre tief gespaltene Zunge bei geschlossenem Maul herausstreckt, um sie gleich darauf wieder zurückzuziehen. Besonders häufig erfolgt dieses **Züngeln,** wenn die Ringelnatter Hunger hat und ein Beutetier in der Nähe ist. Mit der Zungenspitze werden Duftstoffe aus der Luft aufgenommen und an den Gaumen gedrückt. Dort liegt das Riechorgan. Auf diese Weise kann sie einen Frosch sehr gut orten. Aber erst wenn er sich bewegt, kann sie ihn erkennen. Hören kann sie ihn nicht, denn Schlangen sind taub. Ist sie nah genug an das Opfer herangekrochen, stößt sie blitzschnell nach vorne, packt das Opfer und beginnt es zu verschlingen. Wie ist das möglich, obwohl der Frosch viel größer ist als der Kopf der Ringelnatter?

KÖRPERBAU UND FORTBEWEGUNG · Die zahlreichen nach hinten gerichteten, spitzen Zähne wirken wie Widerhaken und verhindern ein Entkommen der Beute. Mit diesem **Fanggebiss** zieht sie den Frosch an Land und beginnt ihn lebendig zu verschlingen. Die Ringelnatter ist keine Giftschlange. Ein *elastisches Band* hält die zwei Hälften ihres Unterkiefers zusammen. Sie schieben sich abwechselnd über das Beutetier. Ein weiterer Knochen, das *Quadratbein,* verbindet die beiden Unterkieferhälften mit dem Schädel. Die Beweglichkeit der Schädelknochen ermöglicht es der Schlange, auch große Beutetiere zu verschlingen. Die Luftröhre mündet weit vorne im Maul. Dadurch kann die Ringelnatter beim Verschlingen der Beute ungehindert weiteratmen. Der Rumpf ist ebenfalls dehnbar, da

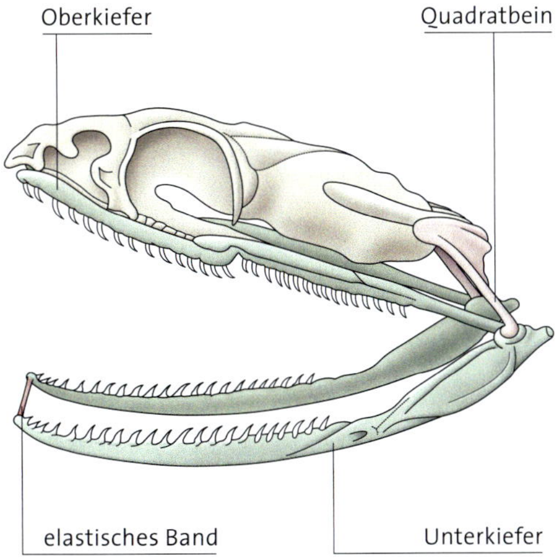

03 Schädel der Ringelnatter

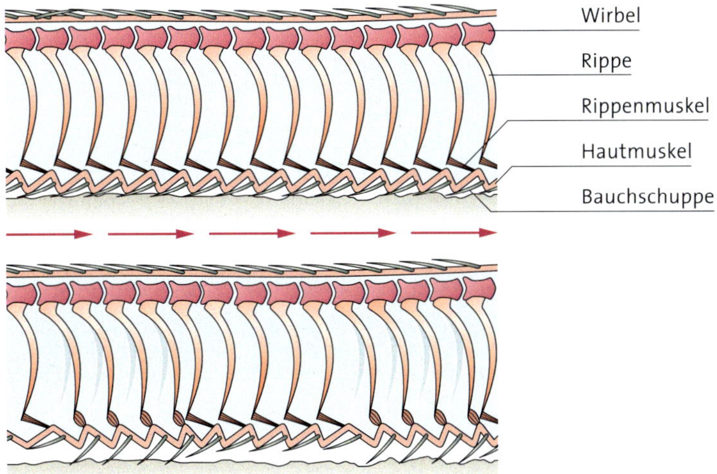

04 Fortbewegung der Ringelnatter

die Rippen nicht mit einem Brustbein verwachsen sind. Ist die Beute verschlungen, zieht sich die Ringelnatter zum Verdauen in ein Versteck zurück. Die Ringelnatter hat wie alle Schlangenarten eine sehr bewegliche Wirbelsäule. Dadurch kann sie ihren lang gestreckten Körper spiralig einrollen. So liegt die Schlange oft stundenlang in Ruhestellung. Plötzlich kriecht die Schlange mit seitlichen Schlängelbewegungen davon. Wie gelingt ihr das?
Das Rumpfskelett besteht nur aus vielen Wirbeln mit beweglichen Rippenpaaren. Die Schlange drückt sich seitlich mit starken Muskeln von Unebenheiten des Bodens ab. Unterstützt wird diese seitliche Schlängelbewegung durch die breiten, quer liegenden **Bauchschuppen.** Diese sind über die Rippenmuskeln mit den Rippen verbunden. Ziehen sich die Rippenmuskeln zusammen, werden die Rippen abgespreizt und die Bauchschuppen stemmen sich gegen den Boden. Durch das anschließende Zurückklappen der Bauchschuppen in die Ausgangslage wird der Körper der Ringelnatter nach vorne geschoben. Die Schlange gehört zu den **Kriechtieren.**

FORTPFLANZUNG UND ENTWICKLUNG · Anfang Mai paaren sich die Ringelnattern. Das Weibchen legt Ende Juli 10 bis 30 Eier in feuchtes Laub oder Komposthaufen ab, um die Wärme des verrottenden Materials zu nutzen. Nach etwa acht Wochen schlüpfen die bis zu 20 Zentimeter langen Jungtiere. Sie sind selbstständig und leben als Einzelgänger tagaktiv wie die erwachsenen Tiere bevorzugt in oder an Gewässern. Sie sind ausgezeichnete Schwimmer und Taucher. Schon nach wenigen Wochen beginnen sie sich im Ganzen zu *häuten,* da ihre trockene Hornschuppenhaut nicht mitwächst.
Im Spätherbst sinkt ihre Körpertemperatur mit der Außentemperatur ab. Die Ringelnattern suchen sich ein unterirdisches Versteck und fallen dort in *Winterstarre* bis zum Frühjahr.

1 Beschreibe, wie sich die Ringelnatter fortbewegt!

2 Beschreibe die Jagd der Ringelnatter!

3 Erkläre, wie es den Schlangen möglich ist, Beutetiere zu verschlingen, die wesentlich größer als ihr Kopf sind!

05 Kreuzotter

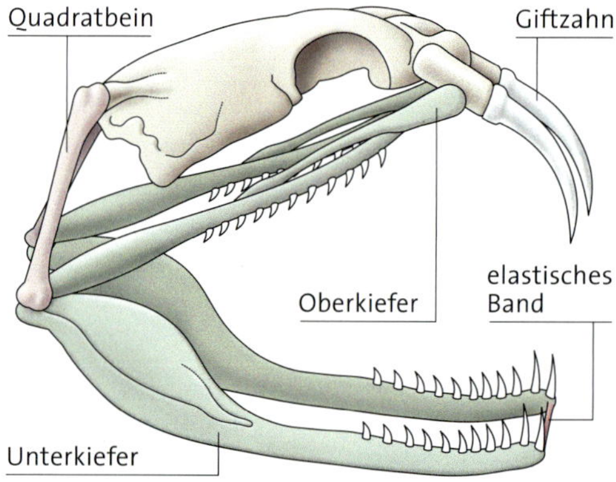

06 Schädel der Kreuzotter

KREUZOTTER · Lauernd liegt die 75 Zentimeter lange Kreuzotter im Gras und wartet züngelnd auf ein Beutetier. Ist eine Maus nah genug an sie herangekommen, stößt die Schlange blitzschnell zu. Die aufgerichteten, langen und spitzen Giftzähne bohren sich tief in das Opfer ein. Dabei spritzt die Kreuzotter ein tödlich wirkendes Gift in die Maus. Sie ist eine **Giftschlange.** Schon nach kurzer Zeit zeigt sich die Wirkung des Giftes. Züngelnd verfolgt die Kreuzotter die Spur der Maus. Hat sie die tote Maus gefunden, verschlingt sie die Beute mit dem Kopf voran im Ganzen. Das Gift der Kreuzotter ist für einen Erwachsenen nicht tödlich. Doch muss nach einem Biss sofort ein Arzt aufgesucht werden, der ein Gegenserum spritzt. So können Folgeschäden an Organen verhindert werden.

Die Anzahl der Kreuzottern ist in Mitteleuropa stark zurückgegangen. Sie stehen daher wie alle einheimischen Kriechtiere unter Naturschutz.

4 Vergleiche das Aussehen und das Jagdverhalten der Ringelnatter und der Kreuzotter! Nimm auch die Abbildungen zu Hilfe!

5 Nenne typische Reptilienmerkmale bei Schlangen!

STECKBRIEF

Europäische Sumpfschildkröte

Vorkommen: *stehende und langsam fließende Gewässer, Europa;*
Körper: *Kopf und Weichteile dunkel, mit gelben Flecken, Panzer flach, bis 25 Zentimeter lang;*
Nahrung: *Kleintiere, gelegentlich Pflanzen;*
Besonderheiten: *bis 70 Jahre alt, zahnlose Kiefer mit Hornscheiden, Gliedmaßen mit Schwimmhäuten, „vom Aussterben bedroht“*

Material A ▸ Blindschleiche

Blindschleichen sind häufig in unseren Gärten anzutreffen. Sie können nur kleine Beutetiere wie Spinnen, Asseln und Insekten fressen, da ihr Unterkieferknochen nicht in zwei bewegliche Hälften geteilt ist. Sie finden ihre Nahrung mithilfe ihres guten Seh- und Geruchssinns. Beim Züngeln muss die Blindschleiche ihr Maul öffnen. Fressfeinden können die Blindschleichen manchmal entkommen, indem sie ein Schwanzstück abwerfen. Am Skelett sind Beckenknochen zu erkennen. Die Haut wird in Fetzen abgestreift.

A1 Ordne die Blindschleiche den Eidechsen oder den Schlangen zu! Begründe deine Zuordnung!

A2 Informiere dich in Tierbüchern, Lexika oder im Internet über die Blindschleichen! Fertige einen Steckbrief an! Orientiere dich dabei an dem Steckbrief der Sumpfschildkröte!

Material B ▸ Schildkröte

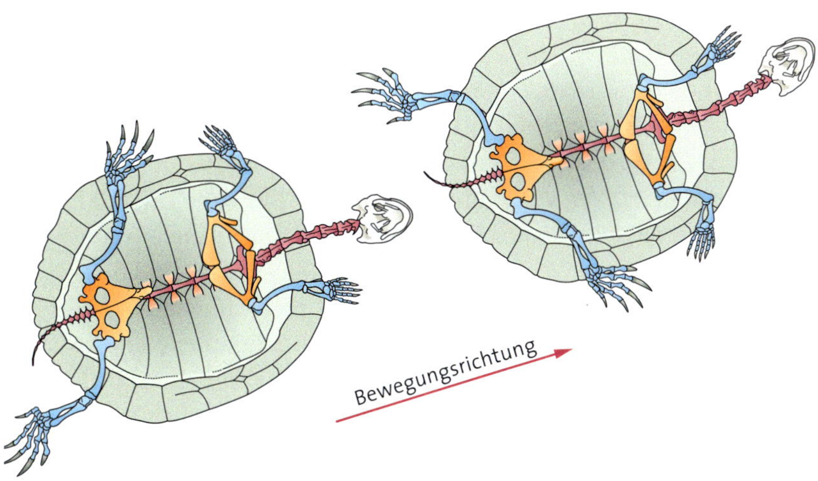

Das typische Merkmal der Schildkröte ist ihr Panzer, in den sie Kopf und Beine einziehen kann. Rücken- und Bauchpanzer sind seitlich miteinander verwachsen. Der Panzer besteht aus mehreren Platten, die sich aus einer Horn- und einer Knochenschicht zusammensetzen. Die Wirbelsäule und die Rippen sind mit dem Panzer verwachsen.

B1 Vergleiche das Skelett der Schildkröte mit dem Skelett der Zauneidechse auf Seite 145!

B2 Beschreibe die Fortbewegung der Schildkröte anhand des Skelettvergleiches!

B3 Stelle Vermutungen an, welche Probleme der Panzer bei der Atmung und dem Wachstum macht!

01 Wirbeltiere

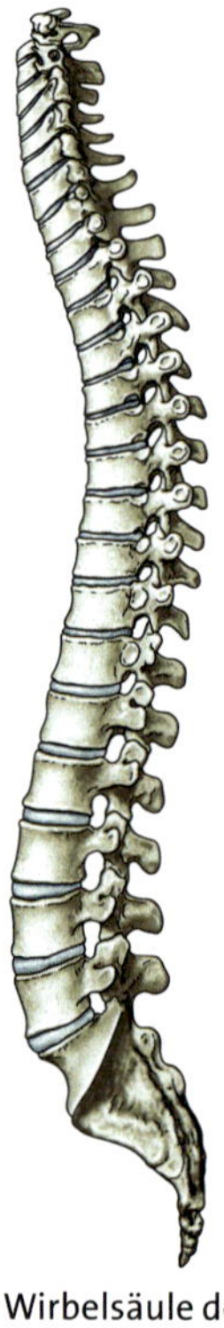

02 Wirbelsäule des Menschen

Alle Wirbeltiere sind miteinander verwandt

Wolf, Taube, Zauneidechse, Teichfrosch und Forelle weichen in ihrem Körperbau und ihrer Fortbewegungsweise stark voneinander ab. Dennoch werden sie als Vertreter der Säugetiere, Vögel, Reptilien, Amphibien und Fische alle zusammen in die biologische Verwandtschaftsgruppe der Wirbeltiere eingeordnet. Welche gemeinsamen Merkmale verbinden sie?

WIRBELSÄULE · Beim Blick auf den inneren Bau der Wirbeltiere fällt auf, dass sie alle eine *Wirbelsäule* besitzen. Diese besteht aus einzelnen Wirbelknochen und gibt dem Wirbeltierkörper seine *Stabilität*. Da alle Wirbel über Gelenke miteinander verbunden sind, ermöglicht sie auch eine hohe *Beweglichkeit*. Diese ist umso größer, je mehr Wirbel vorhanden sind: Eine Ringelnatter besitzt 230, ein Schwan 56, ein Frosch nur neun Wirbel. Mit zunehmender Größe der Wirbel erhöht sich ihre Stabilität und Tragfähigkeit: Die größten und belastbarsten Wirbel der menschlichen Wirbelsäule befinden sich im Lendenbereich, die weniger belasteten Halswirbel sind dagegen wesentlich kleiner. Die Form der Wirbelsäule steht in engem Zusammenhang mit der Fortbewegungsweise: Bei allen sich vierbeinig fortbewegenden Wirbeltieren verläuft sie als flacher Bogen. Beim zweibeinigen Menschen ist sie jedoch doppelt S-förmig gekrümmt, um Erschütterungen beim aufrechten Gehen abfedern zu können.

SKELETT UND FORTBEWEGUNG · Die Fortbewegungsmöglichkeiten der Wirbeltiere werden vor allem durch den Knochenbau der Gliedmaßen bestimmt: Die durch Knochenstrahlen versteiften flächigen Flossen ermöglichen das besonders effektive Schwimmen der Fische, das durch ihren stromlinienförmigen Rumpf zusätzlich unterstützt wird. Die seitlich vom Rumpf abstehenden Beine der Amphibien und Reptilien erlauben lediglich eine langsam kriechende Fortbewegung, während die unterhalb des Rumpfes ansetzenden Beine der Säugetiere auch sehr hohe Laufgeschwindigkeiten ermöglichen. Mithilfe ihrer zu Flügeln entwickelten Vordergliedmaßen bewegen sich die Vögel vor allem fliegend fort, was ihnen durch die extreme Leichtbauweise ihres Skeletts zusätzlich erleichtert wird.
Allen Wirbeltieren gemeinsam ist die Gliederung ihres äußeren Körperbaus in Kopf, Rumpf, zwei Paar Gliedmaßen oder Flossen.

1) Nenne für die in Abbildung 03 gezeigten Wirbeltiergruppen diejenigen Skelettmerkmale, die der Fortbewegung dienen! Ordne ihnen die genannten Fortbewegungsweisen zu!

2) Beschreibe die Gemeinsamkeiten und Unterschiede der Gliedmaßenskelette in Abbildung 03! Berücksichtige dabei Bau und Lage der einzelnen Knochen!

3) Bei manchen Wirbeltierarten bildet die über den Rumpf hinausreichende Wirbelsäule einen ausgeprägten Schwanz. Nenne aus mindestens drei verschiedenen Wirbeltiergruppen je einen derartigen Vertreter und erläutere die jeweilige Funktion seines Schwanzes!

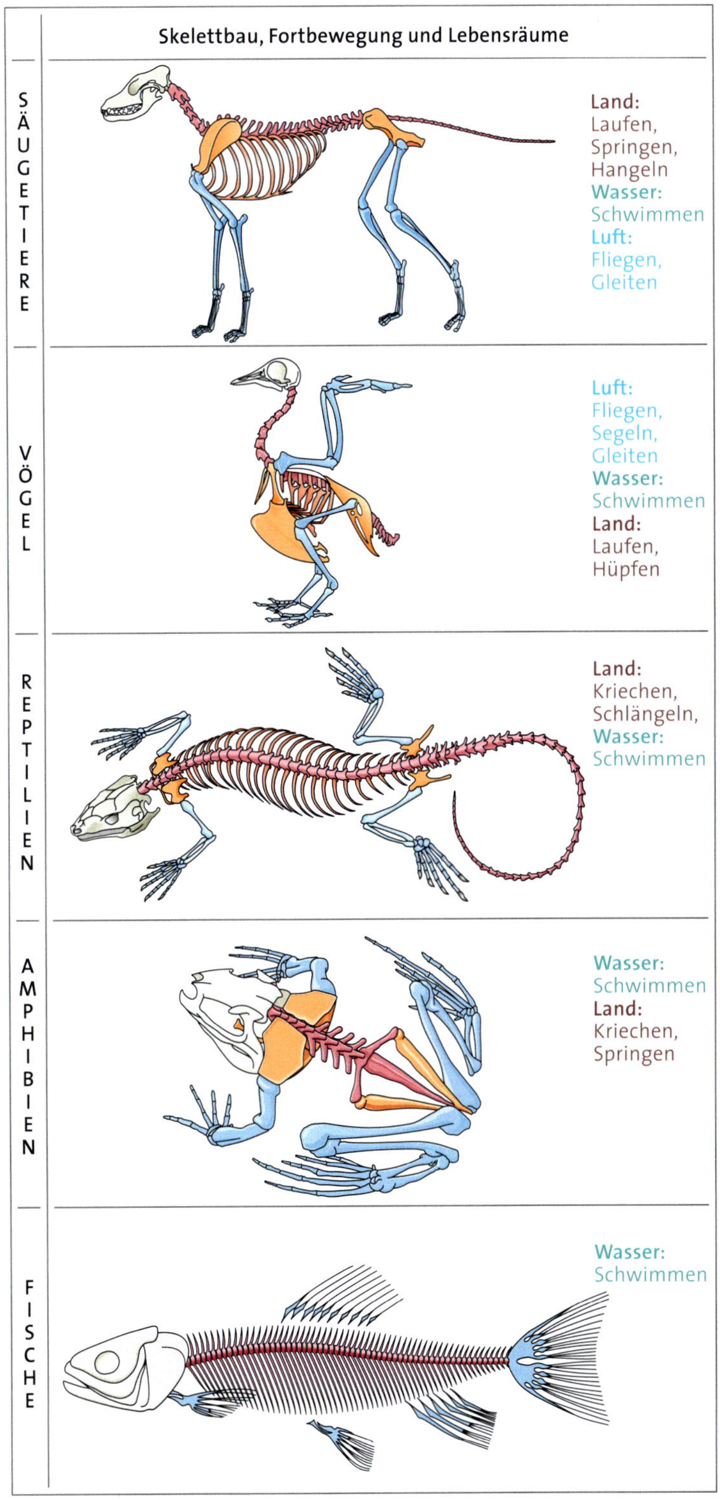

03 Merkmale der Wirbeltiergruppen im Vergleich

VERWANDTSCHAFT UND ENTWICKLUNGSGESCHICHTE DER WIRBELTIERE

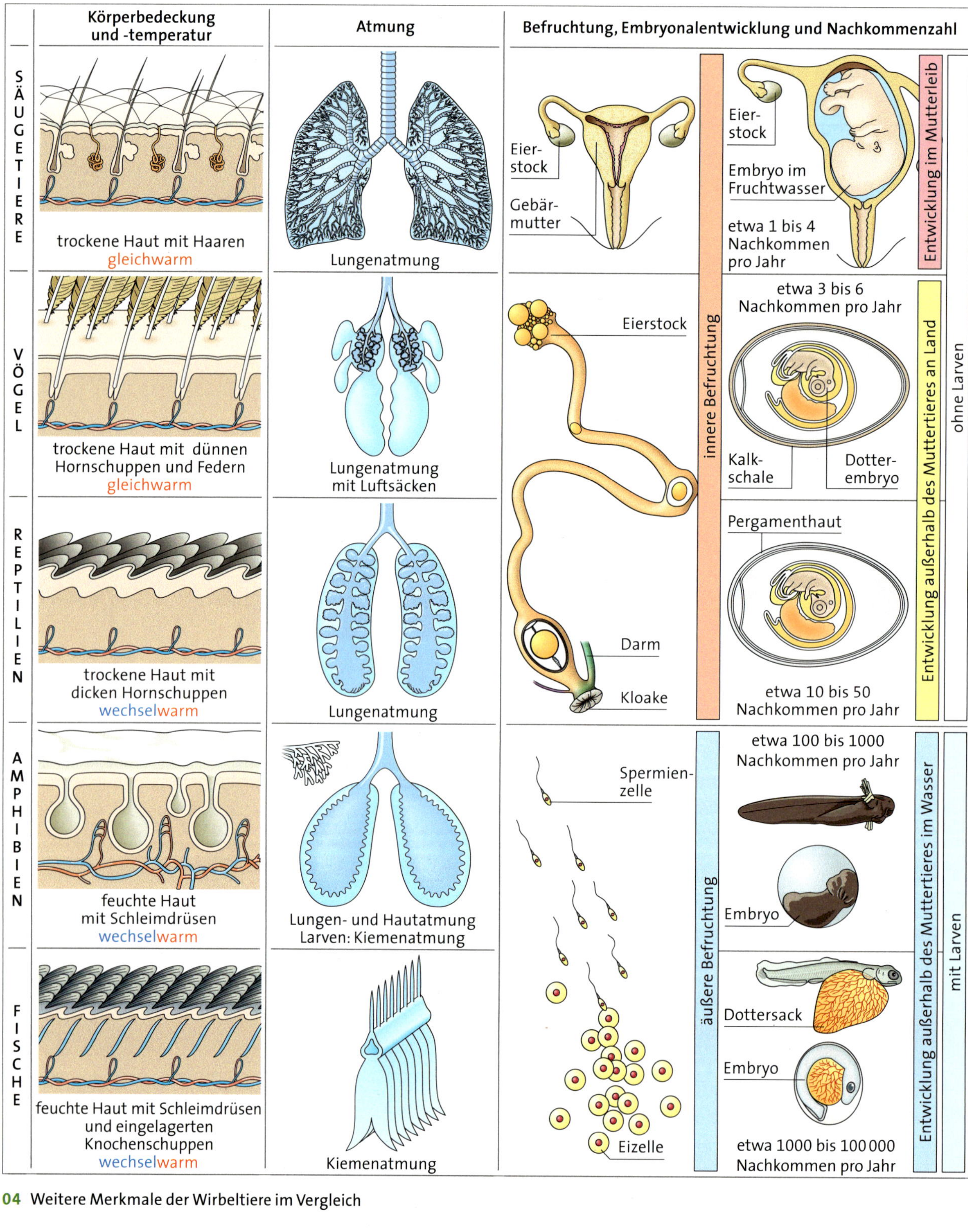

04 Weitere Merkmale der Wirbeltiere im Vergleich

KÖRPERBEDECKUNG · Die gleichmäßig und flach angeordneten *Knochenschuppen* der Fische erleichtern das Gleiten im Wasser und schützen vor Verletzungen. Die Schleimschicht auf ihrer Haut stellt einen wirksamen Schutz vor Krankheitserregern dar. Die durch Drüsen befeuchtete, sehr dünne Haut der Amphibien ermöglicht die *Hautatmung* unter Wasser. Die *Hornschuppen* der Reptilien schützen vor Austrocknung und Verletzungen. Die *Federn* der Vögel schaffen große Tragflächen mit geringer Masse, ihre Daunen schützen vor Auskühlung. Die Haare der Säugetiere bieten vor allem Schutz vor Auskühlung und Verletzungen. Bei manchen Säugern, wie zum Beispiel den Katzen, dienen empfindliche Tasthaare auch der Orientierung.

ATMUNG · Fische können mit ihren *Kiemen* unter Wasser atmen. Auch die Büschelkiemen der nur im Wasser lebenden Amphibienlarven erfüllen diese Aufgabe, während die *Lunge* der erwachsenen Tiere die Atmung an Land ermöglicht. Reptilien atmen ausschließlich über ihre Lunge, deren innere Oberfläche durch Auffaltungen vergrößert ist. Die *Luftsäcke* der Vögel speichern einen großen Vorrat an Atemluft, der während des Fliegens benötigt wird. Durch die stark vergrößerte innere Oberfläche ihrer Lunge gelangt ausreichend Sauerstoff in das Blut der Säugetiere.

BEFRUCHTUNG · Bei Fischen und Amphibien findet die Befruchtung meistens außerhalb des Körpers statt: Die weiblichen Tiere setzen beim Ablaichen viele Eizellen ins Wasser ab, die dort von den Spermienzellen der männlichen Tiere befruchtet werden. Bei Reptilien, Vögeln und Säugetieren treffen Eizelle und Spermienzelle dagegen im Körper des weiblichen Tieres zusammen.

EMBRYONALENTWICKLUNG · Aus den befruchteten Eizellen der Fische und Amphibien entwickeln sich im Wasser zunächst *Larven*, die sich von den erwachsenen Tieren unterscheiden. Dieses Zwischenstadium fehlt bei der Entwicklung der auf dem Land lebenden Wirbeltiere. Bei Reptilien sind die in den abgelegten Eiern heranreifenden Embryonen durch eine dünne pergamentartige Schale vor Austrocknung geschützt. Die feste Kalkschale der Vogeleier bietet zusätzlich einen Schutz vor Beschädigungen. Die Embryonen der Säugetiere entwickeln sich geschützt in der Gebärmutter im Körper des Muttertieres.

4 Nenne aus jeder Wirbeltiergruppe je einen Vertreter für jeden der von ihr besiedelten Lebensräume!

5 Erläutere die Funktionen der verschiedenen Körperbedeckungen der fünf Wirbeltiergruppen!

6 Stelle Vermutungen über die Fortbewegungsfähigkeiten von gleichwarmen und wechselwarmen Wirbeltieren zu verschiedenen Tages- und Jahreszeiten an!

7 Erläutere die Bedeutung der unterschiedlich stark aufgefalteten inneren Oberfläche der Lungen bei Säugetieren, Reptilien und Amphibien!

8 Erläutere die Zusammenhänge zwischen Lebensraum, äußerer Befruchtung und Embryonalentwicklung bei Fischen und Amphibien!

9 Stelle Vermutungen an, weshalb die durchschnittlich pro Jahr produzierte Nachkommenanzahl bei Vögeln und Säugetieren innerhalb der Wirbeltiergruppen vergleichsweise niedrig ist!

01 Ausgrabung eines versteinerten Wirbeltieres

Die Entwicklungsgeschichte der Wirbeltiere

lateinisch fossum = ausgegraben

02 Versteinerte Fußspuren eines Sauriers

Bei Ausgrabungen stoßen Wissenschaftler manchmal auf teilweise mehrere Millionen Jahre alte, versteinerte Skelettreste von Wirbeltieren. Was können wir aus diesen Funden über die erdgeschichtliche Vergangenheit der Wirbeltiere erfahren?

FUNDE UND IHRE DEUTUNG · Überreste und Spuren von Lebewesen, die bereits vor vielen Tausend Jahren gestorben sind, werden als **Fossilien** bezeichnet. Dabei kann es sich zum Beispiel um versteinerte Skelettreste oder Fußabdrücke in versteinerten Erdschichten handeln. Sie werden meist zufällig bei Bauarbeiten oder in Steinbrüchen gefunden. Erst wenn an einem Ort besonders seltene oder zahlreiche Fossilien gefunden werden, lohnen sich gezielte Ausgrabungen. Fossilfunde beweisen, dass zahlreiche Arten in früheren Erdzeitaltern gelebt haben, die heute ausgestorben sind. Besitzen sie in ihren Merkmalen sehr viele Ähnlichkeiten mit heute lebenden Formen, deutet das auf *Verwandtschaft* hin. Solche Fossilien werden dann häufig als **Vorfahren** heutiger Lebewesen verstanden.

DIE ENTSTEHUNG VON FOSSILIEN · Normalerweise bleiben von toten Tieren und abgestorbenen Pflanzen keinerlei Spuren übrig. Sie werden von anderen Tieren gefressen und selbst die unverdaulichen Reste werden durch Pilze und Bakterien abgebaut sowie durch Wind und Wasser zerkleinert. Nur sehr selten herrschen Bedingungen, die diese Vorgänge verhindern: Unmittelbar nach seinem Tod muss das Lebewesen durch Ablagerungen aus Sand, Schlamm oder Erdreich bedeckt und luftdicht abgeschlossen werden. Im Laufe der Zeit lagern sich durch angewehten Sand, angeschwemmten Schlamm oder Erdrutsche weitere Schichten über dem toten Lebewesen ab. Durch ihre ständig zunehmende Masse üben sie einen immer höheren Druck aus, sodass schließlich durch besondere Umwandlungsvorgänge ein versteinertes Fossil entstehen kann. Da sich die Ablagerungen im Laufe der Zeit übereinander anhäufen, befinden sich die ältesten Fossilien meist in den tiefsten, die jüngsten dagegen in den obersten Schichten. Bei Ausgrabungen kann man daher bereits durch die *Fundtiefe* erste Rückschlüsse auf ihr *Alter* ziehen. Die Funde aus den tiefsten Schichten weichen oft am stärksten von den heute lebenden Tieren und Pflanzen ab, die Funde aus den obersten Schichten ähneln ihnen dagegen am stärksten. Dies ist ein Hinweis auf eine ständige *Weiterentwicklung der Lebewesen,* die **Evolution.**

VOM WASSER ZUM LAND · Alle Wirbeltierfossilien, die älter als 400 Millionen Jahre sind, weisen Skelette mit fischtypischen Merkmalen auf. Einige dieser Arten besaßen Flossen mit einem dicken, muskulösen Stumpf. Deren Knochen ähneln in ihrer Form und Anordnung den Knochen der Gliedmaßen landlebender Wirbeltiere. Funde mit einem Alter von etwa 375 Millionen Jahren zeigen erstmals Knochenstrukturen, die auch für landlebende Formen typisch sind. Darunter entdeckte man Arten, zum Beispiel *Tiktaalik,* die sowohl fisch- als auch amphibienähnliche Skelettmerkmale besaßen. Sie werden deshalb als **Mosaikformen** bezeichnet. Als mögliche Bindeglieder zwischen diesen Wirbeltiergruppen werden sie auch *Übergangsformen* genannt.

03 Die Entstehung von Fossilien

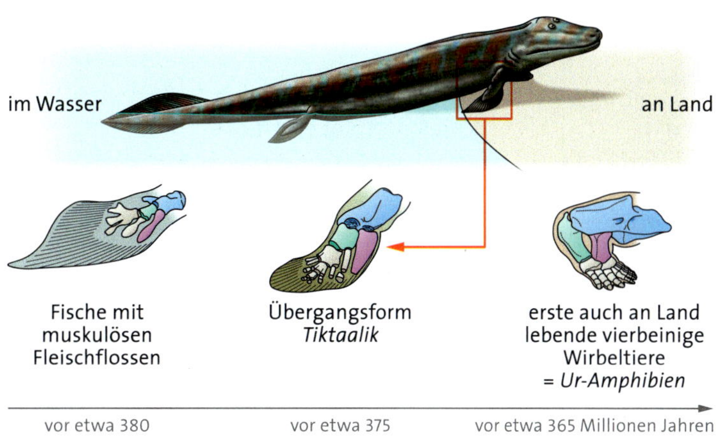

04 Der Übergang von wasserlebenden zu landbewohnenden Wirbeltieren

DIE ENTWICKLUNGSGESCHICHTE DER PFERDE · Heute lebende Wildpferde besitzen eine Schulterhöhe von bis zu 160 Zentimeter. Die frühesten Skelettfunde ausgestorbener Pferde weisen dagegen eine Schulterhöhe von nur knapp 40 Zentimeter auf. Ordnet man die fossilen Funde ausgestorbener Pferde nach ihrem Alter, erkennt man eine deutliche *Zunahme der Körpergröße* innerhalb der letzten 50 Millionen Jahre. Ein Blick auf den Aufbau des Vorderfußskeletts der ältesten Pferdefossilien zeigt, dass sie Pfoten mit vier dünnen Zehen besaßen. Heute lebende Pferde besitzen dagegen nur einen einzigen sehr stabilen Zeh mit einem großen Huf. Betrachtet man die dazwischenliegenden Funde, so erkennt man eine *Verringerung der Zehenanzahl* im Laufe der Entwicklungsgeschichte der Pferde. Ein weiteres Skelettmerkmal weist eine deutliche Veränderung auf: Die frühesten Pferde besaßen sehr kleine Zähne mit glatten Kauflächen und einer dünnen Schicht aus hartem Zahnschmelz. Heute lebende Pferde hingegen besitzen große Zähne mit durch tiefe Rillen aufgerauten Kauflächen. Sie sind durch eine dicke Schicht Zahnschmelz und zusätzlich durch eine dicke Hülle aus Zahnzement geschützt. Der Vergleich mit den fossilen Funden zeigt zunehmend *größere, rauere und härtere Kauflächen der Zähne*. Bei der Suche nach den Ursachen für diese Veränderungen der Körpergröße, des Fußskeletts und der Zähne fällt auf, dass sich der Lebensraum der Pferde in den letzten 50 Millionen Jahren stark verändert hat: Zunächst lebten sie in dichten, feuchten Urwäldern, die sich jedoch durch einen Klimawandel vor etwa 25 Millionen Jahren allmählich in trockene Steppenlandschaften verwandelten. Das Nahrungsangebot der Urwälder bestand vor allem aus weichen Laubblättern der Kräuter und Büsche. Dieser Lebensraum war durch dichtes Unterholz und einen weichen feuchten Boden gekennzeichnet. Die weiten Steppen, die von den heute lebenden Wildpferden besiedelt werden, besitzen einen trockenen, harten Boden, bieten keinerlei Deckung vor angreifenden Fressfeinden und haben lediglich harte Gräser als Nahrungsangebot.

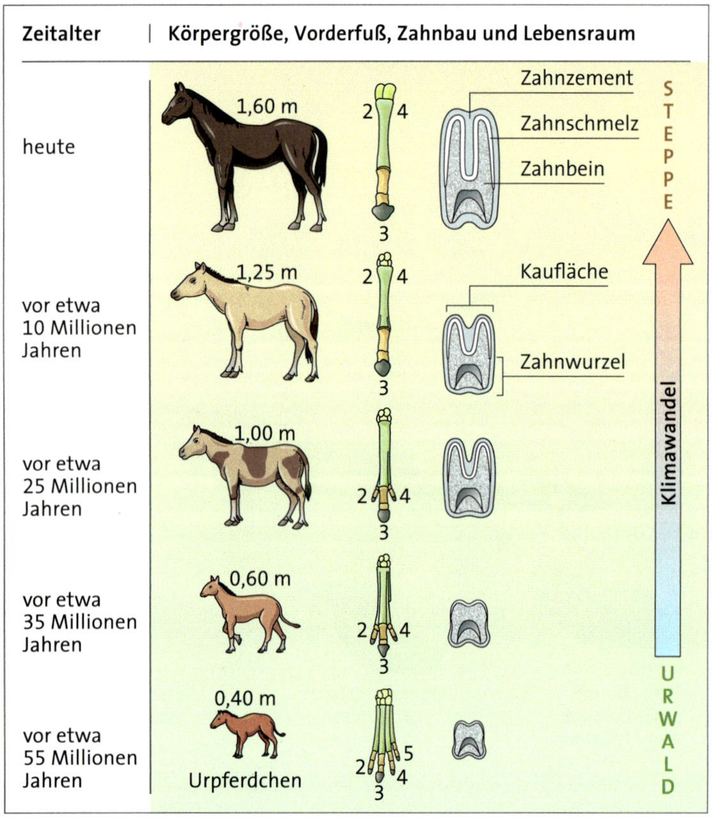

05 Entwicklungsgeschichte der Pferde

1 Nenne die Merkmale, die sich im Laufe der Entwicklungsgeschichte der Pferde verändert haben, und beschreibe ihre jeweiligen Abwandlungen!

2 Erläutere den Zusammenhang zwischen den Abwandlungen dieser Körpermerkmale und den Veränderungen ihres Lebensraumes!

DER STAMMBAUM DER WIRBELTIERGRUPPEN · Die ältesten Wirbeltierfossilien sind über 400 Millionen Jahre alt. Ihre fischartigen Skelettmerkmale deuten darauf hin, dass sie im Wasser lebten. Die ältesten Fossilien von amphibienähnlichen Arten sind etwa 375 Millionen Jahre alt. Sie besaßen Gliedmaßen, die ihnen wahrscheinlich die Fortbewegung an Land ermöglichten. Die ältesten Wirbeltierfossilien, die keinerlei Merkmale besitzen, die auf ein Leben im Wasser hindeuten, sind etwa 300 Millionen Jahre alt und ähneln heute lebenden Reptilien. Alle bekannten Fossilien, die Merkmale des Säugetierskeletts aufweisen, sind nicht älter als etwa 240 Millionen Jahre. Fossile Wirbeltierskelette mit Vogelmerkmalen sind höchstens 150 Millionen Jahre alt. Aufgrund dieser zeitlichen Abfolge und mithilfe fossiler Übergangsformen zwischen den einzelnen Wirbeltiergruppen kann der Ablauf der Stammesgeschichte der Wirbeltiere nachvollzogen und ihr grober Stammbaum entworfen werden.

3 Nenne die Wirbeltiergruppen in der Reihenfolge ihrer Entstehung im Laufe der Erdgeschichte!

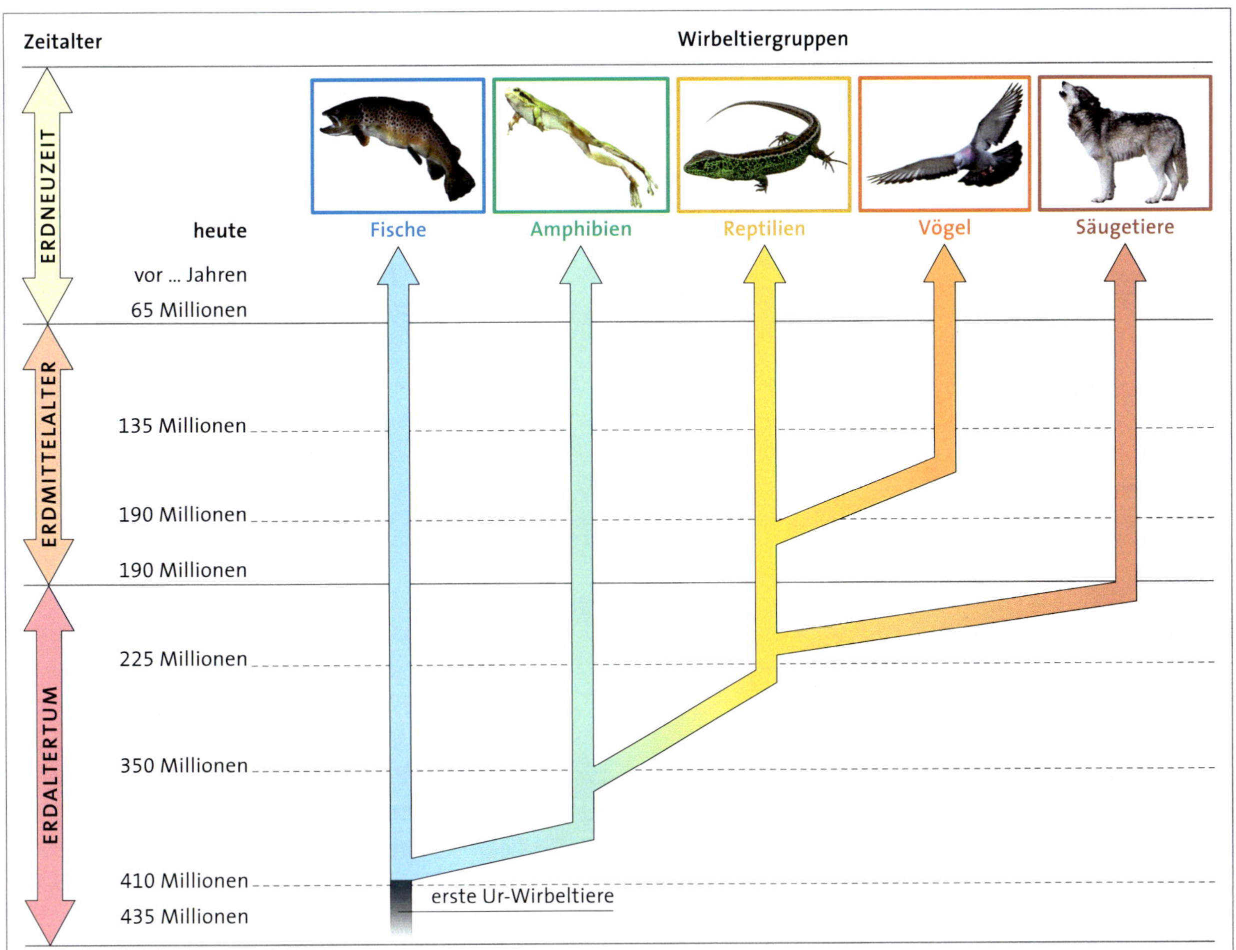

06 Vereinfachte Darstellung des Stammbaums der Wirbeltiergruppen

BASISKONZEPT

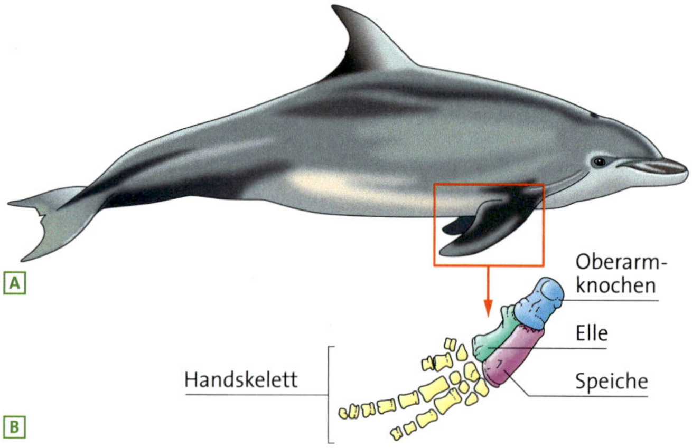

01 Delfin: **A** Körperbau, **B** Flossenskelett

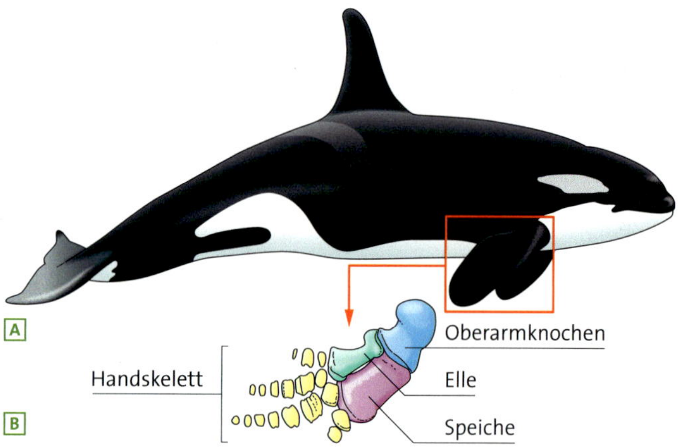

02 Schwertwal: **A** Körperbau, **B** Flossenskelett

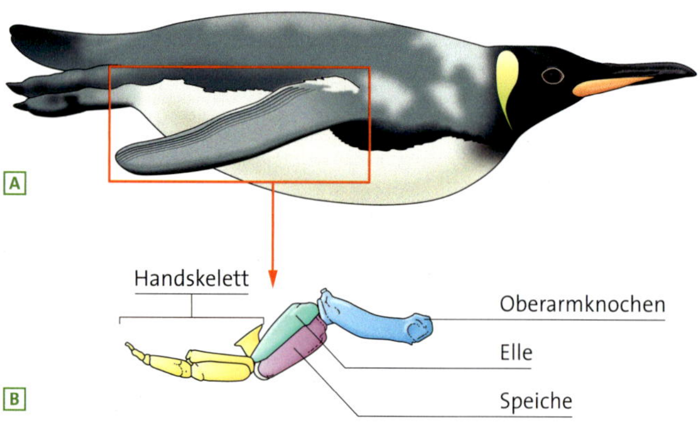

03 Pinguin: **A** Körperbau, **B** Flossenskelett

Geschichte und Verwandtschaft

Delfine, Schwertwale und Pinguine gleiten mithilfe ihrer ähnlich aussehenden Flossen elegant durchs Meer. Sie sind an den Lebensraum Wasser angepasst. Aber sind sie deshalb auch miteinander verwandt?

Biologen haben den Körperbau und die Flossen dieser Lebewesen näher untersucht. Je mehr gemeinsame Merkmale zwei Lebewesen aufweisen, desto näher sind sie miteinander verwandt. Die Lage der Knochen in den Flossen ist bei Delfinen und Schwertwalen fast identisch. Bei den Pinguinen sind die Knochen dagegen deutlich anders angeordnet. Da der Bauplan der Flossen bei Delfinen und Schwertwalen sehr ähnlich ist, vermuten die Forscher, dass sie nahe verwandt sind.

Der Bauplan der Pinguine weicht von dem der Wale stark ab. Hinzu kommt, dass Pinguine Eier legen, während Wale lebende Jungtiere gebären und säugen. Außerdem haben Pinguine einen Schnabel. Delfine und Schwertwale besitzen dagegen ein Gebiss. Da aber Oberarmknochen, Elle und Speiche auch bei Pinguinen vorhanden sind, sind sie entfernt mit den Walen verwandt.

Stammesgeschichtliche Verwandtschaft bedeutet, dass Lebewesen einen gemeinsamen Vorfahren und damit eine gemeinsame Stammesgeschichte haben. Bei Delfinen und Schwertwalen glauben die Forscher diesen Vorfahren auch zu kennen. Es ist ein Urwal, der bereits ganz ähnlich gebaute Flossen hatte. Delfine, Schwertwale und der Urwal sind ein Beispiel für das Basiskonzept ***Geschichte und Verwandtschaft.***

Material A ▸ Der Urwal

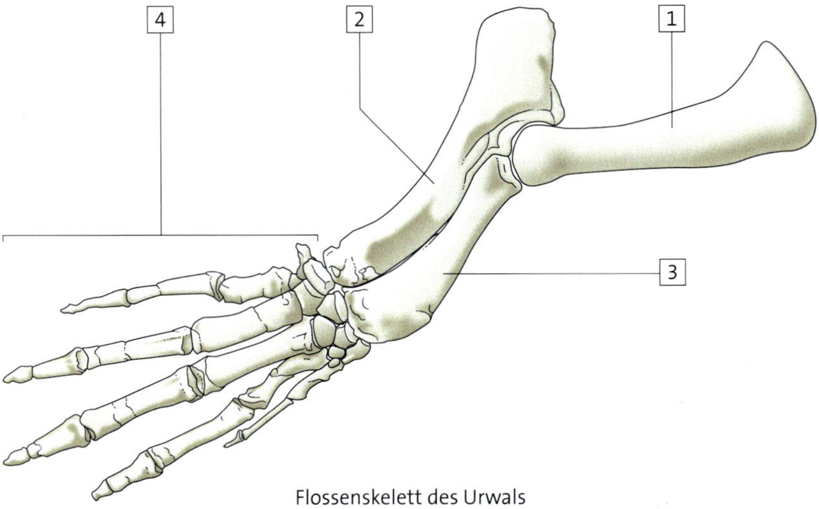

Flossenskelett des Urwals

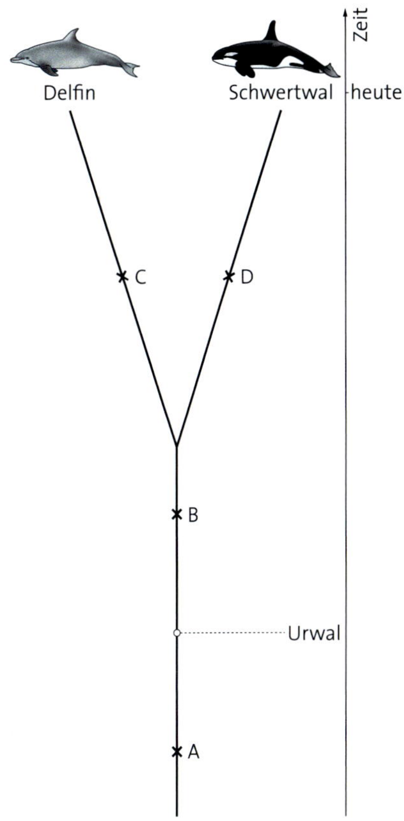

A1 Ordne den Zahlen die entsprechenden Fachbegriffe zu!

A2 Begründe anhand der Flossenskelette, weshalb der Urwal als Vorfahre der Delfine und der Schwertwale, aber nicht der Pinguine gilt!

A3 In dem Stammbaum sind vier mögliche Zeitpunkte der Entstehung von Flossen bei den Walen mit den Buchstaben A bis D gekennzeichnet. Begründe, welcher der vier Zeitpunkte richtig ist!

Material B ▸ Vergleich der Merkmale von Walen und Pinguinen

Merkmal	Großer Tümmler	Schwertwal	Kaiserpinguin
Gliedmaßen	______	______	______
Körperbedeckung	______	______	______
Gebiss	______	______	______
Nahrung	______	______	______
Atmung	______	______	______
Fortpflanzung	______	______	______
Fortbewegung	______	______	______
Lebensraum	______	______	______

B1 Informiere dich über den Großen Tümmler, den Schwertwal und den Kaiserpinguin in Lexika, Tierbüchern oder im Internet! Übertrage die abgebildete Tabelle in deine Mappe und füge dort deine gesammelten Informationen zu den drei Tierarten ein!

B2 Ordne den Großen Tümmler, den Schwertwal und den Kaiserpinguin in jeweils eine Wirbeltiergruppe ein! Begründe deine Zuordnungen anhand der Merkmale der drei Tierarten!

A ▸ Fische

Kann ich …

1 mithilfe des Basiskonzeptes erklären, dass die Spindelform des Fischkörpers eine Angepasstheit an die Fortbewegung im Wasser ist? *(Seite 126)*

2 die verschiedenen Flossen der Forelle nennen und die Fortbewegung der Forelle beschreiben? *(Seite 126 und 127)*

3 fünf verschiedene Sinnesorgane, die bei Fischen vorkommen, nennen und beschreiben? *(Seite 127)*

4 die Angepasstheit des Mauls von Friedfischen und Raubfischen an ihre Nahrung erläutern? *(Seite 127)*

5 die Struktur der Kiemen beschreiben und die Funktion der verschiedenen Teile nennen? *(Seite 128)*

6 die Unterschiede zwischen Knorpelfischen und Knochenfischen nennen? *(Seite 128)*

7 den Begriff äußere Befruchtung anhand der Befruchtung bei Forellen erklären? *(Seite 130)*

8 die Entwicklung einer Forelle vom Ei bis zum geschlechtsreifen Tier beschreiben? *(Seite 130)*

B ▸ Amphibien

Kann ich …

1 den Begriff wechselwarm erklären? *(Seite 135)*

2 erläutern, wie Amphibien überwintern? *(Seite 135)*

3 begründen, weshalb Amphibien weniger Nahrung als Säugetiere benötigen? *(Seite 134 und 135)*

4 die Atmung bei Amphibien beschreiben und dabei den Begriff „Doppelatmer“ erklären? *(Seite 135)*

5 die Entwicklung eines Frosches von der befruchteten Eizelle bis zum ausgewachsenen Frosch beschreiben? *(Seite 139)*

6 den Begriff *Metamorphose* erklären und die Unterschiede zwischen Larve und erwachsenem Frosch beschreiben? *(Seite 139)*

7 erklären, weshalb die meisten Amphibien auf das Vorhandensein eines Gewässers in ihrem Lebensraum angewiesen sind? *(Seite 138 und 140)*

C ▸ Reptilien

Kann ich ...

1 die Körpertemperatur einer Zauneidechse im Jahresverlauf beschreiben und dabei den Begriff wechselwarm erklären? *(Seite 142)*

2 die Körperbedeckung der Zauneidechse beschreiben und erklären, weshalb sich eine Zauneidechse von Zeit zu Zeit häutet? *(Seite 143)*

3 erklären, weshalb Reptilien auf Lungenatmung angewiesen sind, und wie sie durch die Struktur ihrer Lunge daran angepasst sind? *(Seite 143)*

4 den Begriff innere Befruchtung anhand der Befruchtung bei Zauneidechsen erklären? *(Seite 143)*

5 die Entwicklung einer Zauneidechse von der befruchteten Eizelle bis zum Jungtier beschreiben? *(Seite 143)*

6 erklären, weshalb die Weibchen der Zauneidechsen ihre Eier nicht selbst ausbrüten können, sondern dies durch die Sonnenwärme geschieht? *(Seite 143)*

7 die Besonderheiten des Körperbaus von Schlangen als Angepasstheiten an ihre Lebensweise erläutern? *(Seite 146 und 147)*

D ▸ Verwandtschaft der Wirbeltiere

Kann ich ...

1 die Merkmale nennen, die die Gruppen der Fische, Amphibien, Reptilien Vögel und der Säugetiere als Wirbeltiere kennzeichnen? *(Seite 150 und 151)*

2 die verschiedenen Fortbewegungsweisen der fünf Wirbeltiergruppen nennen und jeweils die daran angepassten Skelettmerkmale zuordnen? *(Seite 151)*

3 die fünf Wirbeltiergruppen bezüglich ihrer Körperbedeckung, ihrer Atmung und ihrer Fortpflanzung miteinander vergleichen? *(Seite 152)*

4 die Bedeutung der unterschiedlich stark gefalteten inneren Oberfläche der Lungen von Amphibien, Reptilien und Säugetieren erläutern? *(Seite 153)*

5 erklären, was Fossilien und Mosaikformen sind? *(Seite 154 und 155)*

6 anhand der Entwicklung der Pferde den Zusammenhang zwischen der Veränderung des Lebensraumes und der Abwandlung von Körpermerkmalen erläutern? *(Seite 156)*

7 den vereinfachten Stammbaum der Wirbeltiere skizzieren, erklären und begründen? *(Seite 157)*

Kann ich aus dem Kapitel „Vögel sind Wirbeltiere" Beispiele nennen für die Basiskonzepte:

- Struktur und Funktion?
- Angepasstheit?
- Reproduktion?
- Geschichte und Verwandtschaft?

Blütenpflanzen

In diesem Kapitel beschäftigst du dich mit

- dem Aufbau von Blütenpflanzen. Du lernst, welche Organe die Blütenpflanzen haben, und du erfährst etwas über die Aufgaben dieser Organe.

- dem Aufbau von Blüten und mit den Aufgaben ihrer einzelnen Bestandteile. Du lernst, wie Samen gebildet werden, Früchte entstehen und diese verbreitet werden. Du erfährst also etwas darüber, wie sich die Blütenpflanzen fortpflanzen und entwickeln.

- der Biene, die große Staaten bildet. Du lernst, wie sich diese Insekten verständigen und Blüten bestäuben.

- der Vielfalt der Blütenpflanzen. Du erfährst, wie man Ordnung in diese Vielfalt bringt. Dabei lernst du verschiedene Pflanzenfamilien und Wuchsformen der Blütenpflanzen kennen.

- Laub- und Nadelbäumen. Du lernst etwas über ihren Bau und erfährst, wie sie und andere Blütenpflanzen den Winter überstehen.

01 Rapsfeld

Blütenpflanzen haben Organe

Schon aus der Ferne sind blühende Rapsfelder an den leuchtend gelben Blüten zu erkennen. Der Raps ist eine Blütenpflanze. Wie sind diese Pflanzen aufgebaut?

GRUNDBAUPLAN · Mit ihrer **Wurzel** ist die Rapspflanze fest im Ackerboden verankert. Von einer dicken, fleischigen *Hauptwurzel* zweigen viele kleine, dünne *Nebenwurzeln* ab. Wie bei allen Blütenpflanzen dient auch beim Raps die Wurzel nicht nur der Verankerung, sondern auch der Aufnahme von Wasser und darin gelöster *Mineralstoffe* aus dem Boden.

Der grüne *Stängel,* die **Sprossachse** des Rapses, kann bis zu 1,5 Meter hoch werden. Wie beim Raps trägt die Sprossachse aller Blütenpflanzen Blätter und Blüten. In der Sprossachse werden Nährstoffe, Mineralstoffe und Wasser durch die Pflanze geleitet. Außerdem gibt die Sprossachse der Pflanze ihre Form.

An der Sprossachse des Rapses wachsen die an ihrer Spitze leicht gezähnten blaugrünen **Laubblätter.** Beim Raps, aber auch bei allen anderen grünen Blütenpflanzen, werden in den Laubblättern die Nährstoffe der Pflanze hergestellt.

Die **Blüten** des Rapses sitzen in Gruppen an der Spitze der Sprossachse und bestehen aus unterschiedlich aufgebauten und gefärbten Blättern. Aus der Blüte entwickelt sich später die *Frucht.* Die Aufgabe der Blüten ist die *Fortpflanzung* und die *Vermehrung.*

Wurzel, Sprossachse und *Laubblätter* bilden zusammen den Grundbauplan der Blütenpflanzen.

02 Rapspflanze

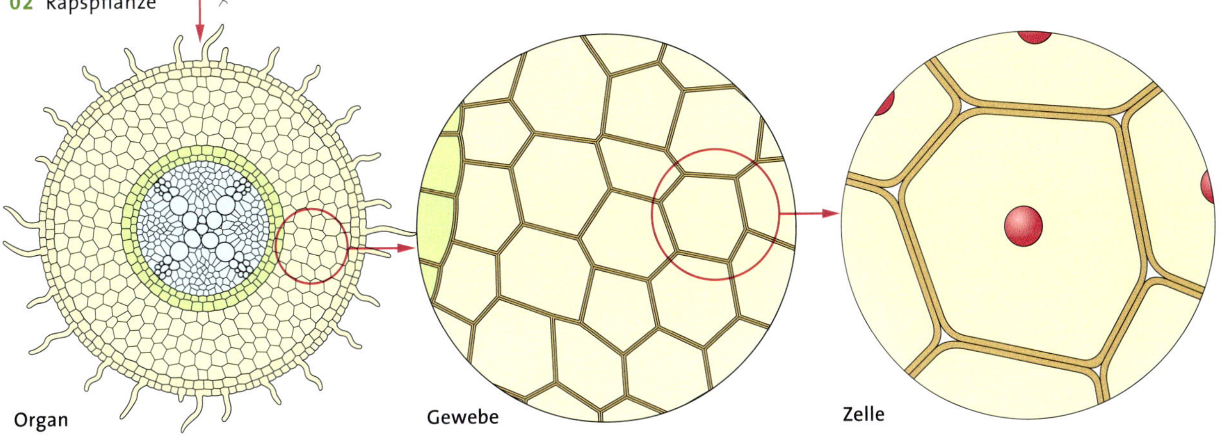

PFLANZEN BESTEHEN AUS ZELLEN · Schneidet man eine Rapswurzel quer in hauchdünne Scheiben und betrachtet diese unter dem Mikroskop, kann man kleine rundliche Gebilde entdecken. Diese Gebilde nennt man **Zellen.** Wie alle Lebewesen bestehen auch die Blütenpflanzen aus Zellen. Zellen können ganz unterschiedlich gebaut sein und unterschiedliche Aufgaben in einem Lebewesen erfüllen. Da jede Zelle ihre ganz spezielle Aufgabe hat, spricht man auch von einer *Arbeitsteilung* der Zellen.

Befinden sich viele ähnlich gebaute Zellen mit gleicher Aufgabe dicht beieinander, nennt man das ein **Gewebe.**

Mehrere unterschiedliche Gewebe bilden zusammen ein **Organ.** Die Gewebe arbeiten im Organ zusammen, damit das Organ seine Aufgabe in dem Lebewesen erfüllen kann. Beispiele für Organe des Rapses sind die Blüte, das Laubblatt, die Sprossachse und die Wurzel.

1 Beschreibe den Grundbauplan von Blütenpflanzen!

2 Ordne den Grundorganen ihre Aufgaben zu!

01 Alpenveilchen

Bau und Aufgaben von Wurzel, Sprossachse und Laubblatt

Zieht man eine Pflanze vorsichtig aus dem Boden, erkennt man, dass sie aus oberiridischen und unterirdischen Organen aufgebaut ist. Wie sind sie gebaut und welchen Aufgaben dienen sie?

WURZEL · Pflanzen sind mit ihren Wurzeln fest im Boden verankert. Wurzeln dienen aber auch der Aufnahme von *Wasser* und den darin gelösten *Mineralstoffen.* An der Wurzel befindet sich ein Filz aus feinen Härchen. Diese *Wurzelhärchen* vergrößern die Oberfläche der Wurzel und erleichtern so die Aufnahme des Wassers und der Mineralstoffe. Das aufgenommene Wasser gelangt von der *Wurzelrinde* in den inneren Bereich der Wurzel, den *Zentralzylinder.* Von dort wird es in die Sprossachse geleitet.

SPROSSACHSE · Wasser und darin gelöste Stoffe werden in Geweben aus röhrenförmigen Zellen geleitet. Diese Gewebe heißen *Leitungsbahnen* und ziehen sich durch Wurzel, Sprossachse und Laubblätter. Die Leitungsbahnen, in denen der Transport von Wasser und Mineralstoffen von der Wurzel in die gesamte Pflanze erfolgt, werden *Tracheen* genannt. Der Transport von Nährstoffen, die in den Laubblättern gebildet werden, erfolgt in Leitungsbahnen mit siebartig durchlöcherten Querwänden. Deshalb heißen diese Bahnen *Siebröhren.* Siebröhren und Tracheen bilden zusammen ein *Leitbündel.* Die Sprossachse hat aber nicht nur eine Leitungsfunktion. Sie hebt die Blätter zum Licht und gibt der Pflanze ihre Gestalt und ihre Festigkeit.

LAUBBLATT · Betrachtet man die Unterseite eines Laubblattes unter dem Mikroskop, kann man auf ihr kleine Öffnungen erkennen, die *Spaltöffnungen*. Durch diese Öffnungen kann die Pflanze Wasserdampf an die Umgebung abgeben. Durch die Wasserabgabe an den Laubblättern entsteht in den Tracheen ein Sog, der das Wasser aus den Wurzeln bis in die Spitze der Pflanze zieht. In den Tracheen strömt auf diese Weise ständig Wasser von unten nach oben. Damit die Pflanze durch Verdunstung nicht zu viel Wasser verliert und austrocknet, können die Spaltöffnungen auch geschlossen werden.

In den *Blattgrünkörnern*, den *Chloroplasten*, wird mithilfe des Sonnenlichts aus Kohlenstoffdioxid und Wasser der energiereiche Nährstoff Zucker sowie Sauerstoff hergestellt. Dieser Vorgang heißt **Fotosynthese.** Das für die Fotosynthese benötigte Kohlenstoffdioxid gelangt aus der Luft durch die Spaltöffnungen in die Blätter. Auf umgekehrtem Weg wird der bei der Fotosynthese entstandene Sauerstoff an die Umgebung abgegeben. Die in den Laubblättern gebildeten Nährstoffe werden über die Siebröhren in die gesamte Pflanze verteilt.
Damit eine Pflanze leben kann, ist also ein enges *Zusammenspiel aller Grundorgane* erforderlich.

1 Nenne die Aufgaben der Wurzeln einer Blütenpflanze!

2 Nenne die Aufgaben der Laubblätter einer Blütenpflanze!

3 Nenne die Aufgaben der Sprossachse einer Blütenpflanze!

4 Beschreibe den Weg der Nährstoffe in der Blütenpflanze!

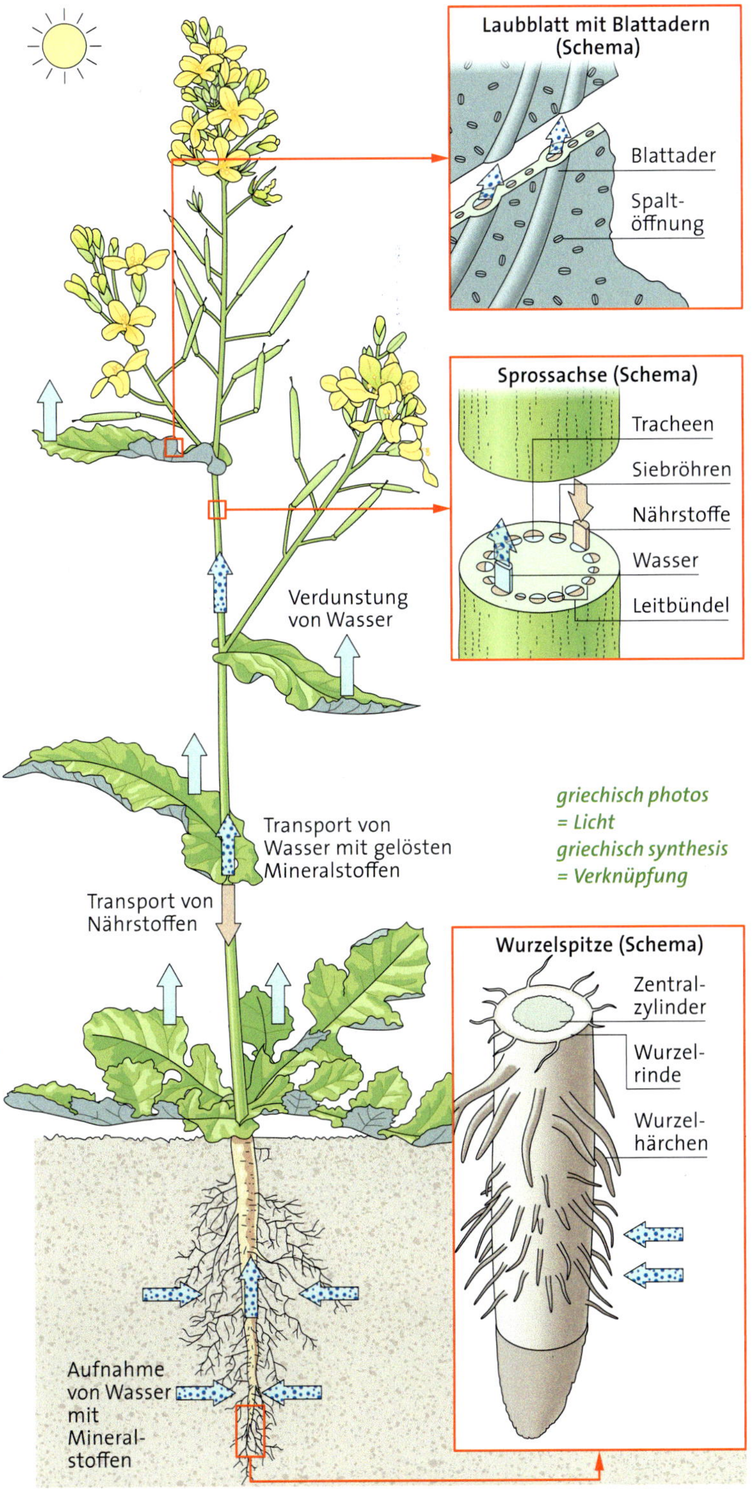

griechisch photos = Licht
griechisch synthesis = Verknüpfung

02 Transport von Nährstoffen, Wasser und gelösten Mineralstoffen

03 Efeu

04 Kaktus

05 Sonnentau

ABGEWANDELTE GRUNDORGANE · Der **Efeu** ist eine häufige Kletterpflanze unserer Wälder und Gärten. Die *Wurzeln* des Efeus sind nicht nur am Grund der Sprossachse im Boden zu finden. Ein Teil seiner Wurzeln wächst an vielen Stellen des kletternden Sprosses. Diese Wurzeln werden *Haftwurzeln* genannt, da sich der Efeu mit ihnen an Bäumen und sogar an Hausfassaden verankern kann. So wächst der Efeu in die Höhe und kann auch im Wald ausreichend Sonnenlicht bekommen.

Der *Spross* kann ebenfalls umgebildet sein. In den trockenen Gebieten Amerikas wachsen **Kakteen.** Die Sprossachse eines Kaktus ist sehr dick und fleischig. Im Inneren dieses Sprosses kann der Kaktus große Mengen Wasser speichern, um die langen Trockenperioden in der Wüste zu überstehen.

Bei dem nur wenige Zentimeter großen **Sonnentau,** der in unseren Mooren wächst, sind die *Laubblätter* umgebildet. Überall auf den runden Blättern befinden sich auffällig rot gefärbte Haare mit glänzenden Flüssigkeitstropfen an der Spitze. Wird ein Insekt angelockt und setzt sich auf die Haare, bleibt es an der klebrigen Flüssigkeit hängen. Der Sonnentau krümmt langsam sein Blatt um das Opfer und beginnt, es mithilfe der Flüssigkeit zu verdauen. Pflanzen wie der Sonnentau werden *fleischfressende Pflanzen* genannt. Sie nutzen tierische Nahrung als zusätzliche Mineralstoffquelle.

Abwandlungen der Grundorgane sind *Angepasstheiten* der Pflanzen an ihren Lebensraum und ihre Lebensweise.

5 Erläutere mithilfe eines Beispiels aus dem Text das Basiskonzept Angepasstheit!

BASISKONZEPT

Stoff- und Energieumwandlung

Häufig kann man beobachten, wie ein Tennisspieler während eines langen Spiels eine Banane isst. Dadurch nimmt sein Körper Energie auf, die der Tennisspieler für seine Bewegungen im Spiel benötigt.
Die Energie, die der Mensch braucht, ist also in der Nahrung enthalten. Die mit der Nahrung aufgenommene Energie wird im Körper umgewandelt und kann dann zum Beispiel für Bewegungen genutzt werden.
Die Energie gelangt in die Banane, indem sie von der Bananenpflanze darin gespeichert wird. Hierzu nimmt diese die Energie des Sonnenlichts über ihre Laubblätter auf. Die Lichtenergie wird hierbei so umgewandelt, dass sie gespeichert werden kann. Diesen Vorgang nennt man Fotosynthese. Sowohl beim Menschen als auch bei der Pflanze findet also ***Energieumwandlung*** *statt. Die Energie für unsere Bewegung geht letztlich auf die Energie des Sonnenlichts zurück.*

Gespeichert wird die Energie in der Banane in Nährstoffen wie dem Zucker. Er wird von der Bananenpflanze bei der Fotosynthese gebildet. Dafür nimmt sie Ausgangsstoffe auf und wandelt sie in Zucker um.
Der Mensch nimmt diesen Zucker mit der Banane als Nahrung auf und wandelt ihn im Körper wieder in die Ausgangsstoffe um. Bei der Pflanze und beim Menschen findet also gleichzeitig mit der Energieumwandlung eine ***Stoffumwandlung*** *statt.*

Alle Lebensvorgänge bei Menschen, Tieren und Pflanzen sind mit der Umwandlung von Energie und Stoffen verbunden. Daher spricht man vom ***Basiskonzept Stoff- und Energieumwandlung.***

01 Bananenpflanze

02 Tennisspieler

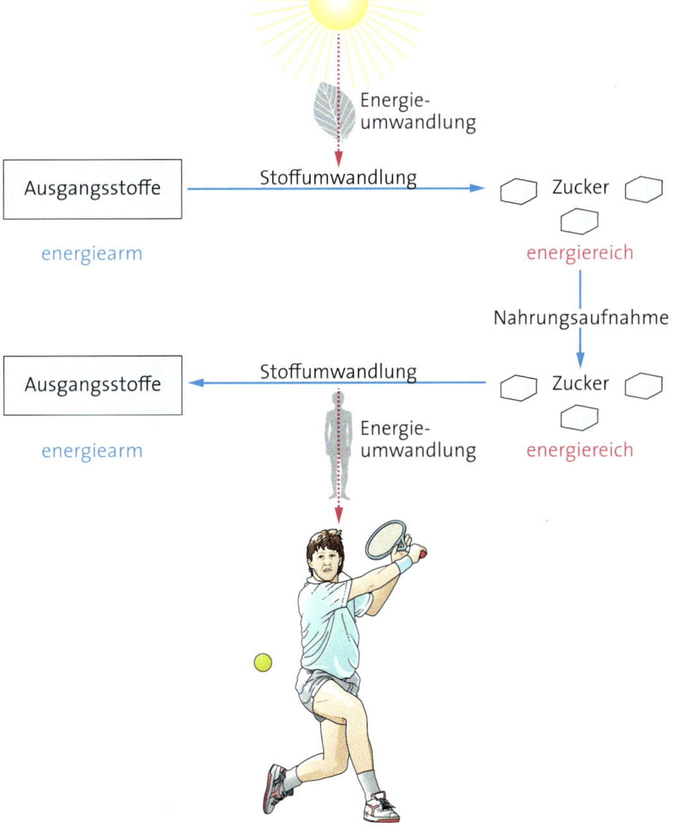

03 Stoff- und Energieumwandlung (Schema)

Material A ▸ **Grundorgane als Nahrungsmittel**

A1 Nenne und beschreibe die pflanzlichen Grundorgane, aus denen die abgebildeten Nahrungsmittel bestehen!

A2 Erstelle eine Tabelle, in der du für die drei Grundorgane je eine Spalte anlegst! Trage die Nahrungsmittel in die dazu passende Spalte ein!

A3 Füge deiner Tabelle folgende Nahrungsmittel hinzu und ordne sie in die passende Spalte ein: Lauch, Rotkohl, Kohlrabi, Radieschen, Rettich und Spinat!

Material B ▸ **Grundorgane können unterschiedlich aussehen**

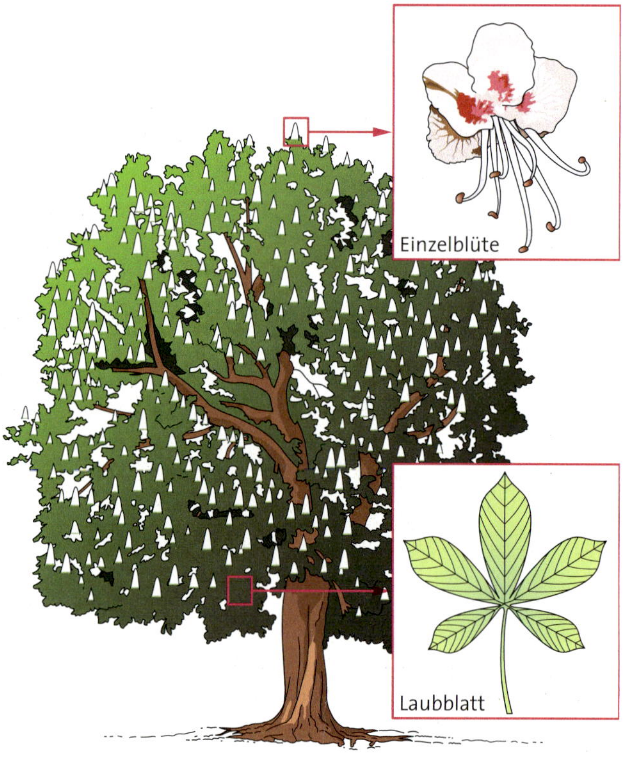

Beim *Hahnenfuß* findet man die gleichen Grundorgane wie beim Raps. Aber auch Laubbäume wie die *Rosskastanie* gehören zu den Blütenpflanzen und sind deshalb aus den gleichen Grundorganen aufgebaut.

B1 Benenne die einzelnen Pflanzenteile beim Hahnenfuß und bei der Rosskastanie!

B2 Vergleiche die Grundorgane des Hahnenfußes und der Rosskastanie! Erläutere Gemeinsamkeiten und Unterschiede!

Material C ▸ Oberflächenvergrößerung

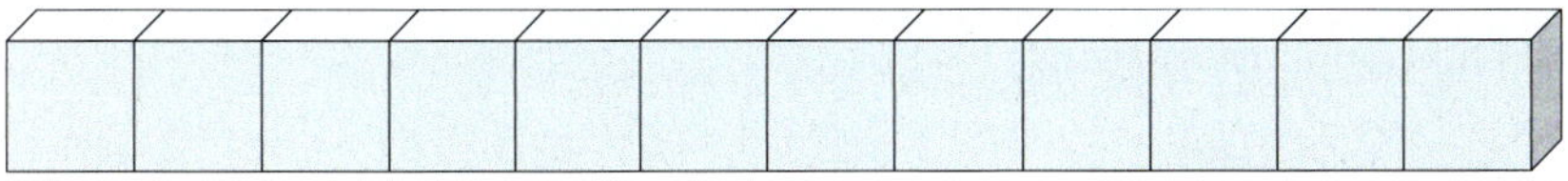

A

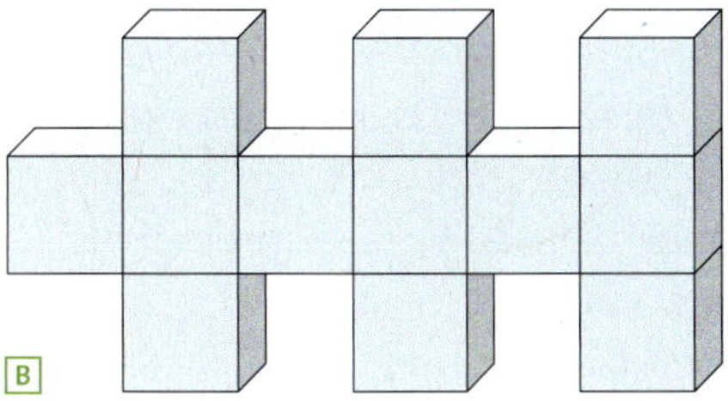

B

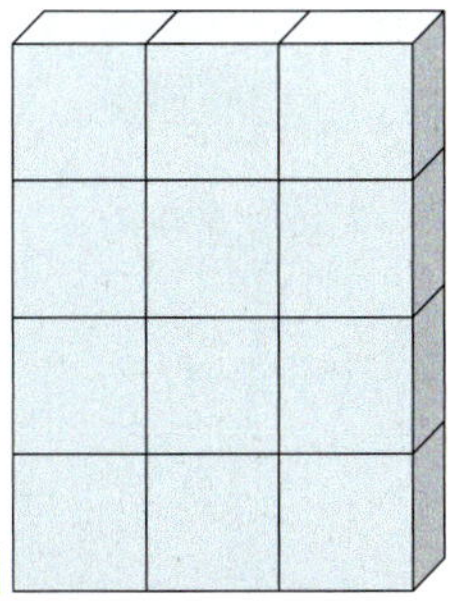

C

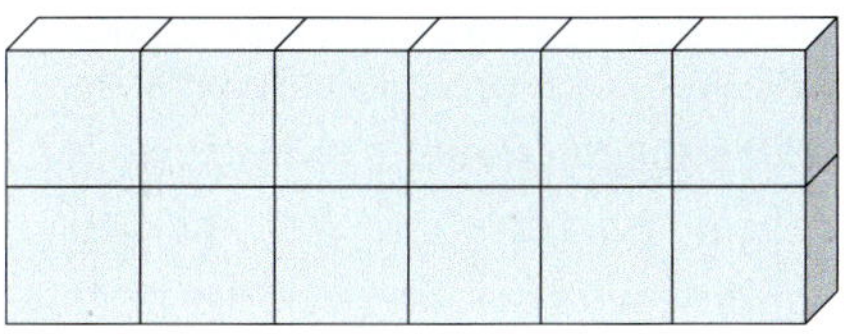

D

E

Die Abbildung zeigt Körper, die aus der gleichen Anzahl von gleichgroßen Würfeln zusammengesetzt sind.

C1 Berechne die Oberfläche der vier Körper und erläutere das Verhältnis zwischen Oberfläche und Form des Körpers! Gehe dabei davon aus, dass die Kantenlänge des Würfel einen Zentimeter beträgt!

C2 Vergleiche das Modell mit der Wurzelspitze!

C3 Erläutere mögliche Vorteile, die sich aus der großen Anzahl der Härchen an der Wurzelspitze ergeben!

Material D ▸ Pflanzen verdunsten Wasser

A

B

In einem Versuch werden die Laubblätter einer Bohnenpflanze mit einem Plastikbeutel luftdicht verschlossen. Die Blätter der Pflanze werden mit einer Lampe bestrahlt. Nach wenigen Minuten beginnt der Beutel von innen zu beschlagen.

D1 Erstelle ein Versuchsprotokoll! Nimm die Seite 14 zu Hilfe!

D2 Beschreibe den Weg des Wassers in einer Pflanze!

D3 Erläutere die Bedeutung der Verdunstung!

METHODE

Diagramme erstellen und auswerten

01 Wachstumsbeobachtung bei einer Bohnenpflanze

Alter in Tagen	4	8	12	16
Länge der Sprossachse in Millimeter	3	11	50	80

02 Messergebnisse der Wachstumsbeobachtung in einer Tabelle

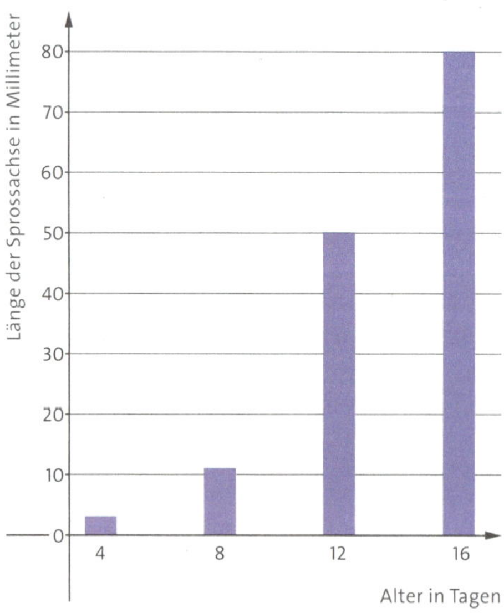

03 Messergebnisse der Wachstumsbeobachtung in einem Säulendiagramm

Viele Fragen über die Natur können nur durch Beobachtungen und Experimente sowie deren Auswertung beantwortet werden. Deshalb bezeichnet man die Biologie, wie alle Naturwissenschaften, als experimentelle Wissenschaft.
Wenn man beispielsweise wissen möchte, wie schnell eine Bohnenpflanze wächst, versucht man, diese Frage mithilfe einer Beobachtung zu beantworten. Dabei werden die Länge der Sprossachse an verschiedenen Tagen gemessen und die Messwerte notiert.

TABELLE · *Wenn mehrere Messwerte erfasst werden sollen, ist es oft sinnvoll, sie in einer Tabelle darzustellen. Im Fall der Bohnenpflanze wird das Alter der Pflanze in Tagen zum Messzeitpunkt in die obere Zeile eingetragen. In die zweite Zeile wird die gemessene Länge der Sprossachse eingetragen. So sieht man deutlich, wie groß die Bohnenpflanze an einem bestimmten Tag war. Um die erfassten Messwerte noch schneller und einfacher überblicken zu können, werden sie in einem* ***Diagramm*** *zeichnerisch dargestellt.*

SÄULENDIAGRAMM · *Auf der Hochachse, der* ***y-Achse,*** *des Diagramms wird die Länge der Sprossachse in Millimetern abgebildet. Auf der Rechtsachse, der* ***x-Achse,*** *des Diagramms wird das Alter der Pflanze in Tagen eingetragen. Markiert man die Länge der Sprossachse an einem bestimmten Tag und zeichnet einen senkrechten Balken von diesem Punkt nach unten, erhält man ein Säulendiagramm. Die Höhe der Säule entspricht also der Länge der Sprossachse an einem bestimmten Tag.*

LINIENDIAGRAMM *· Wenn man die im Säulendiagramm ermittelten Punkte durch eine Linie miteinander verbindet, erhält man ein Liniendiagramm. Aus Liniendiagrammen kann der* ***Verlauf*** *oder eine* ***Änderung*** *von Daten leicht abgelesen werden. Im Beispiel der Bohnenpflanze zeigt das Liniendiagramm den Wachstumsverlauf der Pflanze. Je mehr Messpunkte man hat, desto genauer kann ein Verlauf aus dem Diagramm abgelesen werden.*

KREISDIAGRAMM *· Mit einem Kreisdiagramm können besonders gut Anteile eines Ganzen abgebildet werden. Kreisdiagramme werden auch* ***Tortendiagramme*** *genannt, da ihre einzelnen Teile wie Tortenstücke aussehen. In Abbildung 05 ist ein Beispiel für ein Kreisdiagramm dargestellt. Beim Erstellen eines Kreisdiagramms muss berücksichtigt werden, dass der Kreis eine Winkelsumme von 360° aufweist. Der Kreisausschnitt eines Anteils richtet sich nach dem Winkel am Kreismittelpunkt. Die Kreisausschnitte der einzelnen Anteile kann man mithilfe des Dreisatzes errechnen:*

$100\,\% = 360°$

$1\,\% = 360° : 100 = 3{,}6°$

$25\,\% = 360° : 100 \times 25 = 90°$

Diagramme helfen dabei, sich schnell einen Überblick über Daten zu verschaffen. Erklärungen für Beobachtungen oder Ergebnisse von Experimenten können Diagramme jedoch nicht liefern.

1 *Zeichne aus den Daten der Tabelle in Abbildung 06 ein Säulendiagramm und ein Liniendiagramm!*

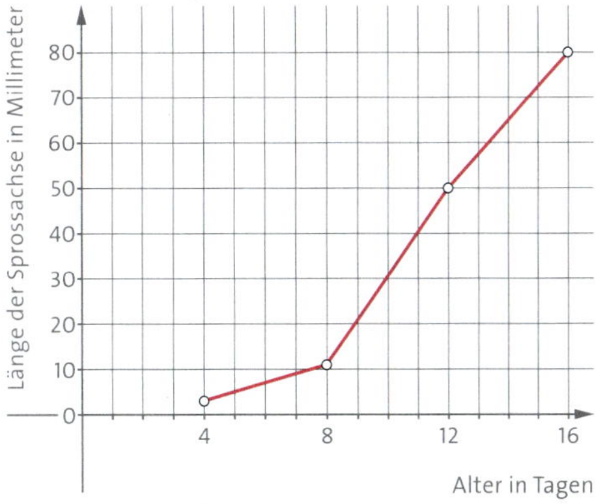

04 Messergebnisse der Wachstumsbeobachtung in einem Liniendiagramm

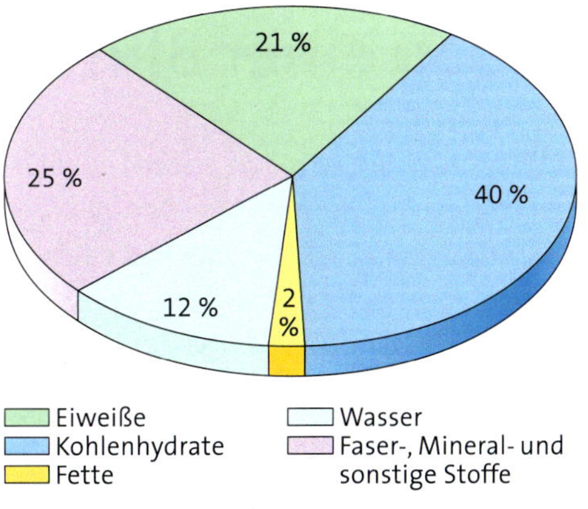

05 Inhaltsstoffe eines reifen Bohnensamens in einem Kreisdiagramm

Alter der Pflanze	Länge der Sprossachse
1 Tag	5 Millimeter
2 Tage	10 Millimeter
3 Tage	35 Millimeter
4 Tage	63 Millimeter
5 Tage	75 Millimeter
6 Tage	120 Millimeter
7 Tage	140 Millimeter
8 Tage	155 Millimeter

06 Wachstum einer Rapspflanze

01 Blühender Kirschbaum

Aufbau einer Blüte

Im Frühling, noch bevor die ersten Laubblätter erscheinen, brechen die Knospen des Kirschbaums auf. Seine vorher kahlen Zweige sind dann ganz mit weißen Blüten bedeckt. Wie ist eine Kirschblüte aufgebaut?

BAU DER BLÜTE · Den auffälligsten Teil der Kirschblüte bilden die weißen und zarten Blütenblätter, die **Kronblätter.** Unter ihnen sitzen kleinere, grüne Blätter, die **Kelchblätter.** Ihr kräftiger Bau weist darauf hin, dass sie die Blüte schützend umhüllt haben. Nach dem Aufblühen biegen sie sich zum Blütenstiel hin. Im Inneren der Blüte sieht man bis zu 30 dünne, fadenartige Gebilde, die **Staubblätter.**

02 Kirschblüte: **A** Aufsicht, **B** Legebild mit 20 Staubblättern, **C** Blütendiagramm mit 30 Staubblättern

Die kleinen, gelben Köpfe der Staubblätter heißen *Staubbeutel* oder *Staubgefäße* und ihre langen, dünnen Stiele *Staubfäden*. Aus der Mitte der Blüte ragt ein Gebilde heraus, das wie eine winzige Flasche aussieht. Die Verdickung unten, der Flaschenbauch, ist der *Fruchtknoten*. Den schlanken Flaschenhals nennt man *Griffel*. Sein Ende, das sich oben zu einer kleinen Fläche verbreitert, ist die *Narbe*. Das gesamte Gebilde aus Fruchtknoten, Griffel und Narbe nennt man Stempel. Der Stempel der Kirschblüte besteht aus fünf miteinander verwachsenen **Fruchtblättern.** Die Blüte setzt sich also aus verschiedenen, umgewandelten Blättern zusammen: Kronblätter, Kelchblätter, Staubblätter und Fruchtblätter. Bei genauer Betrachtung unter der Lupe erkennt man, dass alle Teile der Kirschblüte kreisförmig angeordnet sind. Wenn man die Blüte vereinfacht in der Ansicht von oben zeichnet, erhält man einen Blütengrundriss oder ein **Blütendiagramm.** Darin werden die einzelnen Blütenteile durch unterschiedliche Farben gekennzeichnet.

Die Bestandteile der Kirschblüte findet man in der Regel auch bei den übrigen Blütenpflanzen, allerdings in anderer Form, Farbe oder Anzahl. Zum Beispiel bestehen die Blüten des Wiesenschaumkrauts aus nur vier Kelchblättern und nur vier blassvioletten Kronblättern. Im Inneren der Blüte stehen hier vier lange und zwei kurze Staubblätter, und der Stempel besteht aus nur zwei Fruchtblättern.

1 Vergleiche die Blüten der Kirsche und des Wiesenschaumkrauts miteinander! Lege dazu in deiner Mappe eine Tabelle an! Berücksichtige dabei die Anzahl der Kron- und Staubblätter und die Form des Fruchtknotens!

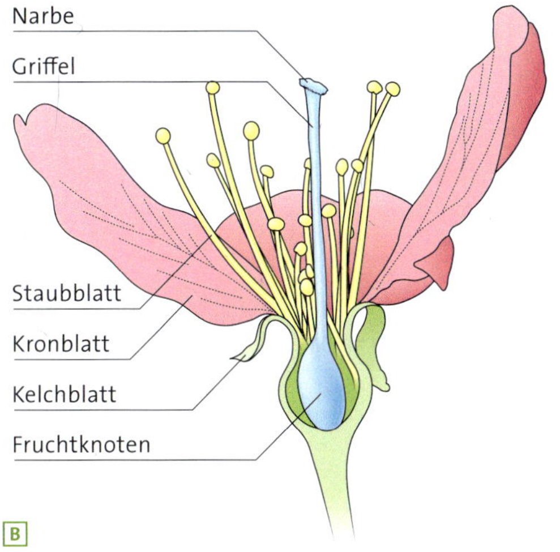

03 Kirschblüte: **A** Längsschnitt, **B** Schema

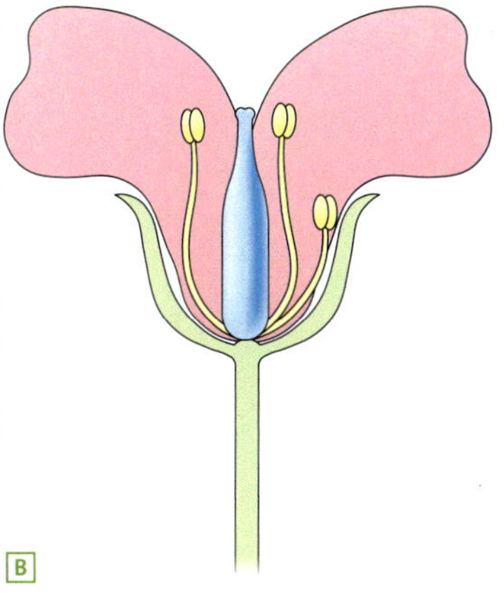

04 Wiesenschaumkraut: **A** Aufsicht, **B** Längsschnitt

METHODE

Untersuchung mit Lupe und Stereolupe

Wenn man Lebewesen oder ihre Organe genau untersuchen möchte, muss man häufig Vergrößerungsgeräte zu Hilfe nehmen.

LUPE *· Mit einer Lupe lässt sich das Bild, das unser Auge wahrnimmt, bis zu 15-mal vergrößern. Wenn du die Lupe zur Vergrößerung einsetzt, gehe folgendermaßen vor:*

- *Nimm das Objekt so in die Hand, dass es gut beleuchtet wird. Benutze zum Halten eventuell auch eine Pinzette!*
- *Halte die Lupe vor ein Auge und schließe das andere!*
- *Führe dann das Objekt, das du betrachten möchtest, so weit an die Lupe heran, bis ein scharfes Bild erscheint!*

STEREOLUPE *· Noch besser lassen sich die Einzelheiten mit einer **Stereolupe** erkennen. Man nennt sie auch **Binokular.** Schon einfache Geräte vergrößern zwanzigfach. Das Bild erscheint räumlich, weil die Objekte durch die Stereolupe mit beiden Augen betrachtet werden. Bei der Arbeit mit der Stereolupe solltest du folgendermaßen vorgehen:*

- *Lege das Objekt, eine Pflanze oder ein Tier, auf den Objekttisch!*
- *Stelle die Lampe so ein, dass das Objekt gut ausgeleuchtet wird!*
- *Schau durch die Stereolupe und drehe so lange am Stellrad, bis du das Bild scharf siehst!*

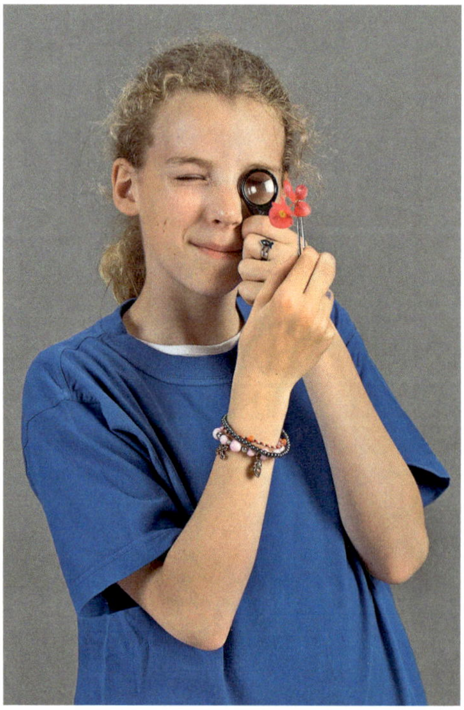

01 Untersuchung mit der Lupe

02 Untersuchung mit der Stereolupe

Material A ▸ Blütenformen

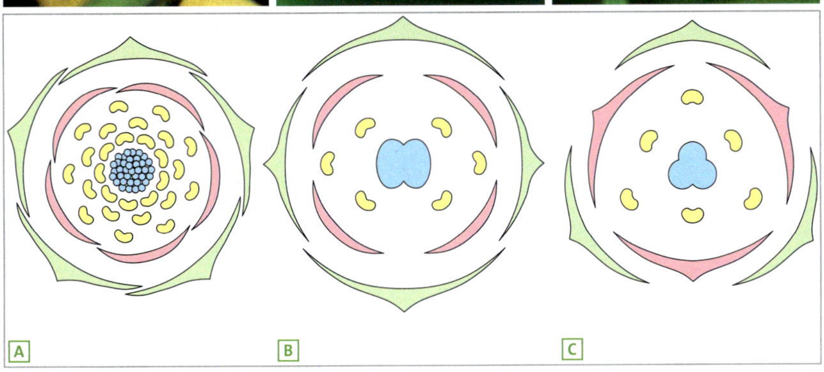

A1 Gib an, mit welcher Farbe die einzelnen Blütenteile im Blütendiagramm gekennzeichnet sind! Beachte, dass bei einer Blüte Kelch- und Kronblätter die gleiche Farbe haben!

A2 Ordne die abgebildeten Blüten den Blütendiagrammen zu! Begründe deine Zuordnungen!

VERSUCH B ▸ Untersuchung einer Tulpenblüte

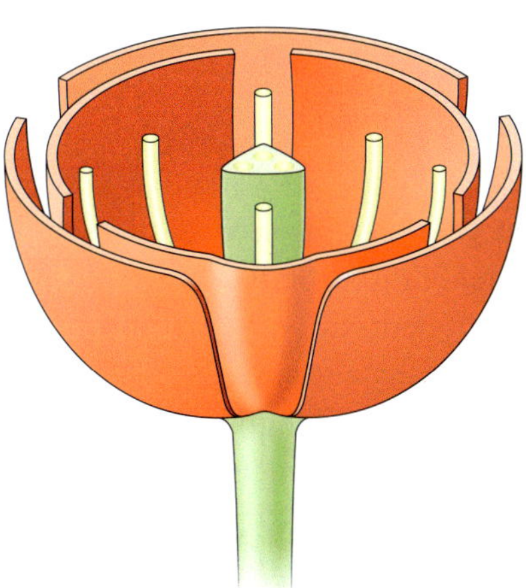

Material:

Tulpenblüte, grobe Schere, Lupe, Binokular, Bleistift, Holzfarbstifte

Durchführung:

Halte die Tulpenblüte mit einer Hand an der Sprossachse kurz unter der Blüte fest. Schneide mit der groben Schere alle Teile der Blüte quer durch, sodass noch etwa ein Viertel stehen bleibt! Bewahre die abgeschnittenen Teile der Blüte auf!

B1 Zeichne ein Blütendiagramm der Tulpe in deine Biologiemappe! Ziehe zunächst mit dem Zirkel Hilfslinien!

B2 Vergleiche den Bau der Tulpenblüte mit dem einer Kirschblüte! Lege dazu in deiner Mappe eine Tabelle an! Trage in die Tabelle die Farbe und die Anzahl der einzelnen Blütenteile ein!

B3 Betrachte den Querschnitt des Stempels mit der Lupe! Zeichne das Bild mit einem Bleistift in deine Biologiemappe!

B4 Beschreibe den Bau der Narbe und eines Staubbeutels! Nimm dazu das Binokular zu Hilfe!

B5 Botaniker bezeichnen Blüten wie die der Tulpe als dreizählig, weil im Blütendiagramm in jedem Kreis nur drei Blütenteile stehen. Gib die entsprechende Bezeichnung für die Blüte des Rapses und der Kirsche an!

01 Honigbiene an einem blühenden Kirschzweig

Bestäubung von Blüten

Bei schönem Wetter kann man unter blühenden Kirschbäumen das Summen vieler Bienen hören. Weshalb besuchen die Bienen den Baum?

INSEKTENBESTÄUBUNG · Die auffälligen Kronblätter und der Duft der Kirschblüten locken die Bienen an. Am Grund der Blüten scheiden Drüsen einen stark zuckerhaltigen Saft ab, den **Nektar.** Zucker ist ein Nährstoff, aus dem die Tiere sehr viel Energie erhalten können. Auch die Staubblätter dienen als Futterquelle. Ihre Staubbeutel bilden große Mengen von sehr kleinen Kügelchen, den **Pollenkörnern,** die viel Eiweiß enthalten. Pollenkörner sind so zahlreich und winzig, dass man auch vom **Blütenstaub** spricht. Die Bienen tragen den Blütenstaub, den *Pollen,* in den Bienenstock und verfüttern ihn an ihre Larven.

Wenn eine Honigbiene versucht, an den Nektar zu gelangen, drückt sie die Staubblätter in der Blüte zur Seite. Dabei streift sie an den Staubbeuteln entlang und pudert sich so mit Blütenstaub ein. Beim Besuch der nächsten Blüte bleiben einige Pollenkörner auf deren Narbe haften, denn sie ist klebrig. Die Übertragung des Pollens von einer Blüte auf eine andere nennt man **Bestäubung.** Pflanzen, die ihren Blütenstaub von Insekten transportieren lassen, bezeichnet man als **Insektenblüter.** Insektenblütige Pflanzen haben in der Regel auffällige, große Blüten, die häufig Nektar absondern und duften, um Insekten anzulocken.

WECHSELWIRKUNG ZWISCHEN LEBEWESEN · Eine besonders raffinierte Form der Bestäubung findet man beim Wiesensalbei. Seine kräftig blau gefärbten Kronblätter sind im hinteren Blütenbereich zu einer Röhre verwachsen. Vorne bilden sie oben ein helmartiges Dach und unten eine lippenförmige Fläche, die Hummeln zum Landen einlädt. Unter dem Dach liegen zwei lange, gebogene Staubblätter und ein Griffel mit einer zweizipfligen Narbe. Wenn eine Hummel sich in die Blütenröhre zwängt, um den Nektar am Blütengrund zu erreichen, setzt sie bei jüngeren Blüten einen besonderen Mechanismus in Gang. Der Weg zum Nektar ist durch zwei kleine Platten versperrt. Wenn die Hummel sie mit ihrem Kopf nach hinten wegdrückt, senken sich die Staubblätter wie ein Schlagbaum und die Staubbeutel streifen ihren Pollen auf dem Rücken der Hummel ab.

Mit Pollen eingepudert besucht die Hummel nun andere Salbeiblüten. Bei älteren Blüten sind die Staubblätter geschrumpft. Der Griffel allerdings ist länger als bei jungen Blüten und weiter nach unten gebogen. So streift eine Hummel mit ihrem Rücken an der nun weiter geöffneten Narbe entlang, wenn sie in die Blütenröhre eindringt. Auf diese Weise gelangen Pollenkörner der vorher besuchten Blüte vom Rücken der Hummel auf die Narbe.

Die Hummel erhält Nektar und sorgt im Gegenzug für den gezielten Pollentransport und eine sichere Bestäubung des Wiesensalbeis. Im Laufe der Erdgeschichte entwickelten sich Angepasstheiten, die für Hummeln und für den Wiesensalbei von Vorteil sind. Die Bestäubung des Wiesensalbeis durch Hummeln ist daher ein Beispiel für die Wechselwirkung zwischen Lebewesen.

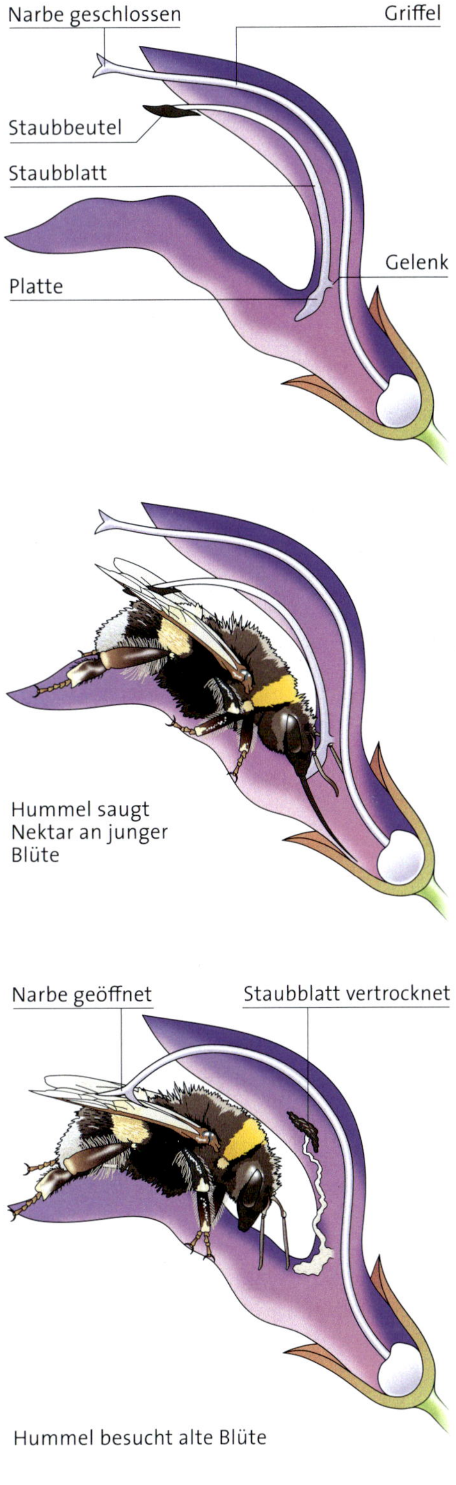

02 Bestäubung beim Wiesensalbei

03 Haselnusszweig mit weiblichem Blütenstand und männlichen Blütenständen

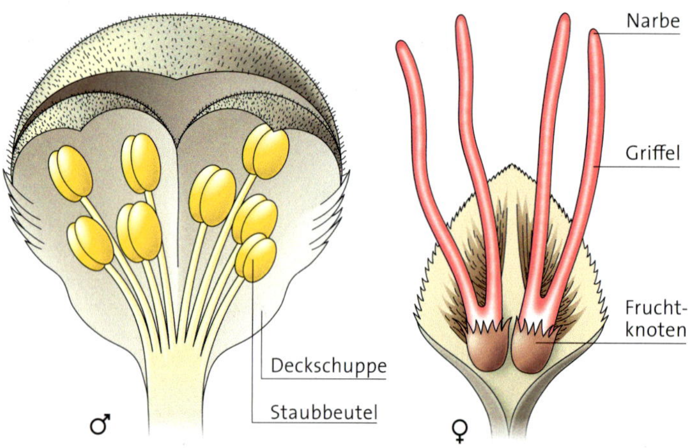

04 Männliche und weibliche Blüte des Haselnussstrauchs

1 Erläutere die Wechselwirkung zwischen der Kirschblüte und der Honigbiene!

2 Nenne die Merkmale von Blüten, die vom Wind beziehungsweise von Insekten bestäubt werden!

3 Kirschbäume und Haselnusssträucher blühen noch vor dem Laubaustrieb. Erkläre, welchen Vorteil das für die Pflanzen hat!

WINDBESTÄUBUNG · Die Blüten des Haselnussstrauchs sind klein und unscheinbar. Ihnen fehlt eine auffällige Blütenhülle aus Kronblättern. Der Strauch bildet zwei verschiedene Formen von Blüten. Eine Blütenform besteht nur aus einem schuppenförmigen Blättchen und einigen Staubblättern. Das sind die **männlichen Blüten.** Viele eng zusammenstehende Einzelblüten bilden einen langen, hängenden *Blütenstand, ein Kätzchen.* Die **weiblichen Blüten** sind nicht leicht zu entdecken. Sie liegen innerhalb eines kleinen, knospenartigen Blütenstands, aus dem nur die rötlichen Narben herausragen. Die Fruchtknoten liegen geschützt im Inneren der Knospe. Blüten, die sowohl Staubblätter als auch Fruchtblätter haben, nennt man **zwittrig.** Blüten, die entweder nur Staubblätter oder nur Fruchtblätter haben sind **eingeschlechtlich.**

Ende Februar beginnt der Haselnussstrauch zu blühen. Beim kleinsten Windhauch lösen sich kleine Wolken aus Millionen von gelben Pollenkörnern von den männlichen Blütenständen. Sie sind viel kleiner als zum Beispiel die Pollenkörner der Kirsche, sodass sie mit dem Wind weit verweht werden können. Die große Menge an Pollen ist erforderlich, weil nur wenige Pollenkörner zufällig auf die Narben der weiblichen Blüten gelangen. In der Blütezeit trägt der Haselnussstrauch noch keine Laubblätter, sodass die Blüten frei im Wind stehen. Dadurch lassen sich die Pollenkörner, der Blütenstaub, besser aus den Kätzchen lösen und verwehen. Die weiblichen Blüten können mit der klebrigen Oberfläche ihrer Narben den Pollen leichter auffangen. Viele unserer Bäume, alle Gräser und einige Kräuter werden durch den Wind bestäubt. Allen gemeinsam sind die unscheinbaren Blüten und die großen Pollenmengen.

Material A ▸ **Bestäubung bei der Steinnelke**

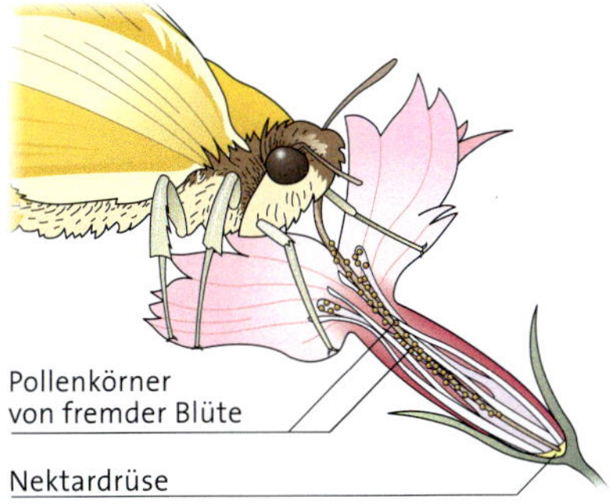

A1 Beschreibe die Bestäubung der Steinnelke!

A2 Erläutere das Basiskonzept Angepasstheit am Beispiel der Steinnelke und des Schmetterlings!

Material B ▸ **Bestäubung durch Wind oder Insekten**

B1 Gib an, welche der abgebildeten Blüten vom Wind und welche von Insekten bestäubt werden! Begründe deine Antwort!

B2 Hummeln sind schwere Insekten mit langen Rüsseln. Erläutere, welche der dargestellten Blüten vor allem von Hummeln bestäubt werden!

B3 Erläutere einige Basiskonzepte, die sich aus den Fotos erschließen lassen!

01 Honigbiene beim Sammelflug

Die Honigbiene

Im Frühjahr, wenn die Pflanzen anfangen zu blühen, summt und brummt es in der Luft. Die Honigbienen sind unterwegs und besuchen viele Blüten. Danach kehren die Bienen in den Bienenstock eines Imkers zurück. Was macht die Biene so nützlich für Mensch und Natur?

lateinisch insectum = eingeschnitten, eingekerbt

ÄUSSERER KÖRPERBAU DER HONIGBIENE · Die Honigbiene ist ein Kerbtier, ein **Insekt.** Ihr Körper unterteilt sich wie bei allen Insekten in die drei Hauptabschnitte *Kopf, Brust* und *Hinterleib.* Diese Körperteile sind durch deutliche Kerben voneinander abgesetzt. Der Körper der Vorfahren der Insekten war ursprünglich in einzelne Kammern, die *Segmente,* gegliedert. Bei der Biene erkennt man diese Gliederung noch am Hinterleib. Die Segmente sind hier mit Gelenkhäutchen beweglich miteinander verbunden, während die Segmente des Kopfes und der Brust weitgehend verschmolzen sind. Bienen gehören zu den *Gliedertieren.* Die für Insekten typischen sechs Beine sitzen an der Brust und sind jeweils in fünf Glieder unterteilt. Der Körper ist von einem festen, aber elastischen Panzer umgeben und geschützt. Dieses *Außenskelett* der Insekten besteht nicht aus Knochen wie das Innenskelett der Wirbeltiere, sondern aus dem Faserstoff **Chitin.** Da den Insekten eine Wirbelsäule fehlt, zählt man sie zu den *wirbellosen* Tieren. An der Brust trägt die Honigbiene außerdem zwei durchsichtige Flügelpaare. Die Flügel sind wie bei allen geflügelten Insekten Ausstülpungen der Haut und keine umgewandelten Vorderextremitäten wie bei den Flügel tragenden Wirbeltieren. Zur Orientierung dienen der Honigbiene ihre zwei Fühler am Kopf, die *Antennen* und

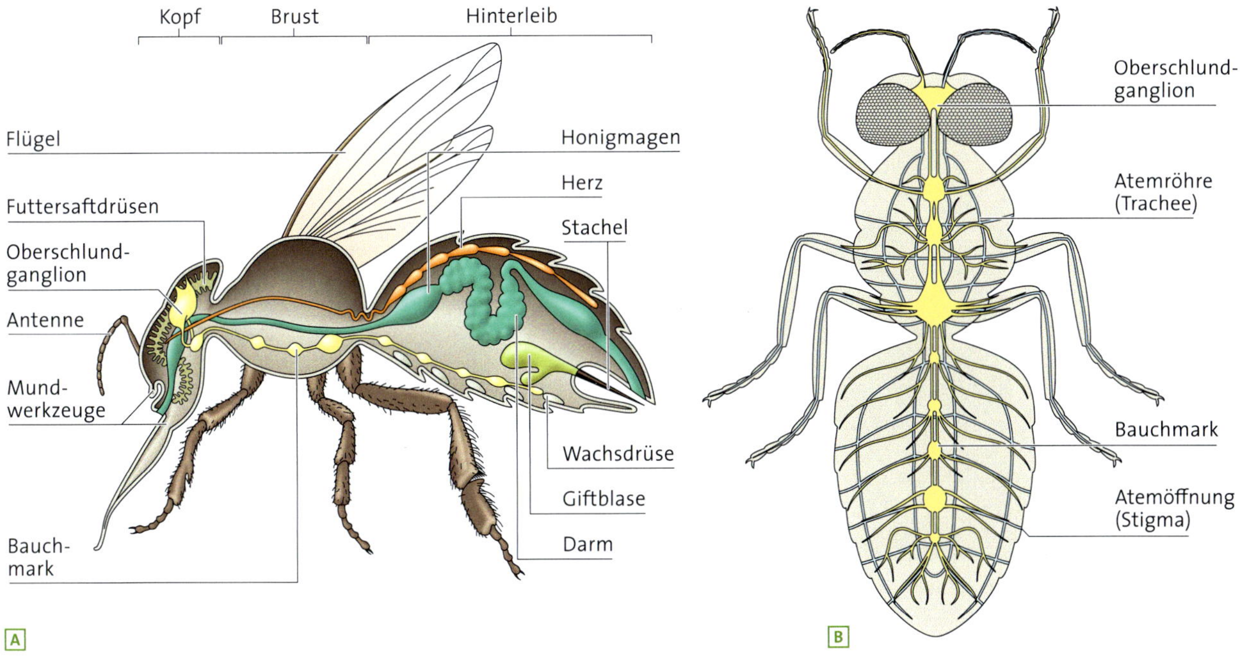

02 Honigbiene: **A** Körperbau im Längsschnitt, **B** Nervensystem und Atmungsorgane in Aufsicht

ihre zwei *Netzaugen*. Sie sind aus bis zu 6000 Einzelaugen zusammengesetzt. Die Mundwerkzeuge der Biene bestehen ebenfalls aus Chitin und dienen zum Lecken und Aufsaugen von Flüssigkeiten.

INNERER KÖRPERBAU DER HONIGBIENE · Der gesamte Körper der Biene wird von Blut durchströmt, das von einem *röhrenförmigen Herzen* im Rücken des Tiers von hinten nach vorn gepumpt wird. Die Blutgefäße enden offen. Insekten besitzen im Gegensatz zu Wirbeltieren einen *offenen Blutkreislauf*. Das farblose Blut, die *Lymphe*, dient dem Stofftransport und dem Wundverschluss, jedoch nicht dem Transport der Atemgase. Wie gelangt der benötigte Sauerstoff dann in den Körper und zu den Organen? Er wird durch Atemöffnungen, die *Stigmen*, in den Seitenwänden der Hinterleibssegmente aufgenommen und durch verzweigte Atemröhren, die *Tracheen*, direkt, ohne Umweg über das Blut, den Organen zugeleitet. Der Abtransport des Kohlenstoffdioxids verläuft umgekehrt.

Das Nervensystem der Biene durchzieht als *Bauchmark* die Unterseite des Körpers. Da es aus Paaren von Nervenknoten, den *Ganglien*, aufgebaut ist, die längs und quer miteinander durch Nervenstränge verbunden sind, erinnert es an eine Strickleiter. Deshalb bezeichnet man dieses Nervensystem, das bei allen Gliedertieren vorkommt, als *Strickleiternervensystem*. Ein großer Nervenknoten im Kopf des Insekts, das Oberschlundganglion, erfüllt die Aufgaben eines Gehirns. Im Hinterleib trägt die Honigbiene einen Stechapparat mit Giftdrüsen und einem Stachel mit Widerhaken.

1 Erkläre den Begriff Insekt!

2 Erläutere die Atmung bei Insekten!

03 Bienenwabe mit Honigzellen

04 Imker bei der Honigernte

DAS LEBEN DER ARBEITSBIENE · Nach dem Schlüpfen arbeitet die Honigbiene etwa 20 Tage lang im Bienenstock. Zuerst putzt sie leere Zellen. Die folgenden Tage füttert sie als *Amme* Larven des Bienenvolks mit Futtersaft, Pollen und Honig. Mit Wachs aus ihren *Wachsdrüsen* baut sie danach neue Waben. Am Flugloch nimmt sie später Pollen und Nektar entgegen und füllt damit die Waben. Wird es im Stock zu warm, erzeugt die Arbeitsbiene durch Flügelschlag einen kühlenden Luftstrom. Am Ende ihres Stockdienstes prüft sie als *Wächterbiene* am Flugloch die ankommenden Sammlerinnen und lässt nur Bienen des Stocks hinein. Fremde Tiere werden mit dem Giftstachel abgewehrt. Vom 21. Tag bis zum Ende ihres etwa fünfwöchigen Lebens arbeitet die Honigbiene im Außendienst als *Sammlerin*. Den **Nektar** der Blüten sammelt sie in ihrem Honigmagen, **Blütenstaub** in kleinen Körbchen mit Borsten an den Hinterbeinen. Nach jeweils mehreren Hundert Blütenbesuchen kehrt eine Sammelbiene zum Bienenstock zurück und liefert ihr Sammelgut ab.

NUTZEN DER HONIGBIENE · Honigbienen liefern nicht nur Honig, sondern sie **bestäuben** bei ihrer Sammeltätigkeit auch die Blüten der besuchten Pflanzen wie zum Beispiel fast alle Obstbäume und Beerensträucher. Ohne diese Bestäubung würden sich keine Früchte entwickeln. Im Vergleich zur Bestäubung wichtiger Kulturpflanzen in der Landwirtschaft macht die Honiggewinnung nur ein Zehntel des Nutzwertes der Honigbienen aus. In Deutschland wird der Nutzwert auf etwa vier Milliarden Euro im Jahr geschätzt. Damit ist die Honigbiene nach Rindern und Schweinen das drittwichtigste *Nutztier* bei uns. *Blütenhonig* entsteht aus Blütennektar, der stark eingedickt und verarbeitet wurde. *Waldhonig* stellen die Honigbienen aus den Ausscheidungen von Blattläusen her. Zur **Honiggewinnung** schabt der Imker die Wachsdeckel von den Honigwaben und *schleudert* den Honig kalt mithilfe spezieller Zentrifugen aus den Waben. Der auslaufende Honig fließt durch ein Sieb in einen Honigkübel und wird dann in Behälter abgefüllt.

VERSUCH A ▸ Präparation einer Honigbiene

Material:
tote Honigbienen (vom Imker), Pinzette, Schere oder Lanzettnadel, Lupe oder Binokular, Papierblatt, Klebefolie

Durchführung:
Lege eine Biene auf das Papier. Fasse das Insekt vorsichtig mit den Fingerspitzen an, drücke den Körper leicht zusammen und lasse wieder los. Betrachte die Körperabschnitte mit der Lupe oder dem Binokular und vergleiche den Aufbau der Biene mit der Abbildung 02 auf Seite 183. Trenne mit der Pinzette vorsichtig die Bein- und Flügelpaare ab und lege sie wie in der Abbildung oben geordnet auf die Klebefolie. Trenne mit der Schere oder Lanzettnadel Kopf, Brust und Hinterleib ab und lege die drei Körperteile ebenfalls geordnet auf die Klebefolie. Lege jetzt ein zugeschnittenes Folienstück vorsichtig über dein Präparat und klebe es fest!

A1 Beschreibe den Eindruck, den du beim Betasten des Bienenkörpers erhältst! Erläutere deinen Eindruck!

A2 Nenne die für ein Insekt typischen Kennzeichen, die du bei der präparierten Biene erkennen kannst!

A3 Zähle die Segmente nach der Einschnürung des Hinterleibs der Honigbiene!

Material B ▸ Arbeitsbiene

1. bis 3. Tag — 3. bis 12. Tag — 12. bis 18. Tag — 18. bis 21. Tag — ab 21. Tag

B1 Beschreibe den Lebenslauf einer Arbeitsbiene! Ordne dabei die Begriffe Wächter-, Putz-, Sammel-, Bau- und Ammenbiene zu!

B2 Ab dem 18. Tag betätigen sich manche Arbeiterinnen als Ventilatorbienen. Sie stehen am Eingang des Bienenstocks und schwirren mit den Flügeln. Begründe das Verhalten!

B3 Die Abbildung 01 auf Seite 182 zeigt eine Honigbiene, die gelbes Sammelgut in Körbchen an den Hinterbeinen, in ihren „Höschen", trägt. Gib an, was dieses Sammelgut ist und wofür es benötigt wird!

B4 Für ein Gramm Honig muss eine Biene rund 12 000 Blüten besuchen. Berechne, wie viele Blüten zur Produktion von einem Glas Imkerhonig, das 500 Gramm enthält, von Bienen besucht werden müssen!

01 Bienen tauschen sich aus

Insektenstaaten und Kommunikation

Manche Insektenarten leben in riesigen Gemeinschaften, in Staaten. Das Zusammenleben kann nur funktionieren, wenn die einzelnen Tiere im Staat zusammenarbeiten und sich dabei verständigen. Wie aber „sprechen" Insekten miteinander, wie kommunizieren sie?

DER STAAT DER HONIGBIENEN · Ein Bienenvolk besteht aus 10 000 bis 80 000 Einzeltieren. Wenn das Volk im Frühsommer zu zahlreich wird, bauen **Arbeitsbienen** große Brutzellen am Rande der Waben, die *Weiselzellen*. Hier entwickeln sich aus befruchteten Eizellen Königinnenlarven, so-

02 Schwarmtraube von Honigbienen

03 Bienenwesen

fern sie mit einem speziellen Kraftfutter, dem „Gelee Royale“, gefüttert werden. Die junge **Königin,** die als Erste schlüpft, tötet die anderen Prinzessinnen mit ihrem Giftstachel. Die alte Königin verlässt mit etwa dem halben Volk den Bienenstock und bildet an einem Baum eine *Schwarmtraube.* Wenn Kundschafterinnen einen geeigneten Platz für einen neuen Staat gefunden haben, zum Beispiel einen hohlen Baum, zieht der Schwarm dorthin. Die junge Königin bleibt im alten Bau und gründet mit dem Restvolk ihren eigenen Staat. Woran erkennen die Arbeiterinnen eine Königin? Die Königin gibt ständig besondere *Duftstoffe* ab. Die einzige Aufgabe ihres bis zu fünf Jahren dauernden Lebens ist das Legen von etwa 2000 Eiern pro Tag. Aus den daraus geschlüpften Larven entwickeln sich bei Fütterung mit Normalfutter unfruchtbare Arbeitsbienen. Zur Befruchtung der Eizellen dienen der jungen Königin männliche Honigbienen, die **Drohnen.** Drohnen entwickeln sich aus unbefruchteten Eizellen. Nachdem die Königin bei Hochzeitsflügen von den Drohnen begattet wurde, speichert sie die Spermienzellen für ihr weiteres Leben. Die Drohnen sind nach der Begattung überflüssig und werden nicht mehr gefüttert. Falls sie nicht verhungern, werden sie in der *Drohnenschlacht* von Arbeiterinnen getötet und aus dem Stock entfernt. Drohnen besitzen keine Stacheln.

KOMMUNIKATION BEI HONIGBIENEN · Eine Kundschafterbiene, die eine neue Futterquelle gefunden hat, teilt dies nach Rückkehr in den Stock mit bestimmten Tänzen mit. Viele der Sammelbienen tanzen der Kundschafterin hinterher und eignen sich dabei die neuen Informationen an. Liegt die Futterquelle weit entfernt, tanzt die Kundschafterin den **Schwänzeltanz.** Dieser Tanz gibt Auskunft über die Flugrichtung und Entfernung zur Futterquelle sowie über die Ergiebigkeit. In welchem Winkel zur Sonne die Sammlerinnen später abfliegen sollen, wird ihnen auf einer Wabe im gleichen Winkel zur Senkrechten nach oben vorgetanzt. Die Kundschafterin läuft dazu eine gerade Strecke in der vorgestellten Abflugrichtung und bewegt dabei ihren Hinterleib zitternd hin und her, sie „schwänzelt“. Ist sie am Endpunkt der Schwänzelstrecke angekommen, läuft sie wieder im Bogen abwechselnd rechts oder links herum zum Ausgangspunkt zurück und beginnt von Neuem. Je langsamer die Tänzerin beim Tanz schwänzelt, desto weiter ist die Futterquelle entfernt. Je länger sie tanzt, desto mehr Futter ist zu holen. Mitgebrachte Geschmacks- und Duftproben informieren über die Art des Futters. Wenn die Futterquelle weniger weit vom Bienenstock entfernt liegt, wird nur ein einfacher **Rundtanz** getanzt. Dabei läuft die Kundschafterin auf der Wabe kreisförmige Figuren mit häufigem Wechsel der Drehrichtung. Durch diesen Tanz werden Sammelbienen ermuntert aufzubrechen.

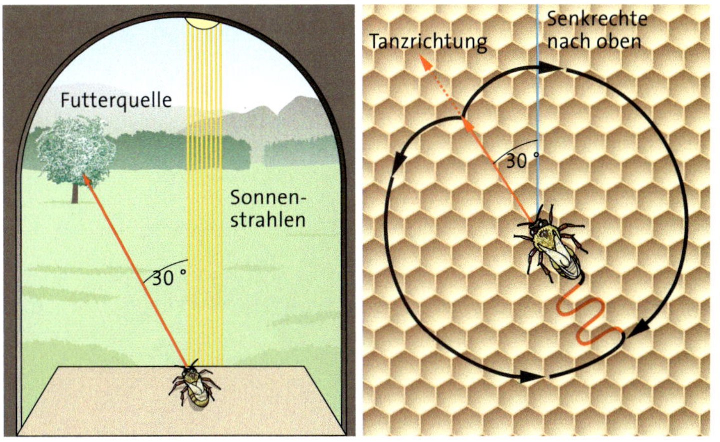

04 Schwänzeltanz der Honigbienen

05 Rundtanz der Honigbienen

1 Stelle die Merkmale und Aufgaben der unterschiedlichen Bienenwesen in einer Tabelle dar!

06 Längsschnitt durch einen Waldameisenbau

DER STAAT DER WALDAMEISEN · Auch die Ameisen bilden Staaten. Die jungen Königinnen und Ameisenmännchen besitzen für ihre *Hochzeitsflüge* zunächst Hautflügel wie die Bienen. Die Männchen sterben nach der Begattung, während die Königinnen ihre vier Flügel abwerfen und beginnen, neue Staaten zu bilden. Dazu nehmen sie sich einige Arbeiterinnen aus dem alten Staat mit oder sie dringen in Völker kleinerer Ameisenarten ein und töten deren Königinnen. Die Arbeiterinnen des überwältigten Staates dienen dann den fremden Königinnen als *Helferameisen*. In einem Ameisenstaat leben viele Hundert Königinnen. Sie werden bis zu 20 Jahre alt und legen ständig Eier, aus denen sich Arbeiterinnen ihrer eigenen Art entwickeln, während die alten Helferameisen nach und nach aussterben. Arbeiterinnen sind unfruchtbare, flügellose Ameisenwesen. Sie besitzen scharfe Mundwerkzeuge zum Beißen. Als weitere Waffe setzen sie *Ameisensäure* ein, die sie in Drüsen produzieren und verspritzen. Mit dieser scharfen Säure können sie nicht nur Feinde in die Flucht schlagen, sondern auch größere Insekten erlegen. Ein Waldameisenvolk mit 100 000 Einzeltieren sammelt pro Jahr mehrere Millionen *Beutetiere*, hauptsächlich andere Insekten, deren Larven sowie Würmer. Waldameisen ernähren sich außerdem von Blattlausausscheidungen, dem *„Honigtau“* und von Fettanhängseln an den Samen mancher Kräuter. Der Bau der Waldameise ist ein *Hügelnest* mit einer Höhe von oft über einem Meter.

KOMMUNIKATION BEI WALDAMEISEN · Zur Verständigung der Tiere innerhalb des Ameisenstaates dienen hauptsächlich Duftstoffe, die von den Ameisen aus Drüsen ausgeschieden werden. Man unterscheidet *Alarmstoffe*, verschiedene *Erkennungsstoffe*, an denen sich die Arbeiterinnen eines Staates und ihre Königinnen erkennen, *Lockstoffe* bei Königin und Männchen und *Spurduftstoffe*, die den Weg zu einer Nahrungsquelle weisen. Eine Voraussetzung für diese **Duftsprache** sind die empfindlichen Riechorgane in den Antennen. Mit den Antennen werden auch Wärme-, Kälte- und Berührungsreize wahrgenommen.

2 Beschreibe die Lebensweise der Waldameisen! Nimm dazu auch die Abbildung 06 zu Hilfe!

3 Vergleiche die Waldameisen mit den Honigbienen! Nenne dabei Gemeinsamkeiten und Unterschiede!

Material A ▸ Die „Sprache" der Honigbienen

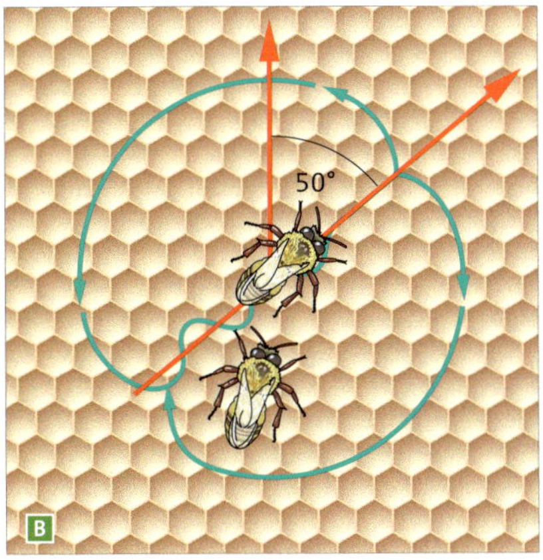

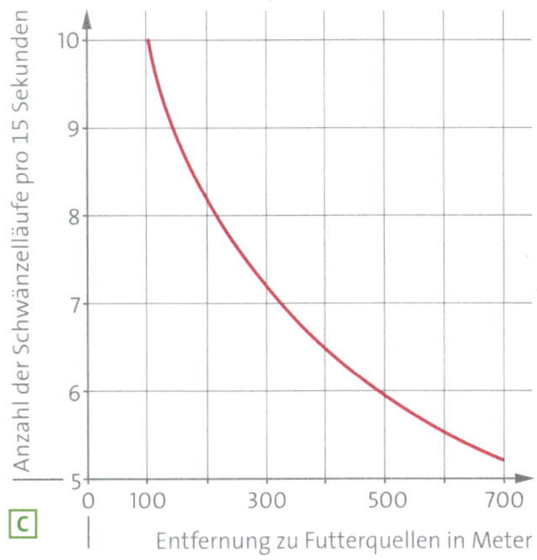

A1 Beschreibe und benenne die in den Abbildungen A und B dargestellten Bienentänze! Nimm den Text auf Seite 187 zu Hilfe!

A2 Erkläre, bei welchen Voraussetzungen eine Honigbiene den Tanz in Abbildung A aufführt und was sie mitteilt!

A3 Erläutere, in welcher Situation eine Honigbiene den Tanz B aufführt und welche Informationen sie damit weitergibt!

A4 Gib an, in welcher Richtung eine Sammelbiene abfliegt, wenn sie den Tanz B von einer Kundschafterin vorgetanzt bekommt! Begründe!

A5 Aus der Abbildung C kann man entnehmen, wie den Sammelbienen im Stock die Entfernungen zu neuen Futterquellen von Kundschafterinnen vermittelt werden. Werte das Liniendiagramm aus und fasse die Ergebnisse in eigenen Worten zusammen!

Material B ▸ Ameisen

B1 In der Abbildung tauschen Ameisen Informationen aus. Beschreibe, wie Ameisen eines Staates sich erkennen und wie sie Informationen über den Ort einer neuen Nahrungsquelle weitergeben!

B2 Vergleiche die „Sprachen" der Honigbienen und der Waldameisen! Nimm auch die Seiten 187 und 188 zu Hilfe! Erläutere dabei das Basiskonzept Information und Kommunikation!

B3 Eine Ameise, die fünf Milligramm wiegt, kann eine Masse von 500 Milligramm tragen. Stelle deine Körpermasse fest! Berechne dann, wie schwer die Last wäre, die du tragen könntest, wenn du vergleichsweise so stark wie eine Ameise wärst!

01 Kirschbaum

Bildung von Früchten und Samen

Der Kirschbaum blüht nur für kurze Zeit. Bald darauf trägt er Kirschen. Wo kommen diese Kirschen her?

POLLENSCHLAUCH · Nach der Bestäubung brechen die auf der Narbe liegenden Pollenkörner auf. Dann schieben sie einen dünnen Fortsatz, den *Pollenschlauch,* in den Griffel

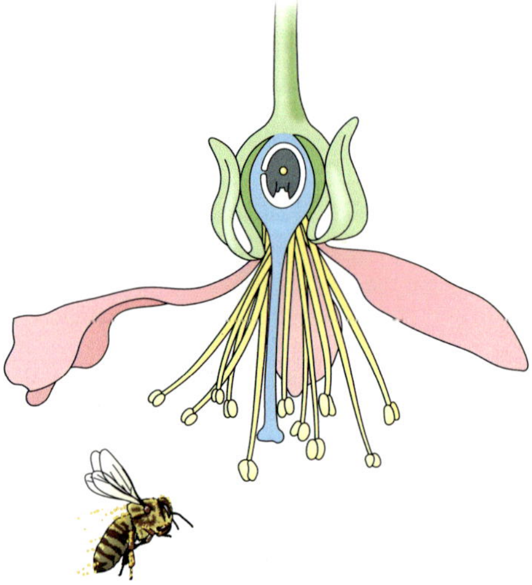

02 Bestäubung

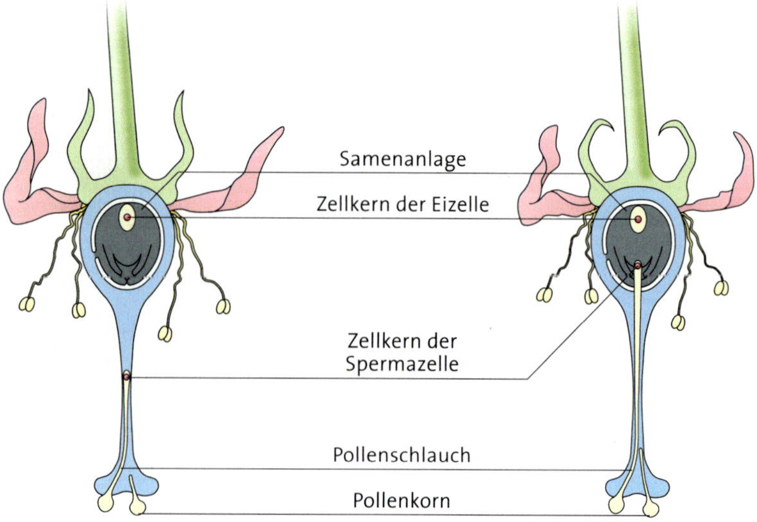

03 Auswachsen des Pollenschlauchs

hinein. Die Pollenschläuche wachsen durch den Griffel in Richtung Fruchtknoten. In den Spitzen der Pollenschläuche liegen die männlichen Geschlechtszellen des Kirschbaums, die man auch *Spermazellen* nennt.

BEFRUCHTUNG · Im Fruchtknoten liegt die **Eizelle,** die weibliche Geschlechtszelle des Kirschbaums. Sie ist von einer Hülle umgeben, der **Samenanlage.** Wenn ein Pollenschlauch die Samenanlage erreicht, öffnet sich seine Spitze und entlässt eine männliche Geschlechtszelle. Diese verschmilzt daraufhin mit der Eizelle. Sobald sich die Zellkerne der männlichen und weiblichen Geschlechtszelle vereinigt haben, ist die **Befruchtung** vollzogen und die Bildung des Kirschsamens und der Frucht beginnt.

Meistens wachsen mehrere Pollenschläuche in Richtung Fruchtknoten. So ist die Wahrscheinlichkeit höher, dass die Befruchtung auch wirklich gelingt. Eine Eizelle wird immer nur von einer einzigen männlichen Geschlechtszelle befruchtet. Die Eizelle des Kirschbaums kann nur von der männlichen Geschlechtszelle eines Kirschbaums befruchtet werden, weil Pollenkörner einer anderen Pflanzenart auf der Narbe der Kirschblüte keinen Pollenschlauch austreiben können. Befruchtungen sind nur möglich, wenn die Eizelle und die männliche Geschlechtszelle von der gleichen Art stammen. Dies gilt für die meisten Lebewesen.

Weil der Fruchtknoten die Eizellen enthält, kann man den Stempel als das *weibliche Geschlechtsorgan* der Pflanze bezeichnen. Entsprechend sind die Staubblätter die *männlichen Geschlechtsorgane.*

FRUCHTBILDUNG · Nach der Befruchtung nimmt der Fruchtknoten der Kirschblüte viel Wasser auf und lagert Zucker ein, der durch die Fotosynthese in den Laubblättern gebildet wurde. Der äußere Bereich der Fruchtknotenwand wird zur Fruchtschale, der mittlere Teil zum süßen Fruchtfleisch und der innere zum steinharten Kirschkern. Dieser legt sich schützend um den **Samen,** der sich aus der befruchteten Eizelle und der Samenanlage entwickelt.

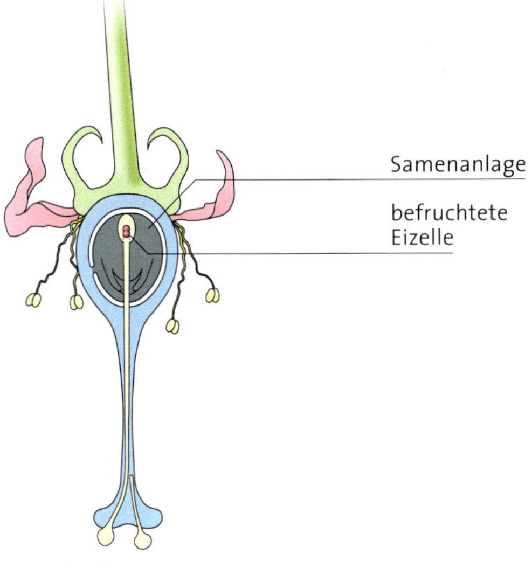

04 Befruchtung

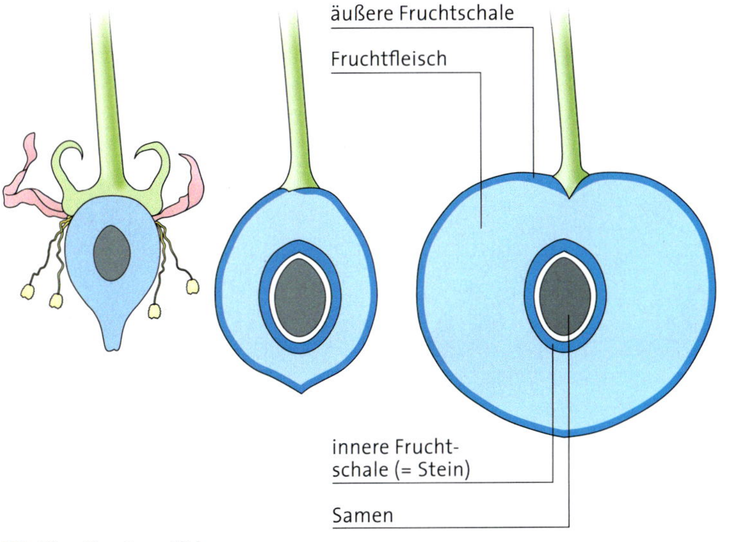

05 Eine Kirsche reift heran

06 Stachelbeere (Beere)

07 Erdbeere (Sammelfrucht)

08 Haselnuss (Nuss)

09 Bohne (Hülse)

FRUCHTFORMEN · Wegen der steinharten Hülle, die den Samen umgibt, nennt man eine Frucht wie die Kirsche **Steinfrucht.** Wenn der gesamte Fruchtknoten saftiges Fruchtfleisch bildet, das die Samen einhüllt, spricht man von einer **Beere.** Beispiele dafür sind die Stachelbeere und die Tomate. Wenn die Fruchtknotenwand vollständig aushärtet und einen Samen umgibt, entsteht eine **Nuss.** Das ist zum Beispiel bei der Haselnuss der Fall, aber auch beim Hahnenfuß, bei dem jedes Fruchtblatt eine kleine Nuss bildet.

Brombeeren und Erdbeeren bestehen aus vielen kleinen Einzelfrüchten, die vom Blütenboden zusammengehalten werden. Solche Früchte nennt man **Sammelfrüchte.** Auch beim Apfel und bei ähnlichem Obst ist der Blütenboden an der Fruchtbildung beteiligt. **Hülsen** und **Schoten** sind trockene Früchte, die aus einem oder zwei Fruchtblättern entstehen. Nach der Reifung platzen sie auf und die Samen werden freigesetzt. Beispiele dafür sind die Schoten des Raps und die Hülsen der Bohne und Erbse.

1 Wenn es Ende Mai und Anfang Juni an vielen Tagen nass und kühl ist, tragen die Kirschbäume im Juli nur wenige Früchte. Erkläre den Zusammenhang!

2 Nenne außer den im Text erwähnten Pflanzen je zwei weitere Beispiele für Steinfrüchte und Beeren!

3 Halbiere eine Tomate und eine Pflaume und zeichne die Schnittfläche! Beschrifte deine Zeichnung!

4 Beschreibe in Stichworten die Vorgänge, die ablaufen, bis eine Haselnuss entstanden ist!

Material A ▸ Pollenkörner

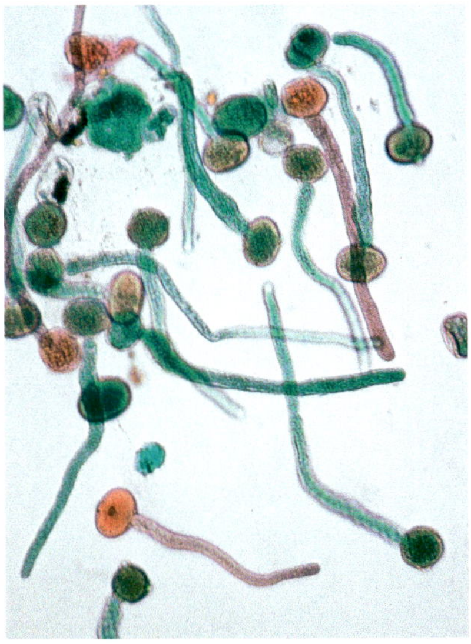

Die Abbildung zeigt stark vergrößerte Pollenkörner, die seit einigen Stunden in einer Nährflüssigkeit liegen.

A1 Beschreibe mit Fachbegriffen den Vorgang, der in der Abbildung zu erkennen ist!

A2 Nenne den Ort in der Pflanze, an dem der in der Abbildung zu erkennende Vorgang abläuft!

A3 Stelle Vermutungen darüber an, welcher Teil einer Blüte in der Natur die Aufgabe der Nährflüssigkeit übernimmt!

A4 Erkläre, weshalb die meisten Pflanzen nur dann Samen, also Nachkommen, bilden können, nachdem der in der Abbildung dargestellte Vorgang abgelaufen ist!

A5 Beschreibe, wo in den abgebildeten Pollenkörnern die Zellen liegen, die den männlichen Geschlechtszellen der Tiere entsprechen!

Material B ▸ Fruchtformen

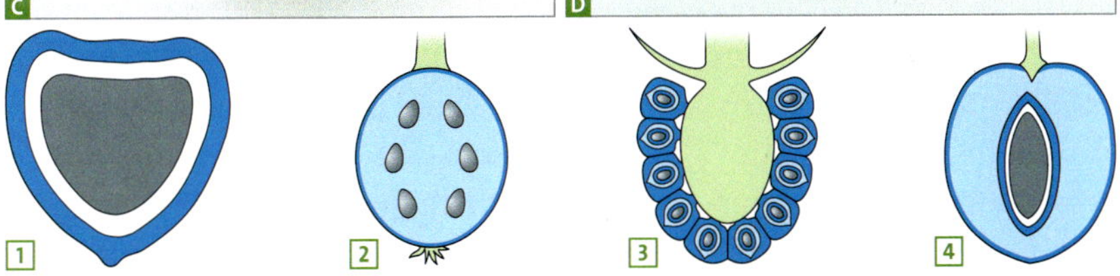

B1 Ordne die abgebildeten Früchte den Grafiken zu! Achte dabei nicht auf die Form der Früchte! Du kannst einer Grafik auch mehr als eine Frucht zuordnen. Eine der Grafiken passt zu keiner der abgebildeten Früchte.

B2 Nenne jeweils den Namen der Früchte und ihre jeweilige Fruchtform!

01 Löwenzahnpflanze in einer Mauer

Verbreitung von Früchten und Samen

02 Löwenzahnfrucht

03 Flugfrucht eines Ahorns

Löwenzahnpflanzen gehören zu den ersten Pflanzen, die freie Flächen besiedeln. Sogar zwischen den Steinen einer neu gebauten Mauer wachsen sie. Wie ist die Löwenzahnpflanze dorthin gelangt?

VERBREITUNG DURCH DEN WIND · Die Früchte des Löwenzahns hängen an kleinen, aus Haaren gebildeten Fallschirmen. Sie sorgen dafür, dass die Früchte nur sehr langsam zu Boden fallen. So kann sie der Wind über weite Strecken mitnehmen. Die Früchte des Ahorns haben leichte, häutige Tragflächen, die ebenfalls die Sinkgeschwindigkeit verringern. Haare oder Tragflächen sind typisch für solche **Flugfrüchte.**

VERBREITUNG DURCH WASSER · Die Samen der Seerose, der Kokospalme und anderer im oder am Wasser lebender Pflanzen haben mit Luft gefüllte *Schwimmkörper*. Dadurch treiben die Samen auf dem Wasser und entfernen sich so von der Mutterpflanze.

VERBREITUNG DURCH TIERE · Die reifen Beeren des Schneeballs machen mit ihrer auffälligen Farbe Tiere, vor allem Vögel, darauf aufmerksam, dass hier Früchte mit nahrhaftem Fruchtfleisch zu holen sind. Solche **Lockfrüchte** haben sehr widerstandsfähige Samen, die im Darm der Tiere nicht verdaut werden. Mit dem Kot gelangen sie meistens an Stellen, die weit entfernt von ihrer Mutterpflanze liegen.

Andere Pflanzen, zum Beispiel die Klette, haben Früchte entwickelt, die mit kleinen Widerhaken im Fell oder Gefieder von Tieren hängen bleiben. Diese **Klettfrüchte** werden so über weite Strecken verschleppt.

Eichhörnchen und einige Vögel, zum Beispiel der Eichelhäher, legen im Herbst mehrere kleine Vorratslager im Boden an. Sie

verstecken dort Eicheln, Haselnüsse und ähnliche Früchte. Wenn sie die Vorräte nicht benötigen oder nicht wiederfinden, wachsen im Frühling an dieser Stelle Jungpflanzen aus dem Boden.
Die Früchte der Taubnessel und der Samen der Veilchen haben ein kleines, fettreiches Anhängsel. Es heißt auch Ameisenbrot, weil Ameisen die Früchte und den Samen gerne in ihren oft weit entfernten Bau schleppen, um sie dort zu fressen. Unterwegs verlieren sie zuweilen eine Frucht oder einen Samen, und bei günstigen Bedingungen kann daraus eine neue Pflanze heranwachsen.

SELBSTVERBREITUNG · Je älter die Früchte des Springkrauts werden, desto stärker stehen sie unter Spannung. Reife Früchte platzen schon auf, wenn sie nur leicht berührt werden. Ihre Fruchtblätter rollen sich blitzartig auf und schleudern die Samen weit von sich. Solche **Schleuderfrüchte** hat auch der Besenginster.
Da Pflanzen sich nicht wie Tiere bewegen können, bilden viele von ihnen Samen, die über weite Strecken transportiert werden können. Auf diese Weise besiedeln die Pflanzen neue Gebiete, der Löwenzahn sogar die mit Erde gefüllten Fugen einer Mauer. Außerdem vermeiden sie so die Konkurrenz mit den Elternpflanzen, die auftreten würde, wenn sie in nächster Nähe zu ihnen wachsen würden.

1 Beschreibe Angepasstheiten von Samen oder Früchten, die ihrer Verbreitung dienen!

2 Informiere dich in Pflanzenbüchern, Lexika oder im Internet, wie Linde, Möhre, Holunder, Schöllkraut und Waldrebe ihre Früchte oder Samen verbreiten!

04 Eichelhäher mit Eichel

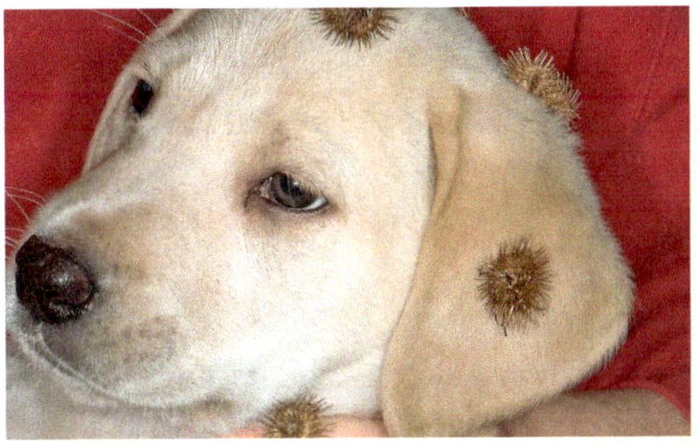

05 Früchte der Klette im Fell eines Hundes

06 Waldameise mit Taubnesselfrucht

07 Früchte des Springkrauts

08 Fortpflanzung durch Ausläufer bei der Erdbeere

09 Scharbockskraut mit Wurzelknollen und Brutknöllchen

UNGESCHLECHTLICHE FORTPFLANZUNG · Eine Erdbeerpflanze bildet lange Seitentriebe, die **Ausläufer.** Wenn sie den Boden berühren, verankern sie sich mit Wurzeln, treiben Blätter aus und wachsen zu neuen Erdbeerpflanzen heran. Weil an dieser Vermehrung keine *Geschlechtszellen* beteiligt sind, spricht man von einer *ungeschlechtlichen Fortpflanzung.*

Das Scharbockskraut pflanzt sich geschlechtlich durch Samen fort, aber auch ungeschlechtlich durch **Wurzelknollen.** Das sind nährstoffhaltige Verdickungen der Wurzeln, aus denen neue Pflanzen entstehen können. Außerdem bildet die Pflanze in den Ansatzstellen der Blätter kleine Knöllchen. Diese **Brutknospen** fallen ab, wenn sie groß genug sind, treiben Wurzeln aus und wachsen zu neuen Pflanzen heran.

Durch die ungeschlechtliche Fortpflanzung können sich Pflanzen sehr schnell vermehren. Demgegenüber dauert die geschlechtliche Fortpflanzung mit der Bildung von Blüten, Samen und Früchten viel länger. Alle Nachkommen, die durch ungeschlechtliche Fortpflanzung entstehen, gleichen ihrer Herkunftspflanze vollständig und sind auch untereinander identisch. Aus den Samen derselben Pflanze dagegen entstehen Nachkommen, die sich voneinander meistens geringfügig unterscheiden.

In Gärtnereien und Baumschulen nutzt man die ungeschlechtliche Fortpflanzung, indem man Pflanzen durch **Stecklinge** vermehrt. Das sind abgeschnittene Pflanzenteile, aus denen neue Pflanzen heranwachsen, wenn man sie in den Boden steckt. So lassen sich zum Beispiel aus den Blättern einer Geranie oder aus Zweigen einer Weide in kurzer Zeit viele neue Pflanzen heranziehen, die ihren Herkunftspflanzen vollständig gleichen.

3 Beschreibe, weshalb es für einen Gärtncr von Vorteil ist, Bäume aus Stecklingen heranzuziehen und nicht aus Samen!

4 Stelle Vermutungen darüber an, welche Vorteile für eine Erdbeerpflanze mit der geschlechtlichen und ungeschlechtlichen Fortpflanzung verbunden sein könnten!

VERSUCH A ▸ Flugfrüchte

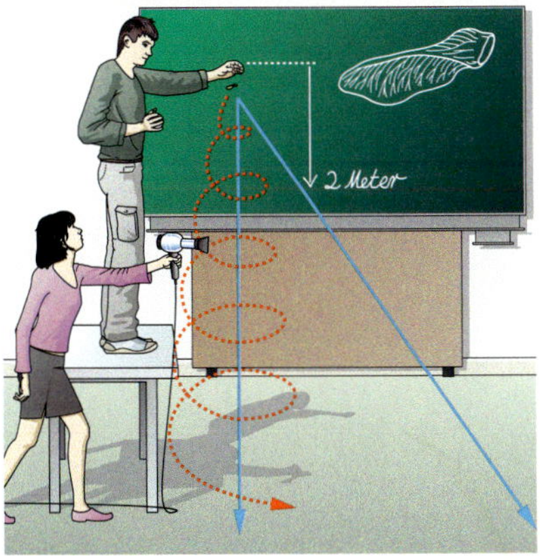

	Flugfrucht mit Flugeinrichtungen		Flugfrucht ohne Flugeinrichtungen	
	Einzelwerte	Mittelwert	Einzelwerte	Mittelwert
Flugdauer (in Zehntelsekunden)	–	–	–	–
Flugweite (in Zentimetern)	–	–	–	–

Material:

Samen oder Früchte von Löwenzahn oder Ahorn oder Linde oder ähnliche Flugfrüchte, Maßband, Fön, Stoppuhr, feine Schere, Biologiemappe, Bleistift

Durchführung:

Lasse die Flugfrüchte einer Pflanzenart aus mindestens zwei Metern Höhe fallen. Miss mit der Stoppuhr die Zeit, in der die Flugfrucht zu Boden fällt. Wiederhole den Versuch fünfmal und halte die Messergebnisse in deiner Biologiemappe fest!
Erzeuge seitlich von der Fallstrecke der Flugfrucht mit einem Fön einen Luftstrom. Miss mit dem Maßband, wie weit die Flugfrucht abgetrieben wird. Wiederhole den Versuch fünfmal und trage die Ergebnisse in deine Biologiemappe ein!
Entferne die Flugeinrichtungen mit der Schere von der Flugfrucht und wiederhole die beiden vorangegangenen Versuche jeweils fünfmal. Trage die Ergebnisse in deine Biologiemappe ein!

A1 Berechne die Mittelwerte für die Versuche! Addiere dazu die Einzelwerte und dividiere die Summe durch die Anzahl der Werte!

A2 Übertrage die Einzelwerte und Mittelwerte in eine Tabelle nach dem oben gezeigten Muster!

A3 Erstelle ein Versuchsprotokoll! Benutze die Tabelle zur Deutung! Nimm die Seite 14 zu Hilfe!

VERSUCH B ▸ Begonien

Material:

Begonienpflanze, Blumentopf, Blumenerde, kleine Kieselsteine, Skalpell, Schere

Durchführung:

Trenne mit der Schere ein Laubblatt der Begonienpflanze ab.
Schneide mit dem Skalpell an etwa fünf bis sieben Stellen die Blattadern quer durch.
Fülle den Blumentopf mit Erde, und feuchte diese gut an.
Lege das Begonienblatt auf die Erde und beschwere die Schnittstellen so mit den Kieselsteinen, dass noch ein kleiner Teil frei bleibt.
Halte die Blumenerde in den nächsten Wochen ständig feucht. Beobachte die Veränderungen und beschreibe sie an jedem vierten Tag.

B1 Erstelle ein Versuchsprotokoll, in dem du unter anderem auch die Veränderungen beschreibst, die du an dem Begonienblatt beobachten kannst!

01 Gartenbohnenpflanze

02 Samen der Gartenbohne

Aus Samen entwickeln sich Pflanzen

Bohnensamen kann man viele Monate lang aufbewahren, ohne dass sie sich verändern. Sobald man sie aber in feuchten Boden legt, wachsen daraus neue Pflanzen heran. Wie ist das zu erklären?

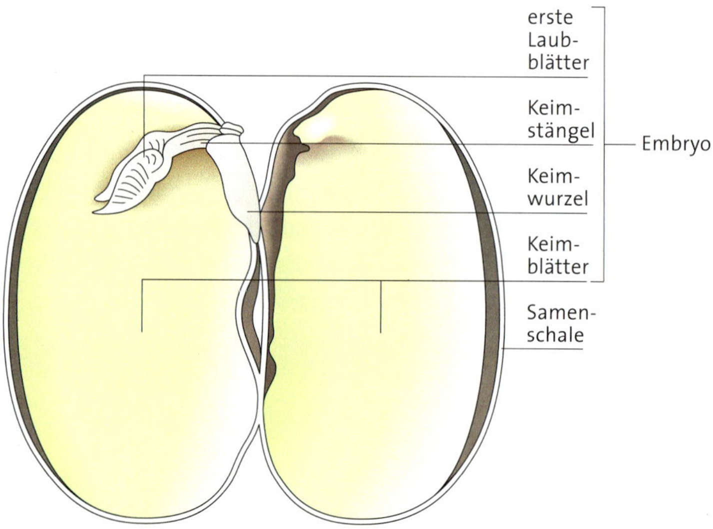

03 Aufgeklappter Samen der Gartenbohne

BAU DES SAMENS · Wenn man die **Samenschale** entfernt, zerfällt ein Bohnensamen in zwei dicke, ovale, leicht gewölbte Hälften, die **Keimblätter.** Zwischen den Keimblättern liegt ein winziges Pflänzchen. Die Keimblätter bilden zusammen mit diesem kleinen Pflänzchen den **Embryo,** auch Keimling genannt. Das Pflänzchen besteht aus zwei kleinen zusammengefalteten Laubblättern, einer kleinen Wurzel, der **Keimwurzel,** und der Sprossachse, die man auch **Keimstängel** nennt.

Die Lebensprozesse in einer Pflanze oder einem Tier können nur ablaufen, wenn Wasser vorhanden ist. Ein Bohnensamen enthält nur sehr wenig Wasser. Daher ruht der Samen weitgehend und entwickelt sich nicht weiter. Er verharrt in einem Zustand der **Samenruhe.** So kann er ungünstige Bedingungen, zum Beispiel Trockenheit oder Frost, lange Zeit überstehen.

QUELLUNG · Nachdem man einen Bohnensamen ausgesät hat, nimmt er im feuchten Boden viel Wasser auf. Er schwillt dadurch stark an. Diesen ersten Teil der Samenentwicklung bezeichnet man als *Quellung*.

WACHSTUM DES KEIMLINGS · Erst bei höheren Temperaturen ermöglicht das aufgenommene Wasser dem Bohnenkeimling, seine Lebensprozesse zu beschleunigen. Der Samen beginnt zu wachsen. Zunächst durchbricht die größer werdende Keimwurzel die Samenschale, die durch die Quellung aufgeplatzt ist, und schiebt sich in den Boden. Dadurch kann sich der Keimling in der Erde verankern und noch mehr Wasser mit den darin gelösten Mineralstoffen aufnehmen. Bald wächst auch der Keimstängel des Bohnenkeimlings, durchbricht bogenförmig die Bodenoberfläche, zieht die Keimblätter und die ersten, noch kleinen Laubblätter nach oben und richtet sich auf.

VERSORGUNG MIT NÄHRSTOFFEN · Die Nährstoffe, die der Bohnenkeimling zum Wachstum benötigt, sind in den dicken Keimblättern gespeichert. Nachdem der Bohnensamen bei der Quellung Wasser aufgenommen hat, kann der Keimling diese Nährstoffe abbauen und als Energie- und Baustofflieferanten für das Wachstum nutzen.

Sobald die ersten Laubblätter das Tageslicht erreicht haben, werden sie grün und beginnen mit der *Fotosynthese*. Jetzt benötigt die junge Pflanze den Nährstoffvorrat in den Keimblättern nicht mehr. Sie kann sich selbstständig durch Fotosynthese in den Laubblättern ernähren. Der Nährstoffvorrat in den Keimblättern ist nun erschöpft. Sie schrumpfen und fallen ab. Die Wachstums- und Entwicklungsvorgänge einer Pflanze von der Quellung bis zum Ergrünen der ersten Laubblätter fasst man unter dem Begriff **Keimung** zusammen. Sobald die kleine Pflanze mit der Fotosynthese beginnt, ist die Keimung beendet.

ERBINFORMATION · Die *Erbinformation* der Elternpflanzen liegt im Zellkern der befruchteten Eizelle. Er enthält die Informationen, die die Eigenschaften der neuen Pflanze weitgehend bestimmen. Diese *Erbinformation* stellt eine Art Programm dar, das dafür sorgt, dass die neu entstehende Pflanze den Elternpflanzen gleicht. So entsteht also aus einem Bohnensamen stets eine Bohnenpflanze und nicht eine Erbsen- oder Linsenpflanze.

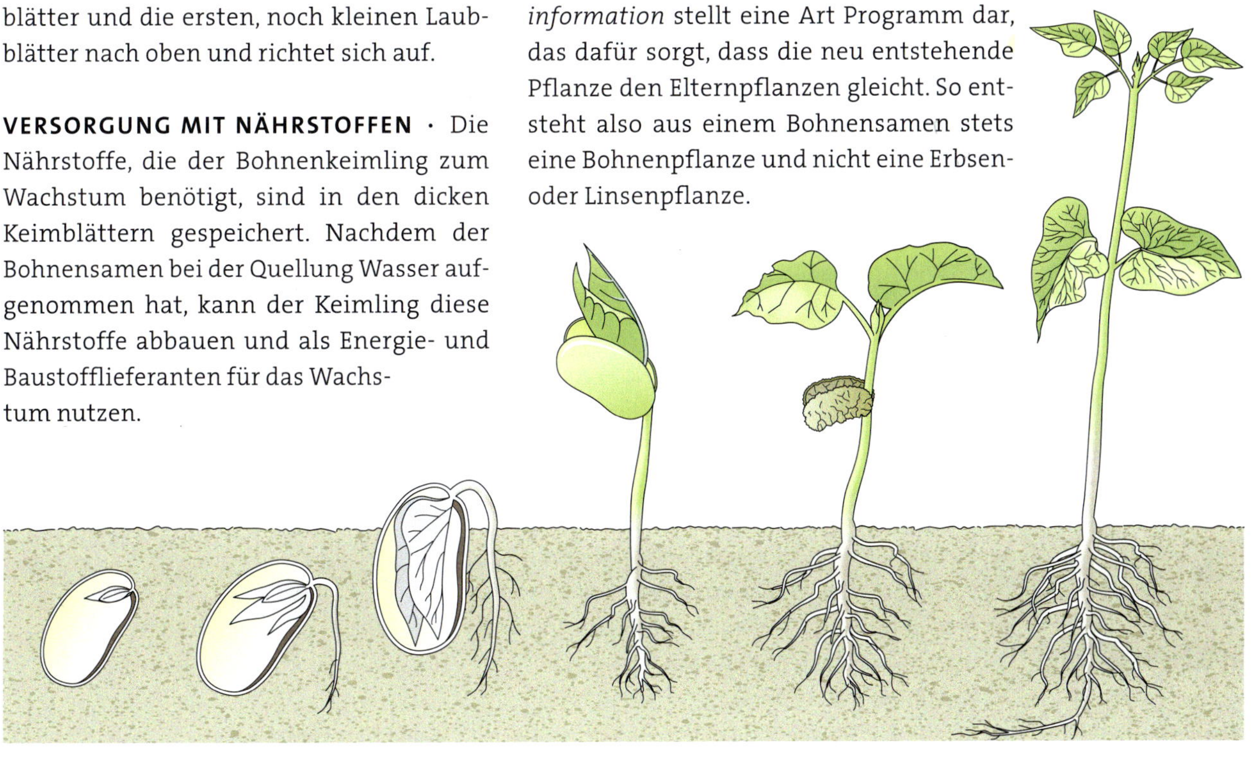

04 Keimung und Wachstum bei der Gartenbohne

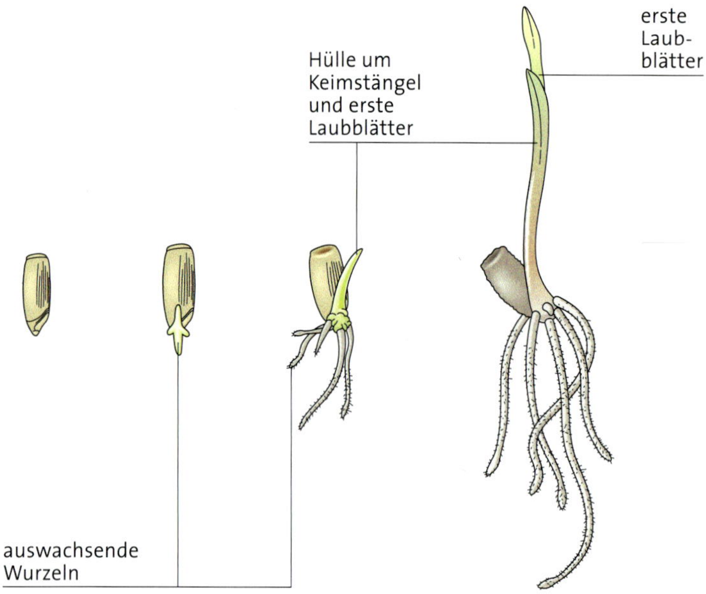

05 Keimung eines Roggenkorns

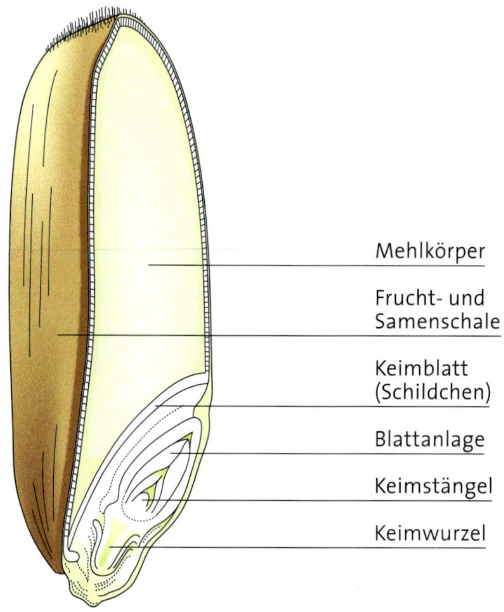

07 Roggenkorn im Längsschnitt

06 Wachstum der Roggenpflanze

SAMENFORMEN · Viele Samen sind ähnlich gebaut wie die Bohne. Auch Erbsensamen, Eicheln und Kastanien zerfallen in zwei dicke, nährstoffhaltige Keimblätter, wenn man sie öffnet. Die Samen der *Gräser* aber, zu denen auch Weizen, Roggen, Mais, Reis und andere *Getreidearten* gehören, haben nur ein einziges, dünnes Keimblatt. Die für die Keimung erforderlichen Nährstoffe speichert ein Getreidesamen nicht im Keimblatt, sondern im **Mehlkörper.** Das Keimblatt dient nur dazu, die Nährstoffe aus dem großen Mehlkörper an den Keimling weiterzuleiten.

KEIMUNG EINES ROGGENKORNS · Wie der Bohnensamen keimt auch das Roggenkorn nur in einer feuchten und nicht zu kühlen Umgebung. Zu Beginn der Keimung quillt es auf und schiebt zunächst die Keimwurzel durch die aufgeplatzte Schale in den Boden. Danach wächst der *Keimstängel* mit den Anlagen für die ersten *Laubblätter* und durchbricht die Bodenoberfläche. Stängel und Blätter sind zunächst noch von einer derben, spitzen *Schutzhülle* umgeben, die sich später öffnet.

1 Nenne die Bestandteile eines Bohnensamens!

2 Beschreibe den Verlauf der Keimung eines Bohnensamens in Stichworten!

3 Erkläre, weshalb die Keimblätter der Gartenbohne am Ende der Keimung schlaff und runzelig aussehen!

4 Vergleiche den Bau des Samens und den Verlauf der Keimung von Gartenbohne und Roggen!

5 Begründe, weshalb Bohnensamen oder Weizenkörner bei der Keimung „verhungern“, wenn sie zu tief im Boden stecken!

Material A ▸ Keimungsbedingungen

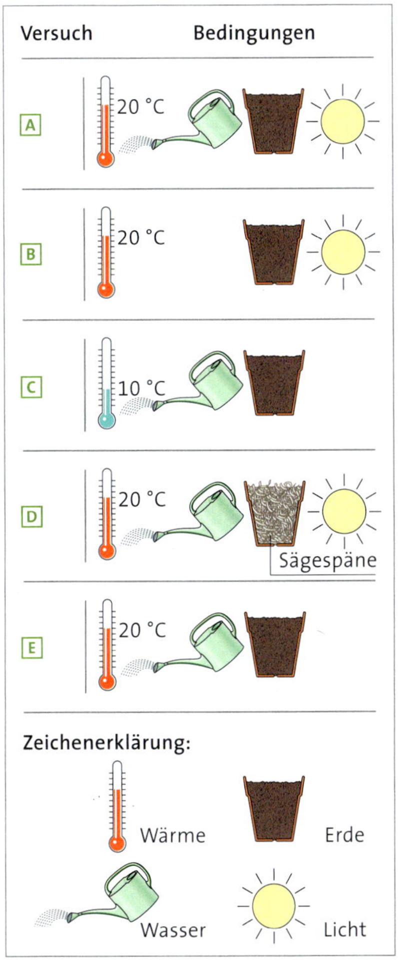

Es wurden fünf Keimungsversuche mit Erbsen unter verschiedenen Bedingungen durchgeführt.

A1 Gib für jeden Versuch an, ob die Erbsensamen keimen! Begründe deine Antwort!

A2 Erstelle einen Plan für ein Experiment, mit dem überprüft werden kann, ob Luft zur Keimung der Erbsensamen erforderlich ist! Nimm die Seite 14 zu Hilfe!

VERSUCH B ▸ Quellung von Bohnensamen

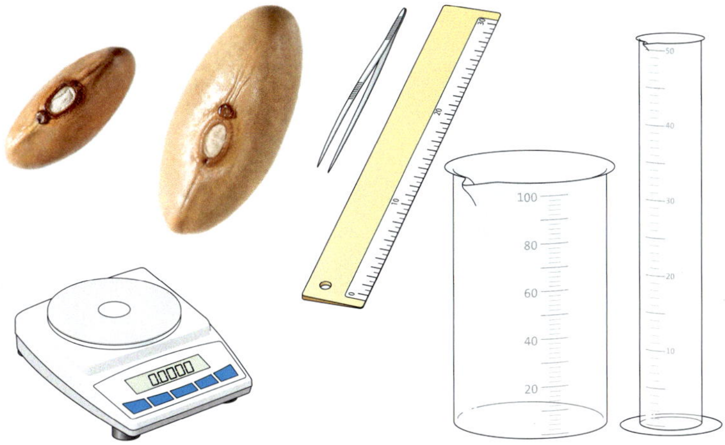

Material:

Bohnensamen, Laborwaage, große Pinzette, Messzylinder (50 ml), Becherglas (100 ml), Millimeterpapier oder Lineal

Durchführung:

Wiege zehn Bohnensamen auf einer genauen Waage. Berechne und notiere die durchschnittliche Masse der Bohnen!
Miss die Länge jedes Samens, indem du ihn auf ein Lineal oder Millimeterpapier legst. Berechne und notiere die durchschnittliche Länge. Nimm zur Berechnung des Mittelwerts die Angaben in der Aufgabe A1 auf Seite 197 zu Hilfe.
Lege die zehn Samen für einen Tag in ein mit 50 ml Wasser gefülltes Becherglas.
Hole die Samen mit der Pinzette aus dem Wasser und miss mit einem Messzylinder die Menge an Wasser ab, die im Gefäß zurückgeblieben ist.
Stelle die Masse und Länge der gequollenen Samen fest und berechne die Durchschnittswerte.
Trage alle Messergebnisse des Versuchs in eine Tabelle nach dem unten stehenden Muster in deine Biologiemappe ein.

B1 Deute die Versuchsergebnisse! Vergleiche dazu auch die Menge des Wassers, die im Becherglas übrig geblieben ist, nachdem du die gequollenen Samen herausgenommen hast, mit der ursprünglichen Wassermenge im Glas! Bedenke dabei, dass ein Milliliter Wasser die Masse von einem Gramm hat!

	trockene Samen	gequollene Samen	Veränderungen
durchschnittliche Masse (in ml)	–	–	–
durchschnittliche Länge (in mm)	–	–	–

01 Blühendes Wiesenschaumkraut

Blütenpflanzen lassen sich ordnen

Im Frühsommer sieht man auf den Wiesen viele verschiedene blühende Pflanzen. Einige ähneln sich schon auf den ersten Blick, andere dagegen unterscheiden sich deutlich. Wie lässt sich Ordnung in diese Vielfalt bringen?

KREUZBLÜTLER · Im Frühjahr wächst auf feuchten Wiesen das *Wiesenschaumkraut.* Seine blasslila Blüten bestehen aus vier Kelch- und vier Kronblättern, die kreuzförmig angeordnet sind. Im Inneren der Blüte befinden sich vier lange und zwei kurze Staubblätter und ein Stempel, der aus zwei Fruchtblättern entstanden ist. Die gleiche Anzahl und Anordnung der Blütenteile findet man auch bei anderen Pflanzen, zum Beispiel beim *Hirtentäschelkraut.* Seine Blüten sind zwar kleiner und reinweiß, aber sehr ähnlich gebaut wie die des Wiesenschaumkrauts. Pflanzen, deren Blüten den gleichen Grundbauplan haben, werden in Gruppen zusammengefasst. Solche Gruppen bezeichnet man als **Familien.** Wegen ihrer kreuzförmig angeordneten Kelch- und Kronblätter bekam die Familie, zu der das Wiesenschaumkraut und das Hirtentäschelkraut gehören, den Namen **Kreuzblütler.** Auch den Raps zählt man zu dieser Familie.

Außer in den Blüten gleichen sich die Pflanzen der Familie Kreuzblütler auch im Bau ihrer **Früchte.** Sie bestehen aus zwei äußeren Fruchtwänden und einer Mittelwand, an der die Samen sitzen. Eine solche Fruchtform bezeichnet man als *Schote.* Neben dem Bau der Blüte ist die Schote also ein weiteres, typisches Kennzeichen der Familie der Kreuzblütler. In bestimmten Merkmalen jedoch unterscheiden sich viele Kreuz-

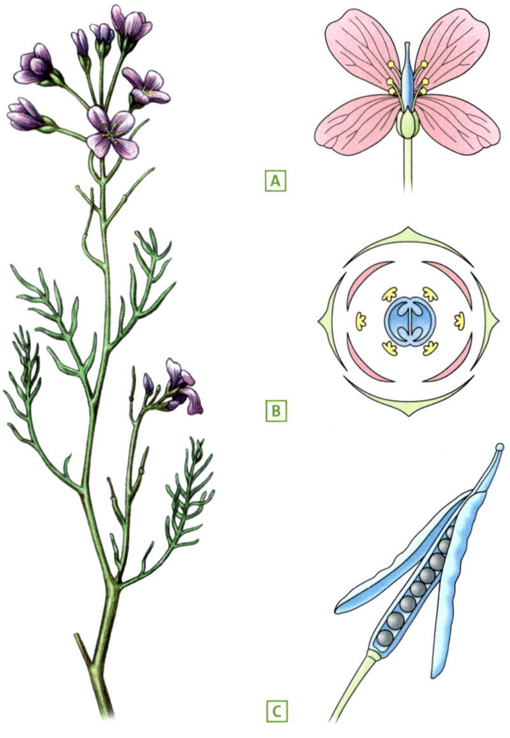

02 Wiesenschaumkraut: **A** Blütenschema, **B** Blütendiagramm, **C** Frucht

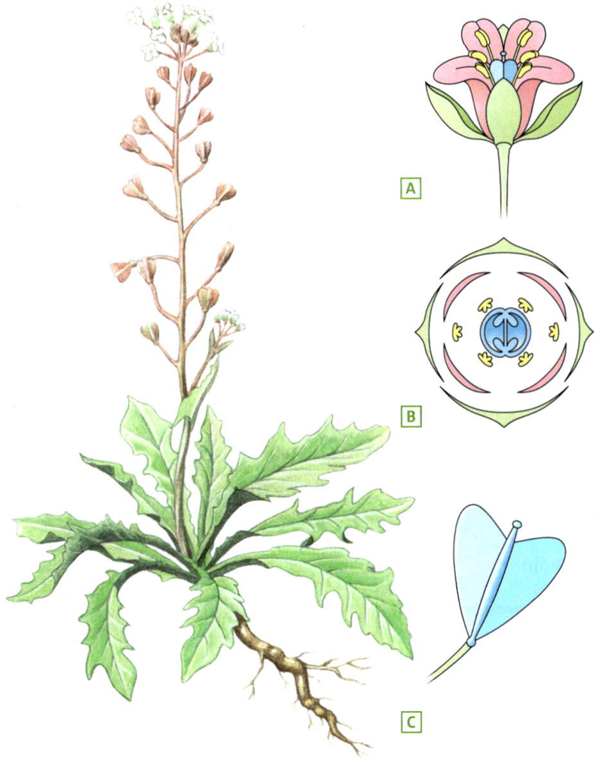

03 Hirtentäschelkraut: **A** Blütenschema, **B** Blütendiagramm, **C** Frucht

blütler. Die Laubblätter des *Wiesenschaumkrauts* sind am Rand so tief eingeschnitten, dass viele kleine Teilblättchen entstehen, die deutlich voneinander getrennt sind. Die Früchte sind lang gestreckt, rund und dünn. Das *Hirtentäschelkraut* dagegen hat lang gestreckte Laubblätter mit weniger tief eingeschnittenen, grob gezähnten Rändern. Seine Früchte sind kleine, dreieckige, flache Schoten. Ihre Form ähnelt den Taschen, die die Hirten früher trugen. So bekam die Pflanze ihren Namen.
Pflanzen derselben Familie, die sich in bestimmten Merkmalen unterscheiden, ordnet man verschiedenen **Arten** zu. Das Wiesenschaumkraut und das Hirtentäschelkraut stellen also zwei Arten dar, die sich in der Form der Laubblätter und der Früchte sowie in der Blütenfarbe unterscheiden.

Man geht davon aus, dass alle Pflanzen einer Familie im Laufe einer sehr langen Zeit aus einer einzigen Art entstanden sind. Sie haben alle einen gemeinsamen Vorfahren. Alle Arten einer Familie sind daher nahe miteinander verwandt.

1 Nenne die Merkmale, die alle Arten der Familie der Kreuzblütler gemeinsam haben!

2 Beschreibe die Merkmale, durch die sich die Kreuzblütlerarten Wiesenschaumkraut und Hirtentäschelkraut unterscheiden!

01 Heckenrose

Pflanzenfamilien

Alle Wiesenpflanzen, aber auch Bäume und Sträucher wie die Heckenrose, lassen sich in Familien einordnen. Woran erkennt man die verschiedenen Pflanzenfamilien?

ROSENGEWÄCHSE · Ein Kennzeichen für die Zugehörigkeit zu einer Pflanzenfamilie ist in vielen Fällen der Blütenbau. Die Blüte der Heckenrose hat fünf Kelchblätter und fünf Kronblätter. Im Inneren der Blüte findet man einen Kranz aus vielen dicht beieinanderstehenden Staubblättern. Diese Merkmale sind kennzeichnend für alle Pflanzenarten der Familie der **Rosengewächse.** Der Fruchtknoten und die Früchte können in dieser Familie sehr unterschiedlich aussehen. Zu den Rosengewächsen gehören viele Nutzpflanzen, zum Beispiel Erdbeere und Himbeere sowie Kirsch-, Apfel-, Pflaumen- und andere Obstbäume.

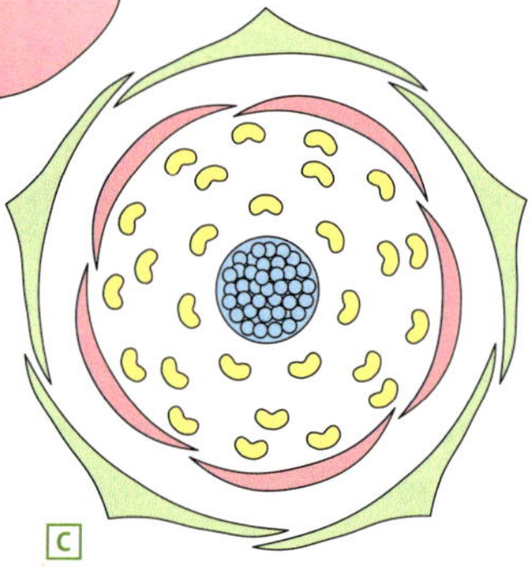

02 Rosengewächse:
A Heckenrose,
B Schema der Blüte,
C Blütendiagramm

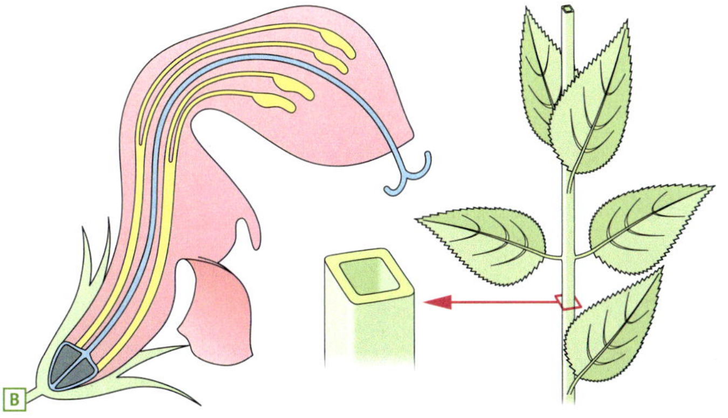

03 Lippenblütler:

A Blüte der Gefleckten Taubnessel,

B Bau der Blüte und der Sprossachse

LIPPENBLÜTLER · Taubnesseln haben ganz andere Blüten als Kreuzblütler oder Rosengewächse. Die rechte und linke Seite ihrer Blüte sehen gleich aus, ihre Ober- und Unterseite dagegen nicht. Eine solche Blüte nennt man *zweiseitig symmetrisch*. Sowohl die Kelchblätter als auch die Kronblätter sind zu einer Röhre verwachsen. Die Kronblattröhre öffnet sich in einen oberen, helmartigen Teil, die *Oberlippe*, und eine untere, flache *Unterlippe*. Im Inneren der Blüte liegen vier Staubblätter und ein Stempel. Solche Blüten kennzeichnen die Familie der **Lippenblütler.** Es gibt allerdings auch Lippenblütler mit sehr kurzer Oberlippe oder mit weniger als vier Staubblättern. Alle Lippenblütler besitzen eine *hohle, vierkantige Sprossachse*. Viele unserer Gewürzpflanzen sind Lippenblütler, wie zum Beispiel Rosmarin und Thymian.

SCHMETTERLINGSBLÜTLER · Auch die Gartenerbse hat zweiseitig symmetrische Blüten. Ihre fünf ungleichen Kronblätter entspringen aus einer kurzen Kelchblattröhre. Das nach oben ragende, größte Kronblatt ist die *Fahne*. Die beiden seitlichen Kronblätter nennt man *Flügel*. Zwischen ihnen stehen zwei miteinander verwachsene Kronblätter, die wie der Rumpf eines Bootes aussehen. Sie bilden das *Schiffchen*. Im Schiffchen liegen zehn Staubblätter. Neun sind zu einer Röhre verwachsen, die den Stempel umgibt. Durch die seitlich vom Schiffchen abstehenden Flügel erinnert die Erbsenblüte ein wenig an einen Schmetterling. Die Familie, für die solche Blüten typisch sind, hat daher den Namen **Schmetterlingsblütler** erhalten. Zu den Schmetterlingsblütlern gehören neben den Erbsen weitere wichtige Nahrungspflanzen wie Bohne und Linse.

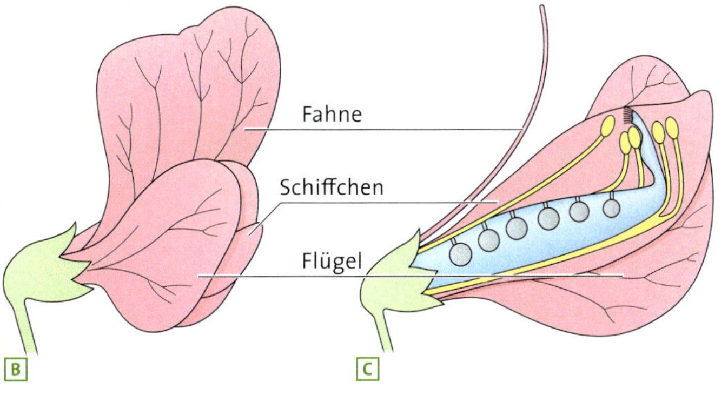

04 Schmetterlingsblütler:

A Blüte der Gartenerbse,

B Bau der Blüte,

C Schema der Blüte

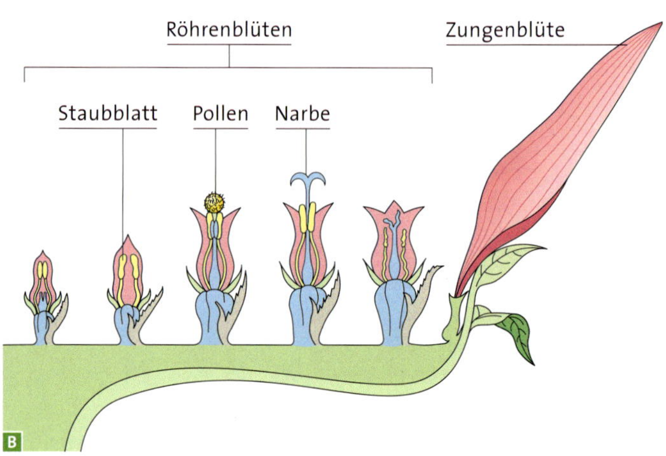

05 Korbblütler:
A Blütenstand der Sonnenblume,
B Schema des Blütenstands

KORBBLÜTLER · Die Blüte der Sonnenblume scheint riesig zu sein. Das täuscht. Diese scheinbare Blüte setzt sich nämlich aus vielen kleinen Blüten zusammen. Sie ist ein *Blütenstand,* in dem die Einzelblüten dicht gedrängt wie in einem flachen Korb stehen. Man nennt daher die Pflanzenfamilie, die sich durch solche Blütenstände auszeichnet, **Korbblütler.**

Eine Einzelblüte der Sonnenblume besteht aus einem winzigen Blütenkelch, kleinen, zu einer Röhre verschmolzenen Kronblättern, fünf Staubblättern und einem Stempel. Man nennt eine solche Einzelblüte *Röhrenblüte.* Die Blüten am Rand des Blütenstands haben keine Staubblätter und nur einen unvollständigen Stempel. Weil ihre Kronblätter zu einer nach außen gebogenen, gelben Zunge vergrößert sind, werden sie *Zungenblüten* genannt.

Die Blütenstände der Korbblütler-Arten unterscheiden sich in der Form und der Anordnung ihrer Einzelblüten. Bei der *Kornblume* besteht der Blütenstand nur aus großen, blauen Röhrenblüten. Die *Echte Kamille* hat einen gewölbten Blütenkorb aus kleinen, grün-gelben Röhrenblüten und einem Rand aus weißen Zungenblüten. Beim *Löwenzahn* findet man nur Zungenblüten, die aber im Unterschied zur Sonnenblume Staubgefäße und einen vollständigen Stempel haben.

06 Korbblütler (Auswahl):
A Kornblume,
B Echte Kamille,
C Löwenzahn

1 Nenne die typischen Kennzeichen für die Pflanzenfamilien der Lippenblütler und Schmetterlingsblütler!

2 Beschreibe, worin sich die Blütenstände von Kornblume und Löwenzahn unterscheiden!

Material A ‣ Pflanzenfamilien

A Zaunwicke

B Walderdbeere

C Gänseblümchen

D Kleine Brunelle

A1 Nenne die Abbildung, die einen Blütenstand zeigt, und diejenige, in der zweiseitig symmetrische Blüten zu sehen sind!

A2 Ordne die abgebildeten Blüten passenden Pflanzenfamilien zu! Begründe deine Zuordnung!

Material B ‣ Bestimmung von Arten der Familie Lippenblütler

A

B

C

D

Bestimmungsschlüssel für einige Arten der Familie Lippenblütler			
1	Blüten mit deutlicher Oberlippe	weiter bei 2	
1*	Oberlippe fehlt		**Kriechender Günsel**
2	Oberlippe gerade, nicht helmartig gebogen		**Gundermann**
2*	Oberlippe helmartig gebogen	weiter bei 3	
3	Blüten blau		**Wiesensalbei**
3*	Blüten goldgelb		**Goldnessel**

B1 Bestimme die abgebildeten Lippenblütler mithilfe des Bestimmungsschlüssels!

01 Bäume:
A Stieleiche,
B Waldkiefer

Laub- und Nadelbaum im Vergleich

Stieleichen und Waldkiefern kommen in unseren Wäldern häufig vor. Durch welche Besonderheiten unterscheiden sie sich?

LAUBBAUM · Im Mai entfaltet die *Stieleiche* ihre an den Rändern tief eingebuchteten Laubblätter. Mit ihren großen Oberflächen verdunsten sie viel Wasser und fangen viel Licht für die Fotosynthese auf. Im Herbst wirft die Stieleiche ihre Laubblätter wieder ab. Sie kann daher im Winter keine Nährstoffe herstellen. Nach dem *Laubfall* benötigt der Baum nur noch wenig Wasser. Das ist günstig, weil vor allem an sehr kalten Tagen die Wasserversorgung schwierig ist. Die Wurzeln können nämlich zu Eis gefrorenes Wasser nicht aufnehmen. Gegen Frostschäden in ihren Laubblättern schützen sich andere Baumarten im Winter durch Stoffe, die wie Frostschutzmittel wirken. Mit dem Laubaustrieb öffnen sich auch die kleinen, unscheinbaren Blüten der Stieleiche, aus denen die walzenförmigen, braunen Früchte, die *Eicheln,* entstehen. Weil die Eicheln reich an Nährstoffen sind, werden sie gerne von Tieren gefressen oder gesammelt und so verbreitet.

02 Stieleiche: **A** Blätter und Früchte, **B** Zweig mit Blüten

NADELBAUM · Die harten Laubblätter der *Waldkiefer* bezeichnet man wegen ihrer langen, schmalen Form als Nadeln. Sie haben der Gruppe der *Nadelbäume* ihren Namen gegeben. Nadeln haben eine viel kleinere Oberfläche als die Laubblätter der Stieleiche und sind von einer weitgehend wasserundurchlässigen wachsartigen Schicht überzogen. Mit diesen Blättern verdunstet die Waldkiefer viel weniger Wasser als ein Laubbaum. Die Gefahr, im Winter, wenn die Wurzeln nur wenig Wasser aufnehmen können, zu vertrocknen, ist bei der Waldkiefer geringer als bei Laubbäumen. Sie muss im Herbst ihre Blätter nicht abwerfen und kann so auch im Winter Fotosynthese betreiben.

Im Mai erscheinen die winzig kleinen, in Blütenständen zusammengefassten Blüten der Waldkiefer. Die männlichen Blütenstände geben ungeheuer große Mengen an Pollenkörnern ab. Zur Blütezeit kann man beobachten, wie schon ein leichter Luftzug den Blütenstaub als gelbe Wolke mitnimmt. Weil die weiblichen Blüten an der Spitze der Zweige stehen, können sie die angewehten Pollenkörner leicht auffangen. Nach der Befruchtung wächst der weibliche Blütenstand innerhalb von zwei Jahren zu einem holzigen Zapfen heran, in dem die Samen liegen.

03 Waldkiefer: **A** Zweig mit Blüten, **B** Nadelblätter, **C** Zapfen, **D** Samen

WEITERE NADELBÄUME · Unsere Nadelbäume sind leicht zu unterscheiden. Die **Fichte** hat lang gestreckte, hängende Zapfen, die als Ganzes abfallen. Bei der **Tanne** stehen die Zapfen aufrecht und zerfallen in Schuppen. Die **Lärche** hat die kleinsten Zapfen. Als einziger heimischer Nadelbaum wirft sie im Herbst alle ihre weichen Nadeln ab.

1 Erkläre, wodurch die Laubblätter der Waldkiefer an trockene und kühle Gebiete angepasst sind!

2 Vergleiche die typischen Merkmale von Waldkiefer, Fichte, Tanne und Lärche!

04 Fichte

05 Tanne

06 Lärche

METHODE

Herbarium – Sammeln und Bestimmen

1) Sammeln und Bestimmen

2) Pressen und Trocknen

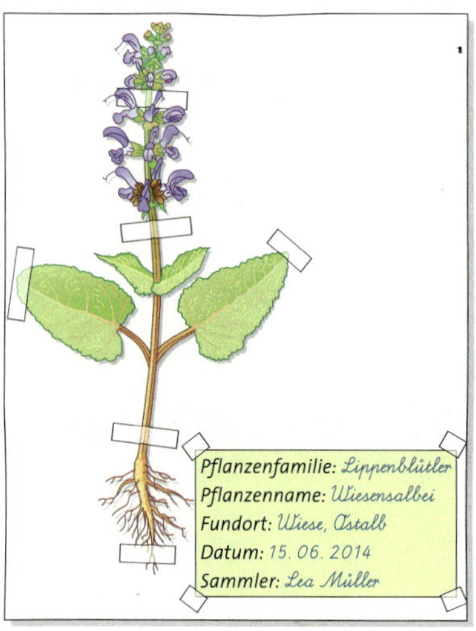

3) Aufkleben und Lagern

Ein Herbarium ist eine Sammlung gepresster und getrockneter Pflanzen oder Pflanzenteile, wie zum Beispiel Blätter von Bäumen.

Material:

festes Papier oder leichter Zeichenkarton, Schere, Etiketten (selbstklebend, fünf bis sechs Zentimeter lang), Ziegelsteine oder dicke Bücher, Tageszeitungen, zwei Holzplatten oder starke Pappe, Bestimmungsbuch

Durchführung:

SAMMELN UND BESTIMMEN · *Bevor man eine Pflanze pflückt, muss man mithilfe des Bestimmungsbuchs ihren Namen feststellen. So wird vermieden, dass man aus Versehen eine geschützte Pflanze beschädigt. Außerdem lassen sich die Pflanzen nach dem Pressen und Trocknen oft nur noch schwer bestimmen. Transportiere die Pflanzen getrennt in Plastiktüten, in die jeweils ein Zettel mit Artname, Fundort und Funddatum gelegt wird.*

PRESSEN UND TROCKNEN · *Lege jede Pflanze einzeln so in gefaltetes Zeitungspapier, dass sie in einer natürlichen Lage ausgebreitet ist. Füge ein Etikett hinzu, auf dem der Artname der Pflanze, die Familie, der Fundort und das Funddatum vermerkt sind. Klappe die Papierbögen zu und staple sie abwechselnd mit Zwischenlagen aus mehreren Bögen Zeitungspapier. Lege oben und unten eine Holzplatte oder einen starken Pappkarton auf den Stapel und beschwere ihn mit Ziegelsteinen oder dicken Büchern. Weil sich leicht Schimmel bildet, müssen die Zwischenlagen aus Zeitungspapier alle zwei bis drei Tage gewechselt werden, bis die Pflanzen völlig getrocknet sind.*

AUFKLEBEN UND LAGERN · *Lege jede getrocknete Pflanze einzeln auf je einen festen Bogen Papier oder einen leichten Zeichenkarton. Behandle die Pflanzen sehr vorsichtig, da sie jetzt sehr spröde sind und leicht zerbrechen. Schneide aus selbstklebenden Etiketten Streifen und befestige damit die Pflanzen. Klebe dann das vorbereitete, beschriftete Etikett mit dem Namen der Pflanze und allen Funddaten in die rechte untere Ecke des Papierbogens. Bewahre die Herbarbögen in einer passenden Schachtel auf oder hefte sie in einen Ordner ein.*

1 Lege ein Herbarium für Laubblätter an! Sammle von jedem deiner ausgewählten Bäume ein Laubblatt im Sommer und ein Laubblatt im Herbst!

Material A ▸ Blätter einheimischer Laubbäume

Ausschnitt aus einem Bestimmungsbuch für einheimische Laubbäume		
1	Blätter einfach (nur aus einer Fläche bestehend)	weiter bei 3
1*	Blätter zusammengesetzt (aus mehreren Teilblättchen bestehend)	weiter bei 2
2	Blätter gefiedert	Esche
2*	Blätter gefingert	Rosskastanie
3	Blätter schmal und lang (lanzettförmig)	Weide
3*	Blätter nicht schmal und lang	weiter bei 4
4	Blattrand ganzrandig	Rotbuche
4*	Blattrand nicht ganzrandig, sondern gesägt, gebuchtet oder gelappt	weiter bei 5
5	Blattrand gesägt	weiter bei 6
5*	Blattrand gebuchtet	weiter bei 7
5**	Blattrand gelappt	weiter bei 8
6	Blattfläche herzförmig	Sommerlinde
6*	Blattfläche eiförmig	Hainbuche / Weißbuche
7	Blattfläche gleichförmig gebuchtet, Blattstiel etwa ¼ so lang wie die Blattfläche	Traubeneiche
7*	Blattfläche ungleich gebuchtet, Blattstiel sehr kurz	Stieleiche
8	Lappen der Blätter am Ende spitz zulaufend	Spitzahorn
8*	Lappen der Blätter am Ende rundlich	Bergahorn

gefiedert gefingert gelappt

lanzettförmig eiförmig herzförmig

ganzrandig gesägt gebuchtet

A1 Bestimme mithilfe des Bestimmungsschlüssels die Baumarten, von denen die abgebildeten Blätter stammen!

01 Blühender Bärlauch im Buchenwald im Frühling

Der Laubwald im Jahresverlauf

Frühling, Sommer, Herbst und Winter – in jeder Jahreszeit sieht ein Laubwald anders aus. Was sind die Ursachen hierfür?

DER BUCHENWALD IM FRÜHLING · Der häufigste Baum unserer Laubwälder ist die *Rotbuche.* Ihr glatter, silbergrauer Stamm ragt bis zu 40 Meter in die Höhe und verzweigt sich erst weit oben in eine breite, dachartige Krone.

02 Blätter der Rotbuche:
A Sonnenblatt,
B Schattenblatt

Kaum haben die wärmer werdenden Sonnenstrahlen im März den Schnee im Buchenwald verschwinden lassen, bahnen sich die ersten Pflanzen ihren Weg durch das am Boden liegende Laub und fangen an zu blühen. Diese **Frühblüher** bedecken dann oft wie ein Teppich den ganzen Waldboden unter den noch kahlen Bäumen.

Die Rotbuche treibt erst im April, wenn wieder ausreichend Wasser in die Krone transportiert wird, die ersten zarten, hellgrünen Laubblätter. Diese beginnen mit der *Fotosynthese* und werden schnell dunkler. Dabei sind die im vollen Sonnenlicht stehenden äußeren Laubblätter, die **Sonnenblätter,** kleiner, dicker und daher auch dunkler grün als die weiter innen, im Schatten liegenden **Schattenblätter.** Kurz nach den Laubblättern entfalten sich auch die unscheinbaren Blüten der Buche, die in getrennten männlichen und weiblichen *Blütenständen* stehen und vom Wind bestäubt werden.

DER BUCHENWALD IM SOMMER · Die Baumkronen der Rotbuchen bilden nun ein dichtes Laubdach, das das Sonnenlicht intensiv zur Fotosynthese nutzt. Die dabei hergestellten *Nährstoffe* werden über die Leitbündel im ganzen Baum verteilt, für das Wachstum genutzt oder gespeichert. Durch die hohen Temperaturen verdunstet über die Laubblätter aber auch viel Wasser, das über die Wurzeln nachgeliefert werden muss.
Auf den Boden dagegen dringt kaum mehr Licht. Dort können deshalb nur noch wenige Pflanzenarten wachsen, die mit diesen geringen Lichtmengen zurechtkommen.

03 Buchenwald im Sommer

DER BUCHENWALD IM HERBST · Wenn die Tage kürzer und kälter werden, verfärbt sich das Laub der Rotbuche allmählich rotbraun. Gleichzeitig werden die nährstoffhaltigen Früchte der Buchen, die *Bucheckern,* reif, die in den befruchteten weiblichen Blütenständen über den Sommer herangewachsen sind.
Laub und Früchte fallen nach und nach von den Zweigen, bis der Baum kahl ist. Das abgefallene Laub bildet am Boden eine dichte Schicht, die Schutz und Lebensraum für viele Kleinstlebewesen bietet. Diese verarbeiten die Blätter allmählich zu natürlichem Bodendünger, dem **Humus.** Die Bucheckern dienen bis in den Winter vielen Tieren als Nahrung.

04 Buchenwald im Herbst

DER BUCHENWALD IM WINTER · Ohne Laubblätter übersteht der Laubbaum nun die ungünstigen Licht- und Temperaturverhältnisse des Winters. Er befindet sich in einem *Ruhezustand* und zehrt von den gespeicherten Nährstoffen.

05 Buchenwald im Winter

1 Nenne die Ursachen für die Veränderungen des Laubwalds im Jahresverlauf!

06 Buschwindröschen mit Erdspross

07 Weitere Frühblüher: **A** Scharbockskraut mit Wurzelknolle (vergrößert), **B** Krokus mit Sprossknolle (vergrößert), **C** Schneeglöckchen mit Zwiebel (vergrößert)

FRÜHBLÜHER · Bevor ihnen die Laubbäume das Licht zur Fotosynthese nehmen, bedecken Frühblüher wie der *Bärlauch* oder das *Buschwindröschen* den Boden im Buchenwald bereits Anfang März. Ermöglicht wird das durch ihre unterirdischen *Speicherorgane* voller Nährstoffe. Diese wurden im Vorjahr gebildet und stehen den Pflanzen nun schon zur Verfügung.

Die Speicherorgane von Frühblühern sind sehr unterschiedlich beschaffen: *Buschwindröschen* besitzen eine verdickte Sprossachse, die waagerecht unter der Erde wächst und sich jedes Jahr weiterverzweigt, den **Erdspross.** Bei anderen Frühblühern, wie dem *Scharbockskraut,* handelt es sich um rundlich verdickte Pflanzenteile, die **Knollen.** Dabei ist Knolle nicht gleich Knolle: Beim *Scharbockskraut* findet man verdickte Wurzeln, die **Wurzelknollen.** Beim vor allem in Gärten und Parks sehr verbreiteten *Krokus* ist der direkt über den Wurzeln befindliche Teil der Sprossachse verdickt; er besitzt also eine **Sprossknolle.** *Schneeglöckchen,* die man auch im Laubwald findet, besitzen unterirdische, dickfleischige Blätter. Sie liegen dicht beieinander und bilden eine **Zwiebel.** Wenn das Schneeglöckchen im Frühjahr die Vorräte aus der Zwiebel verbraucht hat, liefern seine Laubblätter neue Nährstoffe, die in einer **Ersatzzwiebel** gespeichert werden. Außerdem werden **Brutzwiebeln** gebildet, mit denen sich die Pflanze vermehren kann.

2 Erläutere das Basiskonzept Angepasstheit am Beispiel des Buschwindröschens!

3 Beschreibe den Unterschied zwischen einer Wurzelknolle, einer Sprossknolle und einer Zwiebel!

Material A ▸ Licht und Pflanzenwachstum im Laubwald

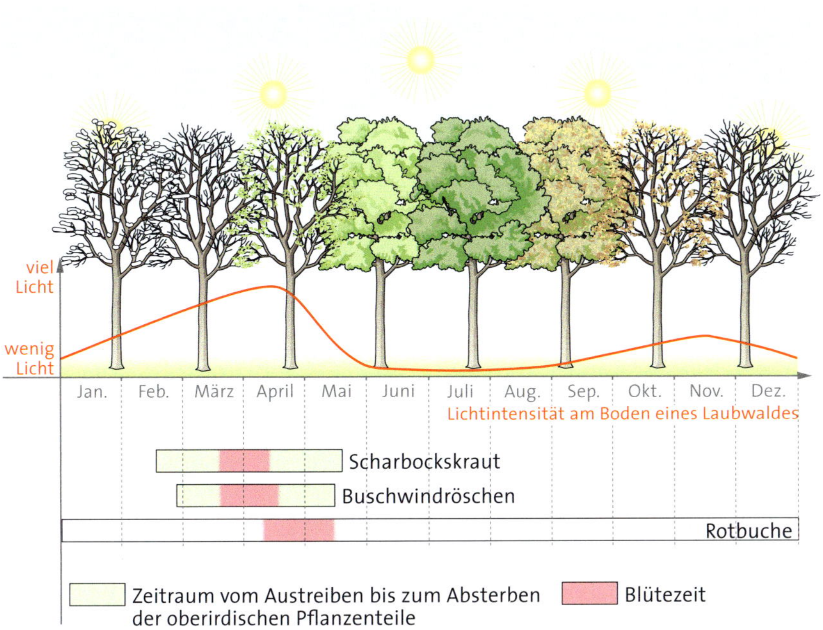

A1 Beschreibe und erläutere den Verlauf der Kurve „Lichtintensität am Boden eines Laubwaldes" in der Abbildung!

A2 Beschreibe anhand der Abbildung, wie das Scharbockskraut an das Leben im Laubwald angepasst ist!

A3 Erkläre, weshalb die Rotbuche nicht zu den Frühblühern gezählt wird!

A4 Im Balken für die Rotbuche ist nur die Blütezeit farblich markiert. Ordne den ausgesparten Zeiträumen selbst gewählte, passende Farben zu und begründe!

Material B ▸ Das Schneeglöckchen im Jahresverlauf

B1 Beschreibe die Entwicklung des Schneeglöckchens und seiner Zwiebel im Jahresverlauf!

B2 Erläutere die Aufgaben der verschiedenen Zwiebeltypen, die das Schneeglöckchen bildet!

B3 Erläutere die Wechselwirkung zwischen Schneeglöckchen und den in der Abbildung dargestellten Insekten!

A ▸ Aufbau der Blütenpflanzen

Kann ich ...

1 die drei Grundorgane einer Blütenpflanze und die jeweilige Funktion nennen? *(Seite 164)*

2 die Begriffe Gewebe und Organ definieren? *(Seite 165)*

3 den Aufbau der Wurzel als Angepasstheit an ihre Funktionen erklären? *(Seite 166)*

4 den Aufbau der Sprossachse beschreiben und ihre Funktionen nennen? *(Seite 166)*

5 beschreiben, dass bei der Fotosynthese aus Kohlenstoffdioxid und Wasser mithilfe von Sonnenlicht energiereiche Nährstoffe und Sauerstoff hergestellt werden? *(Seite 167)*

6 anhand der abgewandelten Grundorgane Wurzel beim Efeu, Sprossachse bei Kakteen und Laubblatt beim Sonnentau das Basiskonzept Angepasstheit erläutern? *(Seite 168)*

7 das Basiskonzept Stoff- und Energieumwandlung am Beispiel der Fotosynthese einer Bananenpflanze und der Zuckeraufnahme eines Sportlers erläutern? *(Seite 169)*

B ▸ Von der Blüte zur Frucht

Kann ich ...

1 die verschiedenen Teile einer Blüte benennen? *(Seite 174 und 175)*

2 die Bestandteile einer Blüte in einem Blütendiagramm benennen? *(Seite 174 und 175)*

3 beschreiben, wodurch Insekten von insektenbestäubten Pflanzen angelockt werden? *(Seite 178)*

4 beschreiben, wie eine insektenbestäubte Blüte bestäubt wird? *(Seite 178)*

5 die besondere Blütenform des Wiesensalbeis und seine Bestäubung beschreiben? *(Seite 179)*

6 die Merkmale von insektenbestäubten und windbestäubten Blüten miteinander vergleichen? *(Seite 178 und 180)*

7 den Bau der Blüte als Angepasstheit an die jeweilige Bestäubung durch Insekten oder Wind erläutern? *(Seite 178 und 180)*

8 erklären, was zwittrige und was eingeschlechtliche Blüten sind? *(Seite 180)*

9 die typischen Merkmale von Insekten nennen? *(Seite 182)*

10 die inneren Organe einer Honigbiene benennen? *(Seite 183)*

11 die verschiedenen Abschnitte des fünfwöchigen Lebens einer Arbeitsbiene nennen? *(Seite 184)*

12 den Nutzen der Honigbienen für den Menschen erläutern? *(Seite 184)*

13 die Merkmale und Aufgaben der drei Bienenwesen Königin, Drohn und Arbeiterin beschreiben? *(Seite 186 und 187)*

14 die Kommunikation bei Honigbienen anhand Rundtanz und Schwänzeltanz beschreiben? *(Seite 187)*

15 die Kommunikation bei Waldameisen und Honigbienen vergleichen und daran das Basiskonzept Information und Kommunikation erläutern? *(Seite 187 und 188)*

16 den Ablauf der Befruchtung bei Blütenpflanzen beschreiben? *(Seite 190 und 191)*

17 die Fruchtbildung bei der Kirsche beschreiben? *(Seite 191)*

18 den Aufbau der verschiedenen Fruchtformen Steinfrucht, Beere und Nuss beschreiben und erklären, was das Merkmal einer Sammelfrucht ist? *(Seite 192)*

C ▸ Pflanzen vermehren sich

Kann ich ...

1 verschiedene Formen der Verbreitung von Pflanzensamen nennen und beschreiben? *(Seite 194 und 195)*

2 Angepasstheiten von Früchten und Samen beschreiben, die ihrer Verbreitung dienen? *(Seite 194 und 195)*

3 den Begriff ungeschlechtliche Fortpflanzung erklären? *(Seite 196)*

4 die ungeschlechtliche Fortpflanzung durch Ausläufer, Wurzelknollen und Brutknospen beschreiben? *(Seite 196)*

5 die geschlechtliche und die ungeschlechtliche Fortpflanzung miteinander vergleichen? *(Seite 196)*

6 den Aufbau eines Samens am Beispiel des Bohnensamens beschreiben? *(Seite 198)*

7 die Funktion der Samenruhe erklären? *(Seite 198)*

8 den Ablauf der Keimung am Beispiel des Bohnensamens beschreiben? *(Seite 199)*

9 erklären, wie der Keimling mit Nährstoffen versorgt wird? *(Seite 199)*

10 den Aufbau eines Bohnensamens mit dem eines Roggensamens vergleichen? *(Seite 198 und 200)*

11 den Ablauf der Keimung bei einem Bohnensamen und einem Roggensamen vergleichen? *(Seite 199 und 200)*

D ▸ Vielfalt und Verwandtschaft der Blütenpflanzen

Kann ich ...

1 erklären, wie Pflanzen anhand ihres Blütenbauplans und des Baus der Früchte in Familien geordnet werden? *(Seite 202 und 203)*

2 die Merkmale nennen, die die Arten der Familie der Kreuzblütler gemeinsam haben? *(Seite 202 und 203)*

3 Wiesenschaumkraut und Hirtentäschelkraut anhand der Merkmale Blütenbau und Bau der Früchte miteinander vergleichen? *(Seite 202 und 203)*

4 den Grundbauplan des Wildkohls beschreiben? *(Seite 204)*

5 beschreiben, wie der Mensch aus dem Wildkohl verschiedene Kohlpflanzen gezüchtet hat? *(Seite 204)*

6 nennen, welche Pflanzenteile bei Grünkohl, Rotkohl, Blumenkohl und Kohlrabi für die Ernährung des Menschen genutzt werden? *(Seite 204)*

7 die Merkmale der Familie der Rosengewächse nennen? *(Seite 206)*

8 einige Nutzpflanzen aus der Familie der Rosengewächse nennen? *(Seite 206)*

9 den Blütenaufbau der Pflanzen der Familie der Lippenblütler beschreiben? *(Seite 207)*

10 den Blütenaufbau der Pflanzen der Familie der Schmetterlingsblütler beschreiben? *(Seite 207)*

11 den Blütenaufbau der Pflanzen der Familie der Korbblütler beschreiben? *(Seite 208)*

12 erklären, was ein Blütenstand ist? *(Seite 208)*

13 die Blütenstände von Kornblume und Löwenzahn miteinander vergleichen? *(Seite 208)*

E ▸ Pflanzen im Jahreszyklus

Kann ich ...

1 erklären, weshalb ein Laubbaum im Winter wenig Wasser benötigt? *(Seite 210)*

2 erklären, wodurch die Nadelblätter der Waldkiefer an trockene und kühle Standorte angepasst sind? *(Seite 211)*

3 die typischen Merkmale von Waldkiefer, Fichte, Tanne und Lärche nennen? *(Seite 211)*

4 die Schritte beim Anlegen eines Herbariums nennen und beschreiben? *(Seite 212)*

5 beschreiben, welche Pflanzen im Frühjahr in einen Buchenwald nacheinander austreiben? *(Seite 214)*

6 die Lichtverhältnisse in einem Buchenwald im Jahresverlauf beschreiben? *(Seite 214 und 215)*

7 das Basiskonzept Angepasstheit am Beispiel der Frühblüher erläutern? *(Seite 216)*

8 den Unterschied zwischen Erdsprossen und Knollen erklären? *(Seite 216)*

9 den Aufbau einer Zwiebel beschreiben? *(Seite 216)*

10 erklären, was Ersatzzwiebeln und Brutzwiebeln sind? *(Seite 216)*

Kann ich aus dem Kapitel „Blütenpflanzen" Beispiele nennen für die Basiskonzepte:

- Struktur und Funktion?
- Angepasstheit?
- Reproduktion?
- Kompartimentierung?

AUFGABEN RICHTIG VERSTEHEN – AUFGABEN LÖSEN

Aufgaben sind ein wichtiger Bestandteil des Biologieunterrichts und unterstützen auf vielfältige Weise das Lernen. Mithilfe von Aufgaben kann man neues Wissen erarbeiten und bekanntes auf neue Beispiele anwenden oder üben. Um Aufgaben lösen zu können, müssen sie richtig verstanden werden. Hierbei ist es wichtig, verschiedene Typen von Aufgaben unterscheiden zu können. Um welchen Aufgabentyp es sich handelt, kann man am besten an dem Verb der Aufgabenstellung erkennen. Es zeigt an, welche Form der Aufgabenbearbeitung gefordert ist.

NENNEN · Das Verb „Nennen" fordert lediglich dazu auf, bestimmte Begriffe wiederzugeben. Auch das Beschriften einer Abbildung gehört dazu.

- **Beispielaufgabe:** Nenne die Bestandteile eines Gelenks!
- **Lösung:** Die Bestandteile eines Gelenks sind Gelenkkopf, Gelenkpfanne, Gelenkknorpel, Gelenkspalt, Gelenkschmiere und Gelenkkapsel.

BESCHREIBEN · Aufgaben mit dem Verb „Beschreiben" zielen darauf, wichtige Eigenschaften eines Sachverhalts wiederzugeben. Dabei kann es zum Beispiel um den Aufbau eines Lebewesens oder um bestimmte Lebensvorgänge gehen.

- **Beispielaufgabe:** Beschreibe den Aufbau eines Gelenks!
- **Lösung:** Der Gelenkkopf eines Knochens liegt in der Gelenkpfanne eines benachbarten Knochens. Dabei bleibt nur ein kleiner Spalt zwischen beiden Knochen. Diesen nennt man Gelenkspalt. Gelenkkopf und Gelenkpfanne sind von einer Schicht Gelenkknorpel überzogen. Im Gelenkspalt befindet sich zudem Gelenkschmiere. Gelenkkopf und Gelenkpfanne sind durch die feste Gelenkkapsel miteinander verbunden. Sie wird durch Gelenkbänder verstärkt.

VERGLEICHEN · Aufgaben mit dem Verb „Vergleichen" fordern dazu auf, Ähnlichkeiten und Unterschiede zum Beispiel zwischen Lebewesen, Lebensräumen oder auch Lebensprozessen festzustellen. Für das Vergleichen ist es wichtig, die Ähnlichkeiten oder Unterschiede jeweils zu einem bestimmten Merkmal wie zum Beispiel der Form oder der Beweglichkeit zu nennen. Das jeweilige Merkmal,

A B

01 Form des Gelenkkopfes unterschiedlicher Gelenktypen: **A** Kugelgelenk, **B** Scharniergelenk

das man für den Vergleich nutzt, nennt man Vergleichskriterium (vergleiche hierzu Methode „Ordnen" auf Seite 15). Die Ergebnisse eines Vergleichs lassen sich gut in Form einer Tabelle darstellen.

- **Beispielaufgabe:** Vergleiche Kugel- und Scharniergelenk anhand ihrer Beweglichkeit sowie anhand der Form des Gelenkkopfes und der Gelenkpfanne! Fülle dazu die Tabelle mit diesen Kriterien aus!

- **Lösung:**

Kriterium	Kugelgelenk	Scharniergelenk
Form des Gelenkkopfes	kugelförmige Ausbuchtung	längliche Ausbuchtung
Form der Gelenkpfanne	schüsselförmige Vertiefung	rinnenförmige Vertiefung
Beweglichkeit	alle Richtungen	nur eine Richtung

ERKLÄREN · Aufgaben mit dem Verb „Erklären" werden dann erfüllt, wenn zusätzlich zur Beschreibung begründet wird, weshalb etwas auf eine bestimmte Weise abläuft oder aufgebaut ist. Häufig werden hierbei Zusammenhänge zwischen dem Aufbau von Lebewesen und ihren Fähigkeiten hergestellt.

- **Beispielaufgabe:** Erkläre die Funktionsweise eines Scharniergelenks!

- **Lösung:** Ein Scharniergelenk hat eine Rinne in der Gelenkpfanne und eine längliche Ausbuchtung im Gelenkkopf, die ineinander passen. Rinne und Ausbuchtung verhindern seitliche oder drehende Bewegungen, sodass nur eine Bewegung entlang dieser Strukturen möglich ist. Daher zeigt das Scharniergelenk nur eine Bewegungsrichtung.

ERLÄUTERN · Aufgaben mit dem Verb „Erläutern" sind ähnlich zu verstehen wie diejenigen mit dem Verb „Erklären". Sie fordern aber weitere Begründungen ein. Hierbei können eigene Beispiele als Vergleich, weitere Sachverhalte oder bekannte Regeln herangezogen werden, die das Verständnis erweitern. Basiskonzepte können helfen, die Erläuterung in einen übergeordneten Zusammenhang zu stellen. Passende Basiskonzepte sollten für die Erläuterung herangezogen werden.

- **Beispielaufgabe:** Erläutere die Funktionsweise eines Scharniergelenks!

- **Lösung:** Ein Scharniergelenk hat eine Rinne in der Gelenkpfanne und eine längliche Ausbuchtung im Gelenkkopf, die ineinander passen. Rinne und Ausbuchtung verhindern seitliche oder drehende Bewegungen, sodass nur eine Bewegung entlang dieser Strukturen möglich ist. Daher ermöglicht ein Scharniergelenk nur eine Bewegungsrichtung. Ein Kugelgelenk hat hingegen eine schüsselförmige Vertiefung in der Gelenkpfanne und eine kugelförmige Ausbuchtung im Gelenkkopf. Dadurch ermöglicht das Kugelgelenk Bewegungen in alle Richtungen. Die Unterschiede im Aufbau entsprechen den Unterschieden in der Funktion. Dies ist somit ein Beispiel für das Basiskonzept Struktur und Funktion.

AUFGABEN RICHTIG VERSTEHEN – AUFGABEN LÖSEN

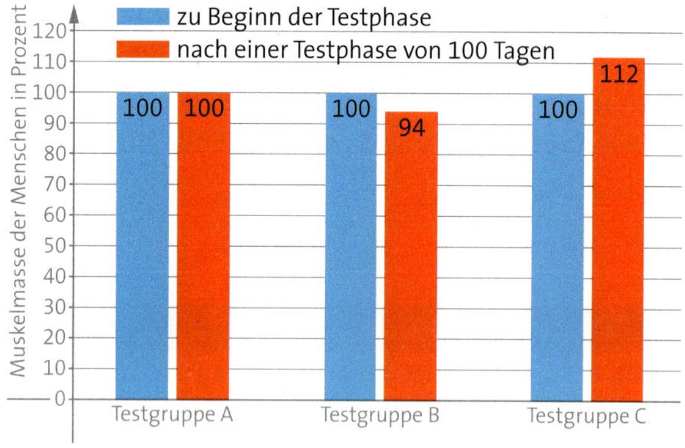

Testgruppe A: Bewegungsdauer vor und während der Testphase ist gleichlang.

Testgruppe B: Bewegungsdauer während der Testphase ist kürzer als zuvor.

Testgruppe C: Bewegungsdauer während der Testphase ist länger als zuvor.

02 Veränderung der Muskelmasse bei gleichbleibender, verkürzter und erhöhter Bewegungsdauer

DEUTEN · Das Verb „Deuten" fordert, aus Ergebnissen begründete Schlussfolgerungen zu ziehen. Bei der Bearbeitung einer solchen Aufgabe ist es wichtig, nicht nur die Schlussfolgerung selbst zu nennen, sondern genau zu begründen, weshalb sie aus den Ergebnissen hervorgeht. Manchmal entsprechen diese Schlussfolgerungen einem allgemeinen Zusammenhang, der durch eines der Basiskonzepte erfasst wird. Dann sollte das entsprechende Basiskonzept genannt werden.
Die Ergebnisse, die gedeutet werden sollen, können zum Beispiel aus Beobachtungen oder Experimenten stammen. Sie werden häufig in Form eines Diagramms dargestellt. Grundlage für die Deutung eines Diagramms ist seine Beschreibung. Zusätzlich zu einer Beispielaufgabe zum Deuten wird daher hier auch eine passende Aufgabe zum Beschreiben vorgestellt.

- **Beispielaufgabe „Beschreiben":** Beschreibe die im Diagramm gezeigten Daten zur Veränderung der Muskelmasse bei gleichbleibender, verkürzter und erhöhter Bewegungsdauer!

- **Lösung:** Das Diagramm zeigt die Muskelmasse bei Menschen in Prozent zu Beginn und nach einer Testphase von 100 Tagen. Hierbei werden die Teilnehmer in drei Testgruppen unterteilt: Im Vergleich zu ihren vorherigen Gewohnheiten bewegten sie sich während der Testphase täglich gleichlang (Testgruppe A), kürzer (Testgruppe B) oder länger (Testgruppe C).
Die Muskelmasse aller Teilnehmer vor der Testphase entspricht jeweils dem Ausgangswert von 100 Prozent. Die Teilnehmer der Testgruppe A zeigen nach der Testphase eine Muskelmasse von 100 Prozent. Die Muskelmasse der Teilnehmer von Testgruppe B liegt nach der Testphase bei 94 Prozent. Die Teilnehmer der Testgruppe C weisen nach der Testphase eine Muskelmasse von 112 Prozent auf.

- **Beispielaufgabe „Deuten":** Deute die im Diagramm gezeigten Daten zur Veränderung der Muskelmasse bei gleichbleibender, verkürzter und erhöhter Bewegungsdauer!

- **Lösung:** Wie Testgruppe A zeigt, verändert sich bei konstanter Bewegungsdauer die Muskelmasse nicht, während bei erhöhter Bewegungsdauer eine Zunahme auf 112 Prozent erfolgt. Die Muskelmasse kann also durch vermehrte Bewegung erhöht werden.
Die Muskelmasse von 94 Prozent nach verminderter Bewegungsdauer zeigt zudem, dass die Muskelmasse auch abnehmen kann.
Schlussfolgerung: Der Körper baut also abgestimmt auf die Bewegungsdauer die Muskelmasse auf und ab. Dies ist ein Beispiel für das Basiskonzept Regelung.

f. = folgende Seite,
ff. = die folgenden Seiten

A

B

C

D

E

L

M

N

O

P

Q

R

BILDQUELLENVERZEICHNIS

Titel.: YourPhotoToday / Josef Freitag / PM; **Vorsatz. links linke Spalte oben:** Mauritius images / imagebroker/Bernd Zoller; **Vorsatz. links rechte Spalte Mitte:** Mauritius images / imagebroker; **Vorsatz. links rechte Spalte oben:** Mauritius images / Imagebroker / I. Schulz; **Vorsatz. rechts linke Spalte oben:** Mauritius images / imagebroker / T. Sbampato; **Vorsatz. rechts rechte Spalte unten:** Mauritius images / imagebroker / M. Wolf; **Vorsatz. rechts rechte Spalte oben links:** Mauritius images / Zoonar / M. Delpho; **Vorsatz. rechts rechte Spalte oben rechts:** Picture alliance / Arco Images / C. Steimer; **3. oben links:** Mauritius images/Steve Bloom Images; **3. unten links:** Mauritius images/age / Oscar Garcia Bayerri; **3. rechts:** mauritius images / Westend61; **4. oben links:** Mauritius images/81a; **4. unten links:** Mauritius images/Minden Pictures; **4. rechts:** Topic Media/Martin Rügner; **5.:** Okapia/H. Reinhard; **7.:** Mauritius images/Steve Bloom Images; **8. 1:** Topic Media/ib; **8. 2 A:** Okapia/J-L Klein & M-L Hubert; **8. 2 B:** Okapia/J-L Klein & M-L Hubert; **9. 3 A:** Okapia/Papilio/Robert Pickett; **9. 3 B:** Okapia/OSF/J.A.L. Cooke; **9. 3 C:** Okapia/Papilio/Robert Pickett; **10. 4:** Topic Media/Bühler; **10.5 A:** Okapia/BIOS/Robin Monchatre; **10.5 B:** Mauritius images/imagebroker/Manfred Grebler; **10.5 C:** Okapia/BIOS/Olivier Seydoux; **11.Mat. A unt. Mi.:** Mauritius images/Alamy; **11. Mat. A Mi. li.:** Mauritius images/Rosenfels; **11. Mat. A Mi. Mi.:** Mauritius images/DK Images; **11. Mat. A Mi. re.:** Shutterstock; **11. Mat. A ob. li.:** Mauritius images/Photononstop; **11. Mat. A ob. Mi.:** Topic Media/ACPIX/Panthermedia/Andreas Teske; **11. Mat. A ob. re.:** Mauritius images/Prisma; **11. Mat. A unt. li.:** Mauritius images/Alamy; **11. Mat. A unt. re.:** Okapia/imagebroker/Creativ Studio Heinemann; **12.1:** Volker Minkus; **13. 2:** Volker Minkus; **15. 1:** Volker Minkus; **15. 2 A:** Volker Minkus; **15. 2 B:** Volker Minkus; **17. links:** Topic Media/ib; **17. rechts:** Volker Minkus; **18.:** Mauritius images/age / Oscar Garcia Bayerri; **20. 1:** Mauritius images/Frank Siteman; **22. 3:** Okapia/Lanceau / Cogis; **24. 1:** Mauritius images/age; **24. 2:** Mauritius images/imagebroker / M. Weber; **25. unten:** Mauritius images/imagebroker / B. Zoller; **26. oben:** Topic Media/C. Heinrich; **26. unten links:** Okapia/J-L Klein & M-L Hubert; **26. unten Mitte:** Okapia/J-L Klein & M-L Hubert; **26. unten rechts:** Okapia/C. Steiner; **27. Mat. B links:** Okapia/J-L Klein & M-L Hubert; **27. Mat. B rechts:** Mauritius images/Frank Lukaseck; **28. 1:** Okapia/L. Lenz; **31. Mat. A links:** Lichtbildarchiv Dr. Keil; **31. Mat. A rechts:** Lichtbildarchiv Dr. Keil; **31. Mat. C links:** Mauritius images/Alamy; **31. Mat. C Mitte:** Mauritius images/Alamy; **31. Mat. C rechts:** Mauritius images/Alamy; **32. 1:** Mauritius images/Alamy; **34. unten links:** Mauritius images/H. Reinhard; **34. unten Mitte:** Mauritius images/M. Krabs; **34. unten rechts:** Mauritius images/M. Krabs; **35. Mat. A links:** Okapia; **35. Mat. A rechts:** Okapia/J. -M. Labat; **35. Mat. B links:** Mauritius images/Alamy; **35. Mat. B rechts:** Okapia/K. G. Vock; **35. Mat. C links:** Mauritius images/Alamy; **35. Mat. C rechts:** Okapia/K. G. Vock; **36. links:** iStockphoto; **36. rechts:** iStockphoto; **37. 1 A:** iStockphoto; **37. 1 B:** iStockphoto; **38. 1:** Mauritius images/H. Weißer; **40. 4:** Topic Media/px; **40. 5:** Software-AG-Stiftung, Darmstadt; **40. 6:** Topic Media; **42. 1:** Mauritius images/J. Beck; **44. 4 A:** Mauritius images/Minden Pictures; **45. Mat. B:** Okapia/AgencyPic; **46. 1:** United Archives / kpa / PPA / T. Spambato; **48. 4:** Topic Media/imagebroker; **48. 5:** Mauritius images/K. Möbius; **49. Mat. C links:** Okapia/M. Danegger; **50. 1:** Topic Media/imagebroker / PPA / Marko König; **52. 4 A:** Mauritius images/Alamy; **52. 4 B:** Okapia/D. Nil; **52. 5:** Topic Media/imagebroker / PPA / M. Bail; **54. 1:** Topic Media/imagebroker / PPA / Christian Heinrich; **55. 3:** Topic Media/Peter Arnold / PPA; **55. 4:** Topic Media/PPA; **56. 1:** Zoo Hannover; **58. oben links:** Okapia/BIOS; **58. oben rechts:** Mauritius images/AGE; **59. Mat. B oben:** Mauritius images/G. Lacz; **59. Mat. B unten:** Topic Media/PPA / imagebroker / Discherl; **60.:** Mauritius images/Frank Siteman; **61. links oben:** Mauritius images/H.Weißer; **61. links unten:** Mauritius images/J. Beck; **61. rechts:** Topic Media/imagebroker / PPA / Christian Heinrich; **63.:** Mauritius images / Westend61; **64. 1:** Mauritius images / Westend61; **65. 2 A:** Imago; **65. 2 B:** mauritius images / ANP Photo; **66. 3 A:** Fotolia / Schaeferfotografie; **66. 3 B:** Mauritius images / age; **68. 1 A:** Fotolia / Eduard Kyslynskyy; **68. 1 B:** Mauritius images / Imagebroker / Thomas Hinsche; **68. 1 C:** picture alliance / Arco Images G; **69. links:** Mauritius images / Westend61; **69. rechts:** Fotolia / Eduard Kyslynskyy; **71.:** Mauritius images/81a; **72. 1:** Volker Minkus; **74. 5 A:** Volker Minkus; **74. 5 B:** Volker Minkus; **75. Mat. B links:** Volker Minkus; **75. Mat. B Mitte links:** Volker Minkus; **75. Mat. B Mitte rechts:** Volker Minkus; **75. Mat. B rechts:** Volker Minkus; **76. 1:** Mauritius images; **76. 2 B:** Städtisches Klinikum Lüneburg; **79. Versuch B oben:** A.-K. Dierschke; **79. Versuch B Mitte:** A.-K. Dierschke; **79. Versuch B unten:** A.-K. Dierschke; **80. 1:** iStockphoto/Volker Minkus; **80. 2 A:** Volker Minkus; **80. 2 B:** Volker Minkus; **80. 2 C:** Volker Minkus; **83. Mat. A oben links:** Volker Minkus; **83. Mat. A oben rechts:** Volker Minkus; **83. Mat. A unten links:** Volker Minkus; **83. Mat. A unten rechts:** Volker Minkus; **84. 2:** Okapia/Manfred & Kristina Kage; **85. 4:** Okapia/David M. Phillips; **87. Mat. B:** Volker Minkus; **88. 1:** Mauritius images/imagebroker / PPA / Jiri Hubatka; **92. Mat. B oben links:** Volker Minkus; **92. Mat. B oben Mitte:** Volker Minkus; **92. Mat. B oben rechts:** Volker Minkus; **92. Mat. B unten links:** Volker Minkus; **92. Mat. B unten Mitte:** Volker Minkus; **94. links:** Volker Minkus; **94. rechts:** Mauritius images; **95. links:** iStockphoto/Volker Minkus; **95. rechts:** Mauritius images/imagebroker / PPA / Jiri Hubatka; **96.:** Mauritius images / Minden Pictures; **98. 1:** Mauritius images; **102. 1:** Mauritius images/AGE; **104. 5:** picture-alliance/NHPA / photoshot / S. Dalton; **106. 1:** Mauritius images/Alamy; **106. 2:** Mauritius images / Alamy; **107. 4 A:** Lichtbildarchiv Dr. Keil; **107. 4 B:** Lichtbildarchiv Dr. Keil; **107. 4 C:** Lichtbildarchiv Dr. Keil; **108. 5 A :** Okapia/P. Parks; **108. 5 B:** Okapia/P. Parks; **108. 5 C:** Okapia/J.A.L. Cooke; **108. 6:** picture alliance ; **109. Versuch A oben links:** Volker Minkus; **109. Versuch A unten links:** Volker Minkus; **110. 1:** Okapia/H. Reinhard; **111. 4:** Okapia/M. Wendler; **111. 5:** Topic Media/Schauhuber; **111. 6:** Okapia/Jens-Peter Laub; **112. 7:** Topic Media/Trötschel; **112. 8:** Okapia/G. Synatzschke; **112. 9:** Okapia/Davis Hosking; **112. 10:** Topic Media/H. Lang; **113. Mat. A links:** Topic Media/W. Schäfer; **113. Mat. A rechts:** Mauritius images/Alamy; **114. 1:** Okapia / J. A. Jimenez Saez; **115. 3 A:** Okapia/Dr. Eckart Pott; **115. 3 B:** Okapia/M. Schuyl; **117. Mat. A links:** Okapia/M. Danegger; **117. Mat. A rechts:** Okapia/M. Danegger; **117. Mat. C links:** Okapia/T. Hamblin; **117. Mat. C rechts:** Mauritius images/F. Rauschenbach; **118. 1:** Mauritius images/J. A. Jimenez; **121. Mat. B:** Okapia/F. Saurer; **122.:** Mauritius images/Alamy; **123. links:** Okapia / J. A. Jimenez Saez; **123. rechts:** Mauritius images/J. A. Jimenez; **125.:** Topic Media/M. Rügner; **126. 1:** Okapia/H. Reinhard; **129. Mat. A oben links:** Mauritius images/Carl-Werner Schmidt-Luchs; **129. Mat. A** oben **rechts:** Okapia/A. Hartl; **129. Mat. A unten:** Okapia/A. Hartl; **131. 2:** Okapia/D. Thompson; **131. 3:** Okapia/W. Waders; **133. Mat. A oben links:** Okapia/Christen; **133. Mat. A oben rechts:** Topic Media/M. König; **133. Mat. A unten links:** Okapia/Christen; **133. Mat. A unten rechts:** Okapia/A. Hartl; **134. 1:** picture-alliance/dpa; **135. 4:** Mauritius images/F. Rauschenbach; **138. 1:** Mauritius images/R. Wittek; **138. 2 A:** Topic Media/Lenz; **138. 2 B:** Topic Media/Partsch; **138. 2 C:** Topic Media/Partsch; **139. 2 D:** Topic Media/Rohdich; **139. 2 E:** Topic Media/Lenz; **139. 2 F:** Topic Media/Roland; **142. 1:** Okapia/G. Dagner; **143. 3 A:** Mauritius images/Photolibrary; **143. 3 B:** Okapia/M. Pforr; **144. 4:** Topic Media; **144. unten links:** Okapia/K.-H. Jacobi; **144. unten rechts:** Topic Media/

J. Friedrich; **146. 1:** Okapia/J. Cancalosi; **146. 2:** Lichtbildarchiv Dr. Keil; **148. 5:** picture-alliance/dpa; **148. unten:** Okapia/J. Delacour; **149. Mat. A:** Okapia/M. Danegger; **154. 1:** Okapia/F. Gohler; **154. 2:** Okapia/L. Miller; **160. links:** Okapia/H. Reinhard; **160. rechts:** picture-alliance/dpa; **161. links:** Okapia/G. Dagner; **163.:** Okapia/H. Reinhard; **164. 1:** Mauritius images/W. Otto; **166. 1:** Volker Minkus; **168. 3:** Okapia/O. Broders; **168. 4:** Topic Media/ppa; **168. 5:** Mauritius images/H. Jegen; **169. 1:** iStockohoto; **169. 2:** picture-alliance/ZB; **170. Mat. A links:** Mauritius images/K. Hackenberg; **170. Mat. A Mitte:** Mauritius images/H-Lange; **170. Mat. A rechts:** Okapia/H. Reinhard; **171. Mat. C-E:** Okapia/H. Taylor; **171. Mat. D-A:** Volker Minkus; **171. Mat. D-B:** Volker Minkus; **174. 1:** Topic Media; **174. 2 A:** Topic Media; **174. 2 B:** Volker Minkus; **175. 3 A:** Volker Minkus; **175. 4 A:** Volker Minkus; **176. 1:** Volker Minkus; **176. 2:** Volker Minkus; **177. Mat. A links:** Okapia/N. Cattlin; **177. Mat. A** Mitte: Okapia/C. M. Bahr; **177. Mat. A rechts:** Okapia/R. Förster; **178. 1:** Mauritius images/Alamy; **180. 3:** Okapia/H. Lutz; **181. Mat. A links:** Mauritius images/Alamy; **181. Mat. B oben links:** Mauritius images/H. Lange; **181. Mat. B oben** Mitte: Topic Media; **181. Mat. B oben rechts:** Topic Media; **181. Mat. B unten links:** Okapia/H. Reinhard; **181. Mat. B unten Mitte:** Okapia/A. Lindau; **181. Mat. B unten rechts:** Mauritius images/Alamy; **182. 1:** Mauritius images/F. Rauschenbach; **184. 3:** Mauritius images/H. Reinhard; **184. 4:** Topic Media/Peter Arnold / PPA; **185.**Versuch A: Volker Minkus; **186. 1:** Okapia/Satoshi Kuribayash; **186. 2:** Mauritius images/imagebroker / H. Kühlbauch; **189. Mat. B:** Topic Media/Peter Arnold / PPA / ARNOLD; **190. 1:** Topic Media/Niehoff; **192. 6 links + Mitte:** Okapia; **192. 7 links + Mitte:** Volker Minkus; **192. 8 links + Mitte:** Volker Minkus; **192. 9 links + Mitte:** Volker Minkus; **193. Mat. A:** Okapia/Dr. F. Sauer; **193. Mat. B-A:** Topic Media; **193. Mat. B-B:** Topic Media; **193. Mat. B-C:** Mauritius images/FreshFood; **193. Mat. B-D:** Okapia/T. Bernhardt; **194. 1:** Okapia/Dr. E. Pott; **194. 2:** Topic Media/Schreiter; **194. 3:** Mauritius images/Alamy; **195. 4:** Topic Media/B. Zoller; **195. 5:** Mauritius images/Alamy; **195. 6:** Lichtbildarchiv Dr. Keil; **195. 7:** Topic Media; **198. 1:** Topic Media; **198. 2:** Topic Media; **202. 1:** Okapia/H Reinhard; **205. Mat. A oben links:** Topic Media; **205. Mat. A oben rechts:** Mauritius images/Alamy; **205. Mat. A unten links:** Topic Media; **205. Mat. A unten rechts:** Annette Launer, Remseck; **206. 1:** Mauritius images/CuboImages; **206. 2 A:** Topic Media / ppa; **207. 3 A:** Topic Media; **207. 4 A:** Okapia/Nigel Cattlin; **208. 5 A:** Topic Media; **209. Mat. A oben links:** Topic Media; **209. Mat. A oben rechts:** Okapia/Phil Mclean; **209. Mat. A unten links:** Topic Media; **209. Mat. A unten rechts:** Mauritius images/Alamy; **210. 1 A:** Topic Media; **210. 1 B:** Topic Media; **213. Mat. A-A:** Topic Media/M. Keller; **213. Mat. A-B:** Mauritius images/Granata Images; **213. Mat. A-C:** Mauritius images/Alamy; **213. Mat. A-D:** Mauritius images/B. Yankushew; **213. Mat. A-E:** Okapia/H. Reinhard; **213. Mat. A-F:** iStockphoto; **213. Mat. A-G:** Mauritius images/Alamy; **213. Mat. A-H:** Mauritius images/W. Weinhäupl; **213. Mat. A-I:** Topic Media; **213. Mat. A-J:** Mauritius images/W. Weinhäupl; **214. 1:** Mauritius images/M. Keller; **215. 3:** Mauritius images/Thonig; **215. 4:** Mauritius images/A. Vitting; **215. 5:** Mauritius images/M. Siepmann; **216. 6:** Reinhard-Tierfoto; **216. 7 A:** Reinhard-Tierfoto; **216. 7 B:** Reinhard-Tierfoto; **216. 7 C:** Mauritius images/Stefan Arendt; **217. Mat. B oben:** Mauritius images/Alamy; **218. links:** Volker Minkus; **218. rechts:** Mauritius images/Alamy; **219.:** Okapia/Dr. E. Pott; **220.:** Okapia/H Reinhard; **221.:** Mauritius images/M. Keller; **222. 1 A:** iStockphoto; **222. 1 B:** iStockphoto